Robin Marantz Henig

DER MÖNCH IM GARTEN

Robin Marantz Henig

DER MÖNCH IM GARTEN

*Die Geschichte des Gregor Mendel
und die Entdeckung der Genetik*

Aus dem Amerikanischen von
Andrea Stumpf und Gabriele Werbeck

ARGON

Die amerikanische Originalausgabe erschien 2000 unter dem Titel
»A Monk in the Garden. The Lost and Found Genius of Gregor
Mendel, the Father of Gentics« im Verlag Houghton Mifflin,
Boston/New York

© 2000 by Robin Marantz Henig

Published by special arrangement with Houghton Mifflin Company

Deutsche Ausgabe:

© 2001 Argon Verlag GmbH, Berlin

Gesetzt aus der Stempel Garamond

Fachbetreuung: Prof. Dr. Peter Brandt

Satz: deutsch-türkischer fotosatz, Berlin

Druck und Bindung: Clausen & Bosse, Leck

Printed in Germany

ISBN 3-87024-528-X

Inhaltsverzeichnis

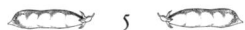

PROLOG: FRÜHJAHR 1900

Jeder Garten hat etwas Unsterbliches.
STILLMEADOW DAYBOOK,
Gladys Taber, 1899–1980

Die blaue Lokomotive der Great Eastern Railway raste durch die hügelige Landschaft von Cambridgeshire. Für den Bauern, der in der Nähe auf einem Acker stand, waren die Waggons nicht mehr als ratternde Ungetüme aus Holz und Stahl, die sich durch seine Felder pflügten, auf denen die Sämlinge von Gerste, Weizen und Hafer ihre eigene, grüne Spur durch die Frühlingserde zogen. Man schrieb den 8. Mai 1900, und die Erde war wie das neue Jahrhundert zu pulsierendem Leben erwacht.

Unter den Passagieren der Eisenbahn befand sich der Zoologe William Bateson, ein groß gewachsener Mann mit gebeugten Schultern, der am St. John's College in Cambridge lehrte. Die Tweedweste spannte über seinem Bauch, und sein Schnauzbart glänzte; nur die müden Augen verhinderten, dass er selbstzufrieden oder blasiert aussah. Bateson, gerade 40 Jahre alt geworden, war in Großbritannien einer der führenden Kontrahenten in der Debatte um die Evolution und die Theorie der natürlichen Zuchtwahl, die auch 40 Jahre, nachdem Charles Darwin sie das erste Mal formuliert hatte, noch voll im Gange war.

Als er in den Zug stieg, konnte er noch nicht wissen, dass

7

er in der nächsten Stunde einen Aufsatz lesen würde, der seine Laufbahn in eine völlig neue Richtung lenken und der Menschheit einen neuen Platz im großen Buch der Natur geben würde.

Durch die Fenster seines mit Samt und Leder ausgeschlagenen Abteils konnte Bateson zur Linken ein Labyrinth von Hecken und auf der rechten Seite einen hübschen kleinen Fluss vorbeifliegen sehen. Das Gasthaus mit dem braun gewordenen Verputz, das kurz nach Harlowtown hinter einem kleinen Hügel auftauchte, lag ungefähr auf halbem Weg der vertrauten Strecke von Cambridge nach London. Doch Bateson, so will es zumindest die Legende, die ein Jahrhundert lang überdauerte, war die ganze Fahrt über in einen alten Artikel vertieft, der in einer österreichischen Zeitschrift erschienen war, und würdigte die Landschaft keines Blicks.

Dieser Artikel stammte von einem unbekannten Mönch namens Gregor Mendel und beschrieb die eleganten botanischen Versuche, die dieser in einem kleinen Klostergarten in Mähren durchgeführt hatte. Gewissenhaft hatte Mendel bei diesen Versuchen die gemeine Erbse gekreuzt und rückgekreuzt, um Kenntnisse über die Vererbung zu gewinnen. Sieben Jahre lang hatte Mendel an Erbsen und anderen Pflanzenarten geforscht, bevor er 1865 vor dem Naturforschenden Verein in Brünn in zwei Sitzungen über seine Entdeckungen berichtete. Die beiden Vorträge wurden in dem vom Verein herausgegebenen Periodikum *Verhandlungen des Naturforschenden Vereins* auf 44 Seiten veröffentlicht, fanden aber zu Lebzeiten Mendels keine weitere Beachtung.

Aufmerksam geworden war Bateson auf den mendelschen Aufsatz durch die Arbeiten dreier anderer Wissenschaftler, von denen einer Gegenstand des Vortrags sein sollte, den er am Nachmittag halten wollte. Alle drei hatten in diesem

Frühjahr den bis dato vergessenen Aufsatz Mendels unabhängig voneinander innerhalb von zwei Monaten in drei verschiedenen Publikationen zitiert. Das Erscheinen dieser drei Artikel innerhalb eines solch kurzen Zeitraums war so unheimlich wie das plötzliche gleichzeitige Hervorbrechen der Halme des Hafers aus der Erde.

Während der Lektüre des Aufsatzes stellte Bateson mit Erschrecken, aber auch mit einiger Begeisterung fest, dass er mit seinen Experimenten nahezu dasselbe Ziel verfolgte wie Mendel schon 35 Jahre vor ihm. Es war, so berichtete seine Frau später und gebrauchte dabei ein Bild, in dem auf reizende Weise der Garten Mendels anklang, »als entdecke man, gerade wenn man einen riesigen Acker bestellen wollte, dass ein anderer schon einen Großteil der Arbeit geleistet hat. Und dann hat man auf einmal Zeit, sich anderen Aufgaben zuzuwenden.«

Als der Zug in die Liverpool Street Station in London einfuhr, war Bateson klar, dass er den Vortrag über Probleme der Vererbung als Gegenstand der Pflanzenforschung, den er vor der Royal Horticultural Society halten wollte, umschreiben musste. Er hatte sich ursprünglich auf die Arbeit von Hugo de Vries konzentrieren wollen, jenem bedeutenden niederländischen Botaniker, dessen neue »Mutationstheorie« die enormen Variationen erklären konnte, die Batesons Ansicht nach nötig waren, um die natürliche Zuchtwahl voranzutreiben, jenen von Darwin entdeckten, der Evolution zugrunde liegenden Mechanismus. Als er sich auf der Suche nach einer Kutsche, die ihn zum weit entfernten Buckingham Gate bringen würde, durch die Menschenmenge schob, schien es Bateson aber plötzlich wichtiger, die Arbeit dieses unbekannten Mönchs zu beschreiben, dessen Erkenntnisse auf so wunderbare Weise einen Zeitraum von

35 Jahren und die Strecke von 1300 Kilometern, die London von den stillen Hügeln Südmährens trennte, überwunden hatten.

Gedankenverloren strich sich Bateson, endlich in der Kutsche sitzend, über die Weste, um zu prüfen, ob die Knöpfe noch alle geschlossen waren – seine Frau warf ihm immer vor, ihm wäre seine Erscheinung so vollkommen egal, dass er in der Stadt seine Gartenkleidung und im Garten seinen Stadtanzug trüge –, während er über die einleitenden Worte für seinen Vortrag nachdachte. Wie sollte er die englischsprachige Welt mit diesem vergessenen Genie bekannt machen?

In einem zugigen Saal der Drill Hall hielt Bateson jenen Vortrag, der ein Wendepunkt in seiner wissenschaftlichen Laufbahn werden sollte. »Eine genaue Bestimmung der Vererbungsgesetze wird möglicherweise die Sicht des Menschen auf die Welt und seine Macht über die Natur einschneidender verändern als jeder andere, sich heute abzeichnender Fortschritt in unseren Erkenntnissen über die Natur«, lauteten seine ersten Worte. »Und es kann kein Zweifel mehr bestehen, dass sich diese Gesetze bestimmen lassen.«

Bateson sprach länger als eine Stunde. Der genaue Wortlaut seines Vortrags ist leider nicht mehr bekannt – es ist nur eine Niederschrift erhalten, die zwei Jahre später erschien und zweifellos überarbeitet und durch weitere Hinweise auf Mendel ergänzt worden war –, aber ein Bericht im *Gardener's Chronicle*, dem offiziellen Publikationsorgan der Royal Horticultural Society, lässt vermuten, dass sich nach dem Vortrag keine längere Diskussion entspann. Eines jedenfalls war entschieden: Bateson würde sich fortan des Erbes Gregor Mendels annehmen.

Innerhalb weniger Jahre erkannte Bateson die ganze Reichweite von Mendels Beitrag zur Vererbungslehre. Er unternahm eine Reise nach Brünn, der Stadt, in der Mendel gelebt und gearbeitet hatte, und ließ dessen Aufsatz ins Englische übersetzen. Bateson war es auch, der den Begriff Genetik prägte und die Schar von Anhängern einer neuen Wissenschaft anführte, welche an die Spitze aller Wissenschaften im 20. Jahrhundert rücken sollte. Er wurde in einen wissenschaftlichen Streit verwickelt, in dem er gegen einige der wichtigsten Biologen seiner Zeit antreten musste; zu ihnen gehörte auch sein bester Freund aus der Zeit seines Studiums in Cambridge. Dieser Streit wurde bald so erbittert und persönlich geführt, dass man Bateson vorwarf, den Tod seines Freundes verschuldet zu haben, als dieser 1906 vollkommen unerwartet verstarb.

So vieles, was in Zusammenhang mit dem Garten steht, hat etwas Metaphorisches. Wie das Unkraut. Seine Neigung, alles zu überwuchern, seine Hartnäckigkeit und die Widerstandsfähigkeit seiner tiefen Wurzeln – all das scheint die Fallstricke des Lebens zu symbolisieren, die Versuchung, sich mit einer oberflächlichen Lösung zufrieden zu geben, auch wenn man weiß, dass die tief sitzenden Probleme wiederkehren werden, an anderen Stellen vielleicht oder in anderen, noch hartnäckigeren Formen. Im Garten finden wir Metaphern dafür, wer wir sind, wer unsere Vorfahren waren und wohin wir und unsere Nachkommen gehen werden.

Dass Mendel als Galionsfigur der modernen Wissenschaft so reizvoll ist, beruht zum guten Teil darauf, dass wir ihn uns vorstellen können, wie er in seinem Garten werkelt und in den langen Reihen von Erbsen nach Antworten auf universelle Fragen sucht. In gewissem Sinne ist Mendels Geschichte nichts weiter als die Geschichte eines Gärtners, der sich mit großer Geduld um seine Pflanzen kümmert, sie sammelt, zählt und ihre Verteilung errechnet und der ruhig und mit großer Klarheit von seiner erstaunlichen Entdeckung berichtet – und dann darauf wartet, dass jemand versteht, wovon er spricht. Und es ist die Geschichte eines sanften Revolutionärs, der eine Generation zu früh geboren wurde.

Um Gregor Mendel sind Mythen entstanden, in denen sich unser Verständnis von wissenschaftlichen Fortschritten und Erkenntnissen und vom Wesen des Genies spiegelt. Er wird in ihnen als tragische Figur offenbar, deren Größe zu Lebzeiten nicht erkannt wurde. Es gibt viele Beispiele solcher legendären Figuren – man denke nur an all die genialen Künstler, von Melville bis van Gogh, die starben, ohne Anerkennung gefunden zu haben – und sie lassen diejenigen unter uns hoffen, die meinen, dass auch ihre Größe nicht die gebührende Beachtung findet. Mendels Geschichte ist rasch erzählt: Er arbeitete während sieben langer Jahre unermüdlich in seinem Garten, dann legte er im Winter 1865 in zwei Vorträgen seine Erkenntnisse über die Vererbungsregeln dar und verschwand wieder von der Bühne der wissenschaftlichen Welt, bis schließlich im Frühjahr 1900 seine Arbeit zur gleichen Zeit von drei verschiedenen Wissenschaftlern in drei verschiedenen Ländern wieder entdeckt und wieder belebt wurde (zu ihnen gehörte auch Hugo de Vries). Diese seltsame Wendung der Ereignisse wird üblicherweise damit erklärt, die Welt sei 1865 für die mendelschen Gesetze eben noch nicht bereit gewesen, sondern erst im Jahre 1900.

Nach und nach aber wurde die Geschichte wie ein alter, von Wein überwucherter Gartenweg von dem sie umrankenden Mythos befreit und auf ihren Wahrheitsgehalt hin abgeklopft. So meinten nun einige Forscher, Mendel habe bei seiner Arbeit gar nicht die Gesetze der Vererbung im Sinne gehabt, sondern wollte nichts weiter als bessere und widerstandsfähigere Blumen, besseres Obst und Gemüse züchten. Andere brachten vor, seine Arbeit sei überhaupt nicht in Vergessenheit geraten, schließlich sei sie bereits nicht weniger als 22 Mal zitiert worden, und zwar auch in wichtigeren Schriften, bevor sie 35 Jahre später mit so viel Aufhebens vermeintlich wieder entdeckt wurde. Am stärksten wurde die überlieferte Geschichte jedoch durch eine Reihe von Forschern infrage gestellt, die behaupteten, dass der Priester überhaupt kein Genie war, sondern nur ein fleißiger Amateurbotaniker, der eine besondere Begabung für die Pflanzenzucht hatte und dem einfach einiges, wie ja so vielen anderen Menschen auch, in den Schoß gefallen sei: seine universitäre Ausbildung, sein Eintritt in eine gelehrte Klostergemeinschaft, seine Aufnahme in eine fortschrittlich eingestellte wissenschaftliche Gesellschaft, seine Stelle als Lehrer an einer höheren Schule, für die ihm nie eine offizielle Berechtigung erteilt worden war, und selbst die Abgeschiedenheit seines Lebens, die es ihm erlaubte, seine Züchtungen sehr viel länger zu betreiben, als wenn seine Reputation öffentlich auf dem Spiel gestanden hätte. Die Legende um Mendel sei, so meinen diese Kritiker, um die Jahrhundertwende von Biologen wie Bateson in die Welt gesetzt worden, die in eine hitzige Debatte über den Verlauf und den Fortgang der Evolution verstrickt gewesen seien und mithilfe der mendelschen Gesetze ihre Position untermauert hätten. Diese Forscher hätten aus einem klugen, fleißigen und mit Glück gesegneten Mönch einen wissenschaftlichen Riesen gemacht.

Wie so oft liegt die Wahrheit irgendwo dazwischen.

Nach der ersten kritischen Revision vor 30, 40 Jahren ist unser Verständnis Mendels offenbar wieder dort angelangt, wo es zu Beginn des Jahrhunderts seinen Anfang nahm, und wir können Mendel heute wieder würdigen. Die Frage lautet nicht mehr, ob der Mann ein Genie gewesen ist, sondern worin genau sein Genie bestand. Offensichtlich war er ein unverdrossen und hart arbeitender, zielstrebiger Mensch, eine jener genialen Naturen, für die Entdeckungen, wie Thomas Alva Edison es formulierte, »ein Prozent Eingebung und neunundneunzig Prozent Schweiß« bedeuten, und keine von der spielerischen, intuitiven Art wie Picasso. Picasso sagte ja einmal von sich: »Ich suche nicht, ich finde«, und diese Beschreibung trifft wohl auf viele Männer und Frauen zu, die wir heute für Genies halten. Im üblichen Sprachgebrauch und gemäß unserer linearen kategorisierenden Sicht auf die Welt wird ein Genie zum Geniesein geboren und ist der Genius etwas, das einen Menschen aus der Masse heraushebt. Mendels Genie war nun nicht von dieser leuchtenden, vom Hauch des Göttlichen inspirierten Art. Er mühte sich geradezu besessen mit seiner Arbeit ab. Und doch verfügte er über dieses eine Prozent, diese Gabe der Inspiration, die ihm den Blick auf die Ergebnisse seiner Arbeit aus einer anderen Perspektive erlaubte. Aufgrund dieser Gabe vermochte Mendel seine geniale Leistung zu vollbringen, nämlich Gesetze der Vererbung aufzustellen, die schließlich die Grundlage der Genetik werden sollten. Auch wenn er von Leuten, die dabei ganz eigene Interessen verfolgten, zum Helden gemacht wurde, auch wenn er tatsächlich nicht der herausragende Gründungsvater der Genetik gewesen ist, als den man ihn einmal verstanden hat, so soll das nicht unseren Blick auf jenen Mann verstellen, der Gregor Mendel wirklich war: ein Mann mit einer Vision und dem Willen, sie auf erstaunliche und beeindruckende Weise zu verwirklichen.

Die Geschichte von Mendels Leben und seiner intellektuellen Entwicklung lässt sich nur unter Heranziehung allgemeinerer historischer Umstände erzählen. Abgesehen von drei kurzen Artikeln, sieben Briefen an einen Münchener Botaniker und einer knappen Autobiographie, die er im Alter von 28 Jahren verfasst hat, sind keine weiteren Schriften von seiner Hand bekannt. Von den Tagen, die Mendel in seinem Garten, seiner klösterlichen Heimstatt, seiner Kirche oder der von ihm geliebten Orangerie verbracht hat, weiß man so gut wie nichts.

Das hat auch sein Gutes. »Wir sind in der glücklichen Lage, nur wenige Informationen zur Verfügung zu haben, und sind daher unabhängig«, sagte ein Wissenschaftler. »Nach Herzenslust können wir Vermutungen anstellen, und keiner kann behaupten, wir hätten Unrecht damit. Man kann nur feststellen, dass man anderer Meinung ist.« Für das vorliegende Buch bedeutet diese Freiheit, dass ich es mir erlauben kann, mich auf das Feld der reinen Spekulation zu begeben, nicht unbedingt nach Herzenslust, schließlich ist dies kein Roman, aber doch weiter, als es ein Sachbuchautor sonst zu tun pflegt. Obwohl ich nicht mit Gewissheit sagen kann, was der Held meines Buchs zu einer bestimmten Zeit dachte oder tat, kann ich doch erzählen, wie sich seine Geschichte höchstwahrscheinlich begeben hat, indem ich bestimmte Indizien und geschichtliches Wissen mit einbeziehe.

Die meisten der sich um Mendel rankenden Mythen gehen unmittelbar auf den erbitterten Kampf zwischen Bateson und den Mendelianern auf der einen Seite und dem ehemals besten Freund Batesons und den Vertretern der so genannten Biometrie auf der anderen Seite zurück. Es stand viel auf dem Spiel damals: das Recht nämlich, für sich beanspruchen zu können, dass man die wahre Einsicht in die Vorgänge der Natur gewonnen hat. Was aufgedeckt wurde, bildete schließlich die Grundlage einer Wissenschaft, die uns an die Grenze dessen, was der Mensch vermag, brachte.

Mendel erkannte, dass die einzelnen Merkmale selbständig vererbt werden und dass Merkmale, die in einer Generation verloren gegangen zu sein scheinen, keineswegs ganz verschwunden sind, sondern in der nächsten oder der übernächsten Generation wieder zum Vorschein kommen können. Und diese Beobachtung konnte Mendel auch theoretisch untermauern: Er war überzeugt, dass die Merkmale – diskrete, individuelle Elemente – von der Eltern- auf die Kindgeneration in konstanter, vorhersagbarer und genauestens berechenbarer Weise vererbt werden.

Mendel hatte damit einer ganzen Reihe von Entdeckungen den Boden bereitet: dass diese vererbbaren Einheiten in den Genen zu finden sind, diese wiederum auf den Chromosomen sitzen und diese sich im Zellkern befinden. In den vierziger Jahren des 20. Jahrhunderts fand man heraus, dass die bedeutungsvollen Informationen der Gene in einem Molekül, der DNS, verpackt sind; in den fünfziger Jahren konnte man dann schon ein (physikalisches) Modell des DNS-Moleküls bauen und den Code, mit dem die DNS mit den Zellen kommuniziert, entziffern. In der Folge hat die Genetik sich eingehend mit diesem Code beschäftigt, um die Ursachen genetischer Störungen festzustellen und sämtliche Teile der DNS, aus deren Zusammenwirken ein vollständiger Organismus entsteht, aufzuzeichnen: zunächst ein Bakterium, dann einen Wurm, und, in schneller Folge, eine Fruchtfliege, einen Hund, eine Ratte, eine Pflanze (eine der einfachsten Arten, *Arabidopsis thaliana*) und schließlich einen Menschen.

Insbesondere seitdem man erste Kenntnisse über das menschliche Genom gewonnen hat, basteln Genetiker an unserem natürlichen Erbgut herum. Einige Anstrengungen auf diesem Gebiet waren und sind äußerst problematisch, so etwa die eugenische Bewegung, die für eine Zuchtwahl zur Verbesserung des Genpools durch ein Heiratsverbot für Unerwünschte eintrat, oder die Möglichkeit, Menschen zu klonen, die uns in den Stand versetzen würde – höchstwahrscheinlich die Reichen zuerst –, jüngere identische Zwillinge unserer selbst zu produzieren oder die Erforschung genetisch festgelegter Merkmale, die von der Gesellschaft geschätzt werden und für die sie jeden Preis bezahlen würde, um sie an die nächste Generation weitergeben zu können, seien sie auch von noch so geringer Bedeutung wie die Körpergröße, eine schlanke Figur oder der Schutz vor Haarausfall.

Dieselben Impulse, welche die Eugenik, die Klonversuche und das Streben nach dem perfekten Kind vorantreiben, haben zu den schlimmsten Gräueltaten des 20. Jahrhunderts geführt. Kaum 30 Jahre nachdem der Begriff Genetik geprägt worden war, entwarfen die Nationalsozialisten jenes umfassende Genozidprogramm, das sie Endlösung nannten. Der Holocaust warf seinen langen, schrecklichen Schatten noch bis zum Ende des 20. Jahrhunderts, als in Ruanda und dem in einzelne Regionalstaaten zerfallenen ehemaligen Jugoslawien »ethnische Säuberungen« durchgeführt wurden. Wir sind wohl nie weit von der Überzeugung, dass unsere Gene unser Schicksal sind, abgekommen.

Gleichzeitig haben aber die durch die Fülle der neuen wissenschaftlichen Erkenntnisse möglich gewordenen Genmanipulationen geradezu Wunder hervorgebracht. Es ist schon erstaunlich, dass wir heute mithilfe der DNS-Analyse imstande sind, defekte Gene zu entdecken, durch genetische Beratung die Familienplanung positiv beeinflussen können und sogar schlechte Gene durch gute austauschen können. Dass wir vielleicht bald schon imstande sein werden, in das Schicksal zukünftiger Generationen einzugreifen und die Vollkommenheit jedes Neugeborenen, zumindest in genetischer Hinsicht, zu garantieren, ruft unsere Ehrfurcht hervor, stellt uns aber auch vor neue ethische Fragen.

Etwas mehr als einhundert Jahre nach der Debatte über Mendel, die den Anfang der modernen Genetik bildete, lässt sich im Grunde fast alles, was wir über die Vorgänge in unserer Welt wissen – die Beziehung zwischen den Generationen, das komplexe Zusammenspiel zwischen Identität und Individualität, die Lebensgrundlagen und die Gemeinsamkeiten aller Lebewesen –, auf jenen Aufsehen erregenden Frühling des Jahres 1900 zurückführen.

ERSTER AKT

1. Im Gewächshaus

Wie liebe ich an der Gartenarbeit
das gleichzeitige Auftreten von Schönheit und Verfall.
Sie wird dadurch dem Leben so ähnlich.
Die Briefe von Evelyn Underhill (1875–1941)

Wieder einmal war Gregor Mendel im Gewächshaus, dem einzigen Raum, in dem er nicht fror. Selbst an einem sonnigen Sommertag war es kalt im Altbrünner Stift, in dem Mendel lebte. Das Kloster war im Jahr 1322 errichtet worden und hatte, obwohl es ursprünglich dem Schutz einer Gemeinschaft von Zisterzienserinnen diente, etwas Festungsähnliches. (Der Orden der Zisterzienserinnen war im 11. Jahrhundert als Reformorden der Benediktiner gegründet worden, die weiße Kutten anstelle der schwarzen trugen und strengere Verhaltens- und Andachtsregeln befolgten.) Lange Ziegelmauern umgaben den riesigen Grundbesitz, und die Hügel und Obstbäume verliehen ihm das verträumte Aussehen eines Landgutes.

Nahezu 500 Jahre später übernahmen die Augustiner die Abtei. Diese Mönche hatten bis zum Ende des 18. Jahrhunderts in einem großzügigen und reich geschmückten Gebäude im Herzen von Brünn gelebt – zu dieser Zeit die Hauptstadt von Mähren, in der Mitte des österreichisch-ungarischen Königreiches. Joseph II., genannt der Reformer, wollte das schöne Bauwerk als Residenz und kaiserliche

Statthalterei nutzen, hob daher das Kloster auf und vertrieb die Mönche. Die Augustiner zogen in das baufällige Nonnenkloster, das gleich hinter den Stadtmauern lag, und stellten es nach ihren Bedürfnissen wieder her. Sie rissen die Wände zwischen den Zellen ein und schufen so Räume für jeweils einen Mönch, wo früher zwei oder drei Schwestern gewohnt hatten.

Doch trotz der umfangreichen Renovierungen blieb es im Kloster immer kalt. Mochten auch noch so viele Priester in den Gängen in Gedanken versunken oder in ein Buch vertieft umherwandeln, ernsthafte Gespräche oder hitzige Debatten führen – nichts konnte die dicken Ziegelwände und steinernen Böden des Klosters erwärmen. Die Steine hielten unerbittlich jeden Sonnenstrahl ab, und so blieb es im Innern des Gebäudes das ganze Jahr über kühl.

Nicht so im Gewächshaus. Mendel suchte in dem kleinen Gebäude, das sich in eine Ecke des Klosterhofs direkt neben der Brauerei schmiegte, regelmäßig Zuflucht. In den beiden Räumen des Gewächshauses fand er nicht nur die erhoffte wohltuende Wärme, sondern auch Ort und Gelegenheit, seinen wissenschaftlichen Bestrebungen nachzugehen. Diese würden sich mit der Zeit, davon war er überzeugt, als bedeutend genug erweisen, um ihm einen Platz in den Annalen des Gartenbaus zu sichern. Auf den langen Tischen des Gewächshauses reihten sich die Töpfe aneinander, in denen Mendel Erbsenpflanzen zog und die er sorgfältig nach der Herkunft des Samens und der Varietät beschriftete. Aus den insgesamt 34 verschiedenen Samenarten wollte er Erbsen züchten, nachdem er sie sich zunächst über zwei Jahre hinweg hatte selbst befruchten lassen. Aufgrund der verkürzten Wachstumsperioden im Gewächshaus konnten innerhalb dieser zwei Jahre sechs vollständige Generationen heranwachsen – genug jedenfalls, damit Mendel sich sicher sein konnte, dass die Erbsen das waren, was sie zu sein schienen.

Er wusste nicht genau, welche Arten er da heranzog. Sie stammten alle aus der Gattung *Pisum* – der gemeinen Gartenerbse –, und er vermutete, dass die meisten zu *Pisum sativum* gehörten. Unter den 34 Erbsensorten waren aber bestimmt auch einige andere Arten wie *P. quadratum*, *P. saccharatum* und *P. umbellatum*. Die exakte Klassifizierung war es allerdings nicht, was Mendel interessierte. »So wenig man eine Unterscheidungslinie zwischen Spezies und Varietäten zu ziehen vermag«, meinte er, »ebenso wenig ist es bis jetzt gelungen, einen gründlichen Unterschied zwischen den Hybriden der Spezies und Varietäten aufzustellen.« Diese scharfe Grenze schien ihm glücklicherweise aber auch »völlig gleichgültig« zu sein, was seine eigentlichen Versuchsziele anbelangte.

Für Mendel war wichtig – sogar von zentraler Bedeutung und entscheidend für die folgenden Versuche –, ob sein Samenmaterial, egal welcher Art, reinerbig sei. Anders gesagt, er musste sich sicher sein, dass grüne Erbsen immer grüne Nachkommen und gelbe Erbsen immer gelbe Nachkommen haben würden; dass hoch rankende Pflanzen immer hoch rankende Pflanzen hervorbringen und zwergartige immer zwergartige. Sobald die Gewissheit bestand, dass die Arten »durchaus gleiche und konstante Nachkommen« hervorbrachten, also reinerbig waren, konnte er mit der eigentlichen Arbeit beginnen. Er wollte die Erbsen nicht im Gewächshaus, sondern im Freien pflanzen – zunächst dutzendweise und später, wenn ihm so viel Platz zur Verfügung stehen sollte, Hunderte und Tausende. Er hatte vor, die Erbsen untereinander zu kreuzen und die Merkmale der daraus hervorgegangenen Hybride genauestens zu erfassen, indem er die Nachkommen so vieler Generationen wie möglich untersuchte und zählte.

Mendel hatte sich zunächst an der Mäusezucht versucht. Doch da hatte er nicht mit dem Bischof der Diözese gerechnet. Dieser Bischof, Anton Ernst Schaffgotsch, hatte die Mönche von St. Thomas über Jahrzehnte hinweg geärgert. Die Mönche wollten nichts weiter als ungehindert durch die Restriktionen der katholischen Kirche ihre naturwissenschaftlichen und musikalischen Interessen verfolgen. Aber Bischof Schaffgotsch ließ einen solchen Mangel an Ehrfurcht nicht zu. Besonders der Abt bereitete ihm Kummer; er war ein einflussreicher Mann, der vollkommen unabhängig dachte und es darauf angelegt zu haben schien, das Kloster wie eine Universität zu führen. Mit der Absicht, die Zügel ein für alle Mal wieder straffer anzuziehen, besuchte der Bischof St. Thomas im Juni 1854. Auf lange Sicht, so Schaffgotschs Ziel, sollte das Kloster ganz aufgegeben werden.

Schaffgotsch war kein besonders kluger Mann, und er begegnete in dem Abt einem allzu gewitzten Gegenspieler. Schließlich gelangten die beiden Kleriker zu einem Kompromiss: Das Kloster würde offen bleiben, solange der Abt einige der Dinge änderte, die Schaffgotsch der größte Dorn im Auge waren. Dazu gehörten die Mäuse, die Mendel in Käfigen hielt und die den beißenden Geruch von Zedernholz, Pelz und Exkrementen in einem seiner beiden Zimmer verbreiteten. Mendel hatte vor, Feldmäuse mit Albinomäusen zu kreuzen, um herauszufinden, welche Farbe die Bastarde hätten. Schaffgotsch war offensichtlich der Meinung, es sei der Würde eines Priesters nicht angemessen, der schließlich ein Keuschheits- und Zölibatsgelübde abgelegt hatte, und bringe ihn vielleicht auch unnötig auf falsche Gedanken, wenn er die Fortpflanzung von Nagetieren förderte und womöglich noch beobachtete.

»Ich habe mich von der Tier- zur Pflanzenzucht gewandt«, erklärte Mendel später mit einem Lächeln. »Dem Bischof ist offensichtlich nicht bewusst, dass auch Pflanzen ein Geschlechtsleben haben.«

Mendel nahm sich, da er sich nun mit verstärktem Interesse den Pflanzen zuwenden musste, an den berühmten Züchtern ein Vorbild, von denen er im Zuge seines universitären und privaten Studiums der Botanik gelesen hatte. Er wollte es ihnen aber nicht nur nachtun, sondern wollte sie noch überbieten, indem er seinen Untersuchungen die Mathematik und andere wissenschaftlichen Methoden zugrunde legte, deren Kenntnis er sich vor nicht allzu langer Zeit beim Studium der Physik und Chemie angeeignet hatte. Er hatte vor, die Maßgaben dieser Wissenschaften auf die Biologie zu übertragen, die damals noch nicht den Rang einer streng empirischen Wissenschaft hatte. Schließlich wollte Mendel verstehen, welche Gesetze bei der Entstehung von Hybriden galten und wie Hybridpflanzen ihre einzelnen Merkmale auf ihre Nachkommenschaft übertrugen.

Rückblickend lässt sich nicht sagen, wie weit Mendel seine Ziele tatsächlich gesteckt hatte. Insofern wir ihn heute als Begründer der Genetik begreifen, sind wir allerdings versucht, ihm die ehrgeizigsten Pläne zu unterstellen. Genauso sind wir versucht, in ihm einen Genius walten zu sehen, der in weiser Voraussicht Erbsen, die sich schließlich als Ideal für seine Zwecke erweisen sollten, als Schlüssel zur Entdeckung der Geheimnisse der Vererbung gewählt hatte.

Es wird sich nie mit Gewissheit sagen lassen, was genau Mendel im Sinn hatte oder ob er die Bedeutung seiner Entdeckung bis in ihre letzte Konsequenz begriffen hat. Vielleicht hatte er sich den Erbsen mit genau denselben Fragen zugewandt, die ihn schon bei der Erforschung der Mäuse interessiert hatten: wie es zur Hybridbildung kam und welche allgemeinen Gesetze der Vererbung sich in der Nachkommenschaft zeigten. Sein Ziel war, wie er sagte, »die Entwicklung der Hybride in ihren Nachkommen zu verfolgen«. Er hoffte, eine Erklärung für Beobachtungen zu finden, die nicht nur er, sondern vor ihm auch schon andere gemacht hatten: Hybride bringen zwar im Allgemeinen Pflanzen hervor, die genauso wie sie selbst aussehen, aber gelegentlich auch solche, die den Pflanzen früherer Generationen ähnlicher sehen.

Dabei strebte Mendel neben anderem nichts Geringeres als ewigen Ruhm an. Das zumindest war sein Jugendtraum. Als er noch das Gymnasium in dem 30 Kilometer von seinem Heimatdorf entfernten Troppau (dem heutigen Opava) besuchte, verfasste er ein Gedicht, in dem offenkundig wird, dass er seinen Blick auf die Nachwelt gerichtet hatte. Dieses Gedicht war eine Lobpreisung Johann Gutenbergs, der in den dreißiger Jahren des 15. Jahrhunderts den Buchdruck mit beweglichen Metalllettern erfunden hatte. In dem kleinen Dorf, in dem Mendel geboren worden war, galt Mendel damals schon als eine Art Legende – schließlich hatte man ihn aufs Gymnasium geschickt, weil er einer der vielversprechendsten Schüler der Dorfschule im Kirchspiel gewesen war. Kann man ihm also vorwerfen, dass er sich mit jenem genialen Erfinder identifizierte, dem die Gesellschaft endlich den längst überfälligen Tribut zollte?

Auf geradezu unheimliche Weise deutet sich in dem Gedicht des jungen Mendel sein eigenes Schicksal an – ein Schicksal, das er damals unmöglich hatte vorhersehen können: die zu seinen Lebzeiten unerkannt gebliebene Bedeutung seiner Leistung und der posthume Ruhm, der bis in das nächste und übernächste Jahrhundert hinein immer mehr zunehmen sollte.

Der Mendel der Nachwelt würde wie Gutenberg, könnte er von seinem himmlischen Sitz aus heruntersehen, Zeuge dessen sein, was er in seiner Jugend als der »Erdenwonne höchstes Ziel« beschrieb – eine dauerhafte Anerkennung seiner Geistesgröße.

> Ja, dessen Lorbeer welket nie,
> Es mag der Zeiten Strudel kreisend
> Geschlechter in den Abgrund ziehn,
> Es mögen von der Zeit, in der
> Der Genius erschien, nur noch
> Bemooste Trümmer übrig stehn. –
> […]
> Der Erdenfreude größte Wonne,
> Der Erdenwonne höchstes Ziel
> Verliehe mir des Schicksals Macht
> Wenn ich, den Hallen meines Grabes
> Entstiegen meiner Kunst Gedeihen
> In Enkelsmitte freudig säße!

In den Zeiten von Mendels Jugend war der Weg zu ewigem Ruhm allerdings oft mühsam. Kaum einer seiner Umwege und kaum eine der von ihm erreichten Wegmarken sind dem Umstand geschuldet, dass er eine bewusste Richtungsentscheidung getroffen hätte. Und wenn auch das Leben vieler Menschen in dieser Weise verläuft, so ist man doch geneigt zu glauben, dass bedeutende Menschen, genialische Denker, mit klaren Zielen und einer exakten Landkarte aufbrechen, wenn sie sich auf den Weg machen. Bei Mendel war das nicht der

Fall. Mendel wechselte mit elf Jahren von der Dorfschule in die 3. Klasse der Piaristen-Hauptschule in Leipnik und im folgenden Jahr auf das Gymnasium, weil es ihm seine Lehrer sagten. Er besuchte die Philosophische Lehranstalt, weil kluge junge Männer, besonders jene, die nicht Bauer werden sollten, das nun einmal taten. Er trat schließlich in ein Kloster ein, in dem er Unterstützung für seine Vorhaben erfuhr, weil ihn einer seiner Professoren dorthin geschickt hatte. Und er begann zu experimentieren, weil sein Abt dies so wünschte.

Welche der Episoden aus Mendels Kindheit gab den Ausschlag? Welche war es, die seine Mutter und die Schwestern, die sich während seiner häufigen Krankheiten um ihren Bruder kümmern mussten, davon überzeugten, dass sich bei dem jungen Mendel Anzeichen dafür entwickelten, dass der Sohn und Bruder möglicherweise tief in seinem Innersten ein Problem hatte? War es in dem Jahr, als der siebzehnjährige Johann (auf diesen Namen war Gregor Mendel getauft worden) in den Sommerferien nach Hause kam und vier Monate lang das Bett hüten musste?

»Er ist eine große Enttäuschung für mich«, könnte Anton Mendel während dieser schweren Tage im Sommer 1839 geklagt haben. Der Hof der Mendels lag in der Nähe von Heinzendorf, einem kleinen Dorf im österreichischen Schlesien, das im damals deutschsprachigen Kuhländchen im Norden Mährens lag. Es war ein besonders hartes Jahr für die Familie Mendel gewesen. Der Vater war im Winter von einem umstürzenden Baum getroffen und dabei schwer verletzt worden und konnte sich noch im Sommer kaum rühren. Nach einer kurzen Zeit der Erholung – so lange er es sich eben erlauben konnte – schleppte er sich wieder jeden Morgen aufs Feld.

Und was tat sein junger, wohlgenährter und kerngesunder Sohn? Er kam kaum aus dem Bett heraus.

Anton Mendel war ein schmächtiger Mann von kleinem Wuchs, mit dunklen, zusammengekniffenen Augen und von einer gewissen Schwermut. Darin glich ihm Veronika, das älteste Kind. Aber trotz seiner Schwermut tat Anton, was getan werden musste. Er hatte genug gespart, um dem Fronherrn den Hof, auf dem die Familie lebte, abzukaufen, bestellte sein Land, mochte er auch immer schwächer werden, und leistete sich – selten, allzu selten – das Vergnügen, in seinem Obstgarten zu arbeiten und immer wieder neue Veredelungen auszuprobieren, um die saftigsten und schönsten Früchte hervorzubringen.

Rosine Mendel, seine Frau, war ganz anders. Sie neigte zu einer gewissen Leibesfülle und hatte ein freundliches und offenes Wesen; man konnte sie leicht zum Lachen bringen, und immer war sie bereit, das Gute im Menschen zu sehen. Theresia, das jüngste Kind der Familie, war wiederum der Mutter sehr ähnlich. Das mittlere Kind schließlich, der Sohn, schien eine Mischung aus Anton und Rosine zu sein, da er das Aussehen und die Freundlichkeit der Mutter und die Schwermut des Vaters geerbt hatte.

»Was hat er nur?«, wird Vater Mendel seiner Frau wohl zugeflüstert haben, als Johanns geheimnisvolle Krankheit sich über den Mai, Juni und Juli hinzog. Durch die ganze Studiererei – für die die Familie große Opfer erbringen musste – schien sich Johann immer weiter zu entziehen, als sei er sich für die Arbeit auf einem Bauernhof zu schade. Wenn sich Johann zu dieser Zeit seiner Familie fremd fühlte, dann nur, weil ihm die Arbeit nicht gefiel und weil er Träume hatte, die mit einem Leben auf dem Hof nicht zu vereinbaren waren. Schon seit er mit elf Jahren von Heinzendorf weggeschickt worden war, hatte er das Gefühl, für etwas anderes geschaffen worden zu sein als das Dasein seines Vaters und das der anderen Bauern. Nun, da er das Gymnasium in Troppau besuchte, wusste er mit noch größerer Gewissheit, dass das Leben eines Bauern nichts für ihn war.

Und litt nicht auch er? Seine Eltern trugen mittlerweile nichts mehr zu seinen Schulgebühren bei, und er hatte ganz allein für sich zu sorgen. Wie viele Jungen seines Alters mussten sich als Privatlehrer das Nötigste zum Leben verdienen und dabei noch die eigenen Studien weiterverfolgen? Wie lange würde er diesen Anstrengungen wohl gewachsen sein? Statt einen Weg aus dieser misslichen Lage zu suchen, war es da doch viel einfacher, den Kopf in den Sand zu stecken und zumindest für eine gewisse Zeit Zuflucht auf dem Krankenlager zu suchen.

Nichts von alledem erzählte Johann seiner Mutter, die ihm jeden Morgen sein Frühstück brachte und ihn mit ein paar Worten aufzumuntern versuchte. Auch Theresia, die erst zehn Jahre alt war, bekannte er seine inneren Kämpfe nicht. Veronika war schon verheiratet und lebte nicht mehr zu Hause; sie sah er kaum. Und selbst wenn, dann wäre seine strenge und humorlose Schwester die Letzte gewesen, der sich Johann anvertraut hätte.

Genauso wenig sprach Johann mit seinem Vater über seine innere Unruhe. Wie konnte er ihm auch sagen, dass es ihn schmerzte, mit ansehen zu müssen, wie sich der Vater jeden Morgen auf die Felder schleppte, und wie hilflos er sich gleichzeitig fühlte, nichts tun zu können. Immer wieder fragte sich die Familie, warum Johann sein Bett nicht verlassen konnte – aber diese Frage stellte er sich selbst mindestens ebenso oft.

Schließlich erholte sich Johann und kehrte im Herbst auf

das Gymnasium zurück. Im darauf folgenden Frühjahr machte er seinen Abschluss und besuchte anschließend die Philosophische Lehranstalt, um dort nach zweijährigem Unterricht das Reifezeugnis zu erlangen, das für den Zugang zur Universität erforderlich war. Die Lehranstalt befand sich in Olmütz, auf Tschechisch Olomouc, das damals dort die erste Sprache war. In Olmütz war das Leben für ihn noch schwerer als in Troppau. Der mittellose Johann litt unter Hunger und Kälte; sein Tschechisch war schwerfällig, und diese Sprachbarriere stand ihm auch dabei im Weg, genug Nachhilfeschüler zu finden, um sich über Wasser zu halten. Er verbrachte seine Zeit, wie er später schrieb, voller »Kummer über die getäuschten Hoffnungen und die bange traurige Aussicht, welche ihm die Zukunft darbot«.

Wieder kehrte er krank nach Hause zurück und dieses Mal verließ er das Krankenlager ein ganzes Jahr lang nicht. Wir schreiben mittlerweile das Jahr 1841. Mit wachsenden Selbstvorwürfen sah der neunzehnjährige Mendel zu, wie sich sein Vater Tag für Tag aufs Feld zwang. Er sann darüber nach, welches Leben er führen wollte und ob er angesichts all der scheinbar unumgänglichen und unüberwindbaren Hindernisse seine Träume jemals verwirklichen könnte.

Veronikas Mann, Alois Sturm, erklärte sich schließlich bereit, den Hof zu übernehmen, und nahm damit Johann die Last von den Schultern, das väterliche Erbe selbst antreten zu müssen. Aber die eigentliche Rettung kam von seiner geliebten jüngeren Schwester Theresia. Kaum den Kinderschuhen entwachsen, bot Theresia Johann einen Teil des ihr zustehenden Anteils am Familienbesitz – ihre Aussteuer nämlich – an, um ihm die zweijährige Ausbildung an der Philosophischen Lehranstalt in Olmütz zu ermöglichen. Mendel empfand sein Leben lang große Dankbarkeit gegenüber seiner Schwester und übernahm später die finanzielle und familiäre Unterstützung ihrer drei Söhne, von denen zwei Ärzte werden sollten. Die Anteilnahme an der Erziehung seiner Neffen betrachtete Mendel als seine heiligste Pflicht und eines seiner größten Vergnügen.

Während dieser zwei Jahre zeigte sich allerdings, dass kein noch so großzügiger Beitrag seitens seiner Schwester, nicht einmal zusammen mit einem kleinen Stipendium und dem Privatunterricht, ausreichte, Mendel das ersehnte Studium zu finanzieren. »Seine kummervolle Jugend«, schreibt Mendel von sich, »lehrte ihn frühzeitig die ernsten Seiten des Lebens kennen, sie lehrte ihn auch arbeiten.« Und so wählte Mendel den einzigen Weg, der einem jungen Mann im Mitteleuropa des 19. Jahrhunderts offen stand, wenn er eine höhere Bildung anstrebte. Auf Drängen seines Physiklehrers an der Philosophischen Lehranstalt, dem Priester Friedrich Franz, entschloss sich Mendel, ins Kloster zu gehen.

Es war jedoch kein gewöhnliches Kloster. Mendels Professor hatte ihn in ein besonderes Kloster geschickt, dem ein besonderer Abt vorstand und das in der besonderen Stadt Brünn lag. Professor Friedrich Franz hatte 20 Jahre im Kloster St. Thomas gelebt, das im Jahre 1843, als Mendel eintrat, von Abt Cyrill Napp geführt wurde.

Franz wusste, dass Napp, mit dem ihn während seiner Zeit im Kloster eine enge Freundschaft verband, in den weiß getünchten Gemäuern eine Gruppe von Gelehrten um sich scharte. Und er wusste, dass Mendel in dieser Gemeinschaft einen ihm angemessenen Platz finden würde. Er schrieb seinem alten Freund einen Brief, in dem er Napp versicherte, dass Mendel »ein junger Mann soliden Charakters« sei und ihn als »fast den Ausgezeichnetsten« seiner Physikstudenten

bezeichnete. Diese wohlmeinende Geste von Seiten Franz'
sollte Mendels Zukunft prägen, aber die von ihm gewählten
Worte verrieten keineswegs, dass es sich hier um ein künfti-
ges Genie handelte. Mendel war zwar der einzige Student,
den Franz Napp in diesem Jahr empfahl, aber ihn »fast den
Ausgezeichnetsten« zu nennen war nur ein schwaches Lob.
War Mendel tatsächlich kein überragender Geist, sondern
nur ein kluger, begabter und beharrlicher junger Mann, der
es verdiente, dass man ihm eine neue Perspektive eröffnete?
Oder erkannte Franz ebenso wenig wie viele seiner Zeitgenossen Mendels sich einer Sache ganz hingebenden, noch
verborgenen Genius, der erst Jahre später mit einem Mal
zum Vorschein kommen sollte, als für einen Moment das
Doppelgestirn Intuition und Zufall zugunsten Mendels zu-
sammentrat und ihm Einblick in das Geheimnis der Vererbung gewährte, das außer ihm nur wenige zu verstehen
bereit waren?

Brünn war die Hauptstadt Mährens und eine der am
schnellsten wachsenden Städte Europas; es hatte zu dieser
Zeit 70 000 Einwohner. Wie viele Städte Österreich-Ungarns
befand es sich in einem Sprachkrieg: Die tschechische Mehrheit wollte ihre Sprache und ihre Kultur beibehalten, aber
die herrschende deutschsprachige Minderheit verbot den
Gebrauch des Tschechischen im Geschäftsleben und in vielen Schulen. In Brünn gab es ausgezeichnete Schulen, einige
gute Chöre und Orchester, eine philosophische Lehranstalt,
eine neue technische Lehranstalt und für eine Stadt dieser
Größe eine beeindruckende Zahl wissenschaftlicher Gesellschaften. Zu der Zeit, als Mendel in das Kloster eintrat, gehörte zu der berühmtesten die k. k. mährisch-schlesische
Gesellschaft zur Beförderung des Ackerbaues, der Natur-
und Ackerkunde. Sie war 1806 von einer Gruppe von Ama-

teur-Naturwissenschaftlern gegründet worden, und seit 1827 führte Abt Napp den Vorsitz.

Das Kloster St. Thomas liegt in Altbrünn, dem ältesten Viertel der Stadt, nahe dem Ufer der Schwarze und am Fuß des Spielbergs, auf dem sich eine Burg erhebt. Diese finstere Burg aus dem 13. Jahrhundert diente damals noch als Kerker für Schwerverbrecher und die frei denkendsten Revolutionäre. In den unteren Kammern (den »dunklen Verließen«) waren die Mörder, Vergewaltiger und Diebe eingesperrt; darüber befanden sich die politischen Gefangenen, die die Regentschaft der Habsburger Dynastie bedrohten. Abt Napp und einige seiner Mönche besuchten die Burg auf dem Spielberg regelmäßig, um sich des Seelenheils der bedauernswerten Geschöpfe, die dort gefangen gesetzt waren, anzunehmen.

Das Kloster selbst hatte eher etwas von einem Wohnheim für Studenten als von einem Haus Gottes. St. Thomas wurde nach der Regel des Augustinus geführt: *per scientiam ad sapientiam*, vom Wissen zur Weisheit. Die Augustiner gehörten zu den liberalsten Orden der katholischen Kirche, sie lebten weniger spartanisch als die Benediktiner, weniger abgeschieden als die Kartäuser, und sie waren mehr auf das Wohl der Gemeinschaft bedacht als die Prämonstratenser. Die Benediktiner nahmen beispielsweise außer an Feiertagen nur ein oder zwei Mahlzeiten am Tag zu sich und unterwarfen sich einer strengen Disziplin, die bis in die kleinste Einzelheit das Verhalten vorschrieb: Zum Schlafen trage Hemd, Leibwäsche und Strümpfe; unter der Bettdecke lege die Schuhe ab und singe nicht im Bett. Die Kartäuser lebten in voneinander abgesonderten Zellen, zu denen ein kleiner, von Mauern umgebener Garten, ein Schlafraum und ein Studierzimmer gehörten, und bis auf ein paar Stunden am

Sonntag sahen oder sprachen sie niemanden, nicht einmal die Laienbrüder, die ihnen ihr Essen brachten. Und die Prämonstratenser (wegen der Farbe ihrer Soutane wurden sie auch die weißen Kleriker genannt, so wie die Augustiner die schwarzen Kleriker) brachten die meiste Zeit mit Arbeiten innerhalb der Klostermauern zu.

Die Augustiner dagegen maßen Lehre und Forschung eine größere Bedeutung als dem Gebet zu. Diese Haltung wurde besonders nach 1807 noch gestärkt, als Kaiser Franz I. verfügte, dass die Mönche von St. Thomas gemeinsam mit den ortsansässigen Benediktiner- und Prämonstratenser-Klöstern den Mathematik- und Religionsunterricht an der philosophischen Lehranstalt übernehmen sollten, das im folgenden Jahr in Brünn eröffnet werden würde. Im Österreich des beginnenden 19. Jahrhunderts wurde der Wissenschaft ein zunehmend höherer Stellenwert zugesprochen und zwar sowohl von Seiten der mährischen katholischen Kirche als auch von den säkularen Aristokraten- und Intellektuellenkreisen. Cyrill Napp, der damals noch nicht zum Abt gewählt worden war, gehörte zu den Ersten, die dem Folge leisteten.

Welche Möglichkeiten bot ein solches Kloster einem Mann wie Gregor Johann Mendel! (Den Namen Gregor erhielt Mendel übrigens mit seinem Eintritt ins Kloster und in der Folge gebrauchte er ihn statt seines Taufnamens oder setzte ihn davor.) Er hatte nicht nur Gelegenheit, all die Wissenschaften zu studieren, die ihn interessierten – Meteorologie, Physik und Mathematik –, er wurde in diesem Bestreben auch noch durch das Kaiserreich, die Kirche und Abt Napp unterstützt. Am bedeutsamsten und unmittelbarsten war natürlich die Förderung durch Napp. Dieser gewährte ihm zunächst freie Verfügung über das Gewächshaus, welches ihm Zuflucht und Experimentierstätte zugleich werden sollte, wo wir Mendel im Sommer des Jahres 1854 das erste Mal begegnen. Als Nächstes war geplant, ein etwa doppelt so großes Treibhaus zu bauen, das Mendel nur für sich nutzen sollte. (Gewächshaus und Treibhaus werden üblicherweise synonym gebraucht, in diesem Fall aber unterscheiden sich beide – das klösterliche Gewächshaus wurde mit einem Ofen beheizt, das Treibhaus nur durch die Sonne.)

Normalerweise ließ Napp keinem seiner Günstlinge eine bevorzugte Behandlung zuteil werden. Aber bei Mendel, den er besonders schätzte, machte er eine Ausnahme. Vielleicht erkannte Napp in dem fast 40 Jahre jüngeren Mendel sich selbst wieder, wie er als junger Mann gewesen war: eifrig, strebsam und von großer wissenschaftlicher Neugierde.

Der Abt gehörte fest zur bürgerlichen Gesellschaft von Brünn. Er stammte aus einer wohlhabenden Familie und hatte Positionen inne, die eine Verbindung zwischen der Abtei und den örtlichen Banken sowie der Landesregierung schufen. Genauso nahm er eine bedeutende Rolle im Geistesleben der Stadt ein: Er war Direktor der Staatlichen Gymnasien der Landesteile Mähren und Schlesien, Leiter des Brünner Pomologisch-önologischen Vereins (der sich der Obstbaumzucht widmete) und zunächst Stellvertretender, ab 1865 Leitender Direktor der Ackerbau-Gesellschaft. An ihm wird offenbar, welche große Bedeutung der Wissenschaft damals sogar unter hochrangigen Kirchenleuten zukam. Seine Untersuchungen zur Schafzucht zeigen einen klaren, wissenschaftlich geprägten Blick auf Fragen, die mit der Entstehung von Arten, ihrem Erhalt und ihrer Veränderbarkeit verbunden sind: »Was vererbt und wie?«

Napp förderte wie viele Intellektuelle in Mähren zur damaligen Zeit andere Amateur-Naturwissenschaftler in ihren wissenschaftlichen Untersuchungen und Experimenten und in besonderen Maße die Mönche seines Klosters. Er bekräftigte Mendel in seinem Interesse für die Botanik und für die Meteorologie, über die der junge Mann in regelmäßigen Abständen Vorträge hielt und gelegentlich auch Berichte verfasste.

Doch trotz seiner umfassenden Bildung und seines beeindruckenden Intellekts hatte Napp eine konservative und hochmütige Seite. So soll er von seiner eigenen Mutter verlangt haben, ihn mit »Euer Gnaden« anzureden. Zu seinen Mitbrüdern stand er in einem distanzierten Verhältnis, und er verkehrte mit ihnen vor allem durch den Prior des Klosters, Baptist Vorthey, der für die Novizen verantwortlich war. Napp war zwar von kleiner Gestalt und hinkte stark, dennoch konnte er etwas Furcht Einflößendes haben. Einmal wartete er an der Pförtnerloge, um einem Mönch, der allzu oft in den frühen Morgenstunden betrunken ins Kloster zurückgekehrt war, die Leviten zu lesen. Dieser Mönch, Aurelius Thaler, selbst Botaniker von einigem Ruf und zu dieser Zeit für den kleinen Versuchsgarten des Klosters zuständig, schwankte in jener Nacht nach Hause und klingelte wie üblich an der Pförtnerloge, um eingelassen zu werden. Dort wurde er nun aber nicht von dem freundlichen Pförtner empfangen, sondern von den wütenden Blicken des gestrengen Abts, der in vollem Ornat auf ihn gewartet hatte.

Das Klosterleben tat Mendel gut. Der geregelte Tagesablauf bedeutete für den Mann, der die ersten 21 Jahre seines Lebens in ständiger Unsicherheit verbracht hatte, Ausgeglichenheit und Wohlbefinden. In der Basilika von St. Maria wurde jeweils am Morgen und am Abend ein Gottesdienst gehalten; das Bauwerk stammt aus der Gotik und ist von einem zierlichen Turm gekrönt, von dem noch heute den ganzen Tag und die ganze Nacht hindurch die Viertelstunden geschlagen werden. Der junge Novize lief jeden Tag zur Bischöflichen Theologischen Lehranstalt in Brünn, wo er Unterricht in Kirchenrecht, Dogmatik, Moraltheologie und Exegese, in kirchlicher Archäologie, Hebräisch und Griechisch erhielt. Dreimal täglich nahm Mendel die üppigen Mahlzeiten im Kloster zu sich; mit wie viel Appetit er gegessen haben muss, zeigt sich daran, dass er im Alter von 45 Jahren so dick geworden war, dass ihm die Exkursionen zum Sammeln von Pflanzen, die er als junger Mann so sehr geliebt hatte, einige Schwierigkeiten bereiteten.

Diesen Mahlzeiten konnte man allerdings auch kaum widerstehen. Das Altbrünner Stift war weithin bekannt für seine kulinarischen Köstlichkeiten. Aus ganz Mähren kamen Mädchen nach Brünn, um sich von einigen der besten Köche des Habsburgerreiches in der Kunst des Kochens unterweisen zu lassen. Von dort aus gingen sie dann nach Wien, um, wie sie hofften, eine Stellung in einem der Häuser des österreichischen Adels zu bekommen. Er biete mährische Küche, war damals das höchste Lob, das man einem Wienerischen Haushalt aussprechen konnte.

Die begehrteste Lehrküche aber war die des Klosters. Was immer aus dieser Küche kam, der seit mehr als 30 Jahren Luise Ondrackova vorstand, war exquisit. Besonders gelobt wurde die Hagebuttensoße der Köchin, die aus Hagebuttenmarmelade hergestellt und zu Fleisch gereicht wurde. Einer leichten weißen Soße füge man Wein hinzu, so lautete das Rezept, und dann »gebe man so viele Teelöffel Hagebuttenmarmelade wie Portionen zu der Soße und gieße das Ganze mit Rinderbrühe auf«. Schließlich reduziere man die Soße unter ständigem Rühren und füge, »wenn nötig«, Salz und Essig hinzu. (In den Rezeptbüchern der damaligen Zeit waren genaue Mengenangaben nicht üblich, und sie finden sich auch in dem Kochbuch von Luise Ondrackova nicht, das sie nach Eintritt in den Ruhestand verfasste.)

Die Hagebuttensoße war aber längst nicht alles, was hier geboten wurde. Das Mittagessen bestand grundsätzlich aus drei Gängen. Zu einer typischen Mahlzeit zu Zeiten Luises gehörten Erbsensuppe, Schweinskotelett mit gekochten grünen Erbsen und Salzkartoffeln und ein saftiger Strudel mit gehackten Nüssen. Das Abendessen, ohne Suppe und Nachtisch, fiel nicht ganz so reichhaltig aus und bestand aus einem einfachen mährischen Gericht wie Nieren und Hirn mit Kartoffeln. Aber davon mussten die Mönche noch nicht satt werden; nachmittags reichte man ihnen Kaffee, zu dem Biskuitkuchen, Hörnchen, Sahnerollen und eine kleine Auswahl von Wein und Likör serviert wurden.

Das große, kühle Refektorium, in dem die Mahlzeiten eingenommen wurden, bildete das Herzstück des Gebäudes und das Herzstück des klösterlichen Lebens an sich. Die Mönche versammelten sich um die lange Tafel aus dunklem Holz; an dem einen Ende saß Abt Napp, an dem anderen Prior Vorthey, der über die Novizen wachte. Wenn die Glocke der Kirche zum Frühstück, zum Mittag- oder Abendessen gerufen hatte, stellten sich die elf Priester, die Laienbrüder und die Novizen hinter ihren Stühlen auf und lauschten dem Tischgebet, das von der Gewölbedecke widerhallte. Nach dem Amen erfüllten ganz andere Klänge die Halle – das Knarzen und Kratzen der Stühle, die über die Bodenfliesen geschoben wurden, das Klappern des Bestecks, der Töpfe und des Geschirrs und das Gemurmel eines Dutzend Männer, die sich miteinander unterhielten.

Vielleicht wurde bei Tisch auch laut vorgelesen, wenn Napp beschlossen hatte, sich an die Regeln zu halten, die sich der Augustinerorden bei seiner Gründung gegeben hatte. Für den heiligen Augustinus war das Lesen der Weg zur Kontemplation, die Kontemplation die höchste Form der Weisheit und die Weisheit das Ziel eines jeden Augustiners, und so regte er an, zu allen möglichen Gelegenheit und auch während der Mahlzeiten zu lesen. »Denn ihr sollt nicht nur mit dem Mund euren Hunger stillen«, lautete eine der frühesten Ordensregeln, »sondern auch eure Ohren sollen hungern nach dem Wort Gottes.«

Eine lange Lindenallee verband den Hof des Klosters mit dem von regem Leben erfüllten Klosterplatz, auf dem Märkte und Volksfeste abgehalten wurden. An Feiertagen versammelte sich auf diesem öffentlichen Platz eine lärmende Menge: Schausteller und Händler stellten ihre Buden und Schirme auf, und Käufer und Schaulustige drängten sich, um all die ausgestellten Waren und Merkwürdigkeiten zu betrachten. Doch kaum schloss sich das Tor zum Kloster hinter dem Eintretenden, war er von wohltuender Stille umgeben.

Die Quartiere der Mönche lagen in einem einstöckigen Gebäude mit weiß getünchten, stuckverzierten Wänden, einem roten Ziegeldach und kleinen, schlichten Fenstern. In dem üppig begrünten Klosterhof und den übrigen Anlagen herrschte Stille. Betrat man das Kloster durch den Nebeneingang, von dem aus man direkt in den Hof gelangte, dann blickte man zunächst auf den Gemüsegarten. Dahinter standen über eine Wiese verstreut Obstbäume und noch ein Stückchen weiter war eine schöne Steintreppe in den Hügel gehauen, die zu den höher gelegenen Gärten führte, auf denen Weinstöcke und Wildblumen wuchsen. Im Flügel zur Rechten befanden sich das Refektorium und im Stock darüber die Stiftsbibliothek; zur Linken lag die Brauerei, die die Luft mit einem würzigen Hefegeruch erfüllte.

Zu Mendels Zeiten lebten im Klosterhof auch noch ein zahmer Fuchs, einige Eichhörnchen und Igel und verschiedene Vögel, wie Amseln, Stare, Kohlmeisen, Rotschwänzchen und Goldfinken. Die Mönche waren allesamt Naturliebhaber und nahmen viele Mühen auf sich, die Tiere vor Räubern zu schützen. Einmal umgaben sie einen Teil des Hofes sogar mit einem Maschendraht und verwandelten den klösterlichen Grund auf diese Weise in einen riesigen Vogelkäfig.

Die Vögel leisteten Mendel Gesellschaft, wenn er in der frischen Morgenluft im Garten arbeitete, vor allem aber die Amsel mit ihrem leuchtend gelben Schnabel, eine einsame Seele wie Mendel, die ihr liebliches Lied sang. Der Gedanke an den Hang dieses Vogels zur Einsamkeit, an die Unerschütterlichkeit, mit der er immer wieder sein Lied sang, sollte Mendel durch die schrecklichen und enttäuschenden Zeiten helfen, die vor ihm lagen.

2. SÜDLAGE

Ein Garten ist wie der Mensch.
Er hat so viele Schichten und Windungen –
ob sie nun echt sind oder bloß vorgestellt –,
dass ihn selbst seine engsten Freunde
niemals richtig kennen können.
DEEP IN THE GREEN, Anne Raver

Das 800 Jahre alte Pergament knistert, wenn man die Seiten
der Bibel umblättert. Sie sind aus der Haut junger Tiere wie
Kalb, Lamm oder Ziegenkitz hergestellt, die feiner ist als die
von Rind, Schaf oder Ziege. Die Blätter sind an den Rändern
dunkel gefärbt und durchscheinend, wenn man sie gegen das
Licht hält. Auf der Seite der Haut, wo einmal das Fell war,
sind sie wie Rauleder, auf der anderen glatt und fast weiß. Der
Unterschied ist zwar gering, aber dennoch spürbar – die Fell-
seite kitzelt ein wenig an den Fingern, wenn man mit der
Hand darüber streicht.

Wie alle Bücher aus dem 12. Jahrhundert ist auch dieses
von Hand geschrieben, in einer kleinen, runden Schrift. Als
Erstes hat der Schreiber den Rand des Blattes mit einer Na-
del durchstochen und dann mit Graphit die Umrisse einge-
zeichnet und seine Linien gezogen. Den ersten Buchstaben
des ersten Wortes auf jeder Seite hob er mit zierlichen roten
und blauen Initialen hervor. An den Rändern sind in roter
Farbe die Korrekturen zu sehen, so wie die Anmerkungen

eines Lehrers in den Heften der Schüler. Wenn die Schreiber ihre Arbeit beendet hatten, setzten sie ein Kolophon, eine Schlussschrift, in der sie ein Dankgebet aussprachen oder auch ihrer Erleichterung Ausdruck verliehen. Viele mittelalterliche Manuskripte schließen mit der Klage des Schreibers über die Länge des Buches und einem Bittgebet um das ewige Leben, einen Becher Wein oder die Gesellschaft eines schönen Mädchens.

Der heilige Augustinus liebte Bücher wie dieses. »Wenn du betest«, so schrieb er einmal, »dann sprichst du mit Gott; wenn du liest, dann spricht Gott mit dir.« Später erhielten die Klöster, die von dem in seinem Namen gegründeten Augustinerorden geführt wurden, den Auftrag, diese Bücher zu sammeln. Die Augustinerklöster hüteten schließlich neben den Universitäten die bedeutendsten Schätze des im geschriebenen Wort niedergelegten Wissens.

Die Mönche von Altbrünn nahmen diesen Auftrag sehr ernst. Ihre Sammlung umfasste 20000 Bände, und die Bibliothek war in dem prunkvollsten Saal im ganzen Kloster untergebracht. Wie Augustinus gehofft hatte, war allein das Vorhandensein einer Bibliothek eine Quelle des Trostes für Menschen wie Gregor Mendel, die nichts mehr liebten, als ein Buch aufzuschlagen und sich in den Worten großer Gelehrter, Philosophen und Männer der Wissenschaft zu verlieren. Hier vermochten Mönche, denen mehr an der Gelehrsamkeit als an der Frömmigkeit lag, das Wort Gottes am besten zu vernehmen.

Mendel trug wohl seinen üblichen klösterlichen Habit, wenn er in die Bibliothek ging: die knöchellange schwarze Soutane, die in der Taille gegürtet war, darunter ein Hemd mit langen weißen Ärmeln und einer Kapuze, die über Brust und Rücken in einem weiten Bogen bis zum Gürtel reichte.

Die Ordenskapuze, die nichts weiter war als ein zusätzliches Stück Stoff, bereitete Mendel immerzu Verdruss und schlug ihm beim kleinsten Windstoß ins Gesicht. Aber die übrige Kleidung war bequem und hielt die Mönche warm, so weit das in den zugigen Hallen ihres mittelalterlichen Quartiers überhaupt möglich war.

Bestimmt hatte sich an seinen Schuhen wieder Erde festgesetzt, die er im Garten getragen hatte, und so wird er wohl an den Stufen, die zur Bibliothek führten, stehen geblieben sein und die schwarzen Schuhe ausgezogen haben. Aus einem der Kämmerchen holte er sich ein Paar der wollenen Überschuhe, die dort aufbewahrt wurden, und streifte sie sich über. Die Mönche waren gehalten, diese Schuhe anzuziehen, um das glänzende Parkett der Bibliothek nicht zu beschädigen. Anders als die Gänge, deren Böden aus großen grauen Steinen bestanden, und das Refektorium mit seinem gefliesten Boden, war die Bibliothek mit hellem Holz ausgelegt, das so wunderbar zu der Eleganz des Raumes passte. An drei Wänden der riesigen Bibliothek standen hölzerne Regale, deren Rückwände in einem leuchtenden Blau gestrichen waren. In die vierte Wand waren fünf riesige Bogenfenster eingelassen, die auf den Hof hinausgingen und den Blick auf den Obstgarten, das Gewächshaus und die Brauerei auf der anderen Seite freigaben.

Dieser prunkvolle Saal wurde von Mendel und den anderen Mönchen allerdings nicht zur Lektüre genutzt. Hier bewahrte man nicht einmal den Großteil der Bücher des Klosters auf. Die in diesem Teil der Bibliothek untergebrachten Bücher – und es waren Hunderte, wenn nicht Tausende – dienten wie der Saal selbst vornehmlich repräsentativen Zwecken. Hier fanden Empfänge und Tanzabende statt, und in einer Ecke des Saals stand ein Klavier für musikalische

Darbietungen. Aber Lektüre, Studium, Kontemplation? Auf die Stimme Gottes lauschen? Nicht an diesem Ort.

Wollte Mendel in das eigentliche Herzstück der Bibliothek gelangen, musste er in die südöstliche Ecke des Hauptraums gehen, in der ein Regal stand, das mit denselben filigranen Einlegearbeiten wie die anderen verziert war, von dem aber seltsamerweise zwei Fächer leer waren. Das halb leere Bücherregal war wie das Schränkchen darunter an Scharnieren befestigt; wenn man beide in den Raum drehte, öffnete sich dahinter ein schmaler Gang, der zu fünf roh gezimmerten Holzstufen führte. Mendel zog seinen Kopf ein – nur ein wenig, da er kein großer Mann war – und stieg die Stufen hinab. Auf diese Weise gelangte er in das erste von vier Studierzimmern, die hinter dieser Wand lagen.

An den Stehpulten in diesen Räumen verrichteten Mendel und die anderen Mönche des Klosters einen großen Teil ihrer Arbeit. Hier standen in alten Regalen aus Kiefernholz auch die weniger schmuckvollen Leseexemplare aus der Sammlung, und die Kataloge halfen den Mönchen bei der Suche nach den gewünschten Büchern. An langen Nachmittagen machten sie es sich mit ihrer Lektüre in den Sesseln bequem, die überall in den Zimmern standen. Auch über diese verborgenen Gemächer erstreckte sich die Fensterwand, die über den gesamten Bibliotheksflügel reichte.

Noch lange nach Mendels Tod erzählte man sich, dass sich die in der Bibliothek arbeitenden Mönche oft aus den Fenstern lehnten und Mendel, der die Reihen seiner Versuchspflanzen abging, etwas zuriefen. Bis die Existenz dieser verborgenen Gemächer allgemein bekannt wurde, glaubte man außerhalb des Klosters, diese Geschichte beziehe sich auf die Fenster des Empfangsraums. Dieser lag allerdings am nördlichen Ende des Bibliotheksflügels. Von den dortigen Stu-

dierzimmern aus, von denen aus mindestens doppelt so viele
Fenster den Hof bis in die südlichste Ecke überblickten, hatten
die Mönche Mendel aber nichts zurufen können.

»Was gibt es heute Abend zu essen, Gregor?«, haben sie
vielleicht zu Mendel hinübergerufen, der im Küchengarten
zwischen den Reihen von gelben Rüben und Gurken Unkraut
jätete. »Heute Abend gibt es keine Erbsen«, könnte er
mit einem Lächeln erwidert haben. »Mit denen habe ich
Wichtigeres vor, als sie zu essen.« Seine Mitbrüder haben
vermutlich mit Erstaunen vernommen, dass es für Mendel
Wichtigeres gab als essen.

Aber ist es überhaupt von Bedeutung, von welchem Fenster
aus die Mönche Mendel riefen? Nun, wir können anhand
der Lage der Fenster feststellen, wo sich der Garten Mendels
befunden haben muss. Und wenn man weiß, wo der Garten
lag, kann man sich ein besseres Bild von dem stillen Mönch
machen. Das Wissen um dieses lange gehütete und erst kürzlich
aufgedeckte Geheimnis macht es uns möglich, den tatsächlichen
Mendel hinter dem in einem Mythos gefangenen
Mendel zu sehen. Es erklärt auch die scheinbaren Ungereimtheiten
im peniblen Zahlenwerk des Mönchs, die ihn
über lange Jahre hinweg eher als Lügner denn als unerkanntes
Genie erscheinen ließen.

Und so erklärt sich das Rätsel: Hätten die Mönche von den
Fenstern der eigentlichen Bibliothek aus gerufen, dann hätte
sich Mendels Garten auf einem schmalen, eingezäunten
Stückchen Landes genau unter ihnen befunden, das den Bibliotheksflügel
entlang lief und vom öffentlicheren Teil des
Hofes durch einen langen Pfad, einen Zaun und eine Hecke
getrennt war. Dies ist der Garten, der auf den verschiedensten
Fotografien zu sehen ist und der von Generationen von

Botanikern, Genetikern und Historikern immer wieder ab-
gemessen wurde, als sie sich vorzustellen versuchten, wie
Mendel auf einem so engen Raum zu tun vermochte, was er
behauptete, getan zu haben. Und dies ist der Garten, den die
Leute vom Mendelianum, das im ehemaligen Refektorium
untergebracht ist, noch immer als den Ort bezeichnen, an
dem Mendel seine Versuche angestellt habe.

Aber auf diesem Stückchen Land hätte Mendel seine umfangreichen Versuche niemals durchführen können; dazu
war es nicht sonnig genug. Fast den ganzen Morgen über lag
es im Schatten des Bibliotheksflügels; Erbsen brauchen jedoch viel Sonne. Außerdem ist es nicht groß genug und hat
einen merkwürdigen Schnitt – 35 Meter lang und nur sieben
Meter breit –, und es ist nur schwer vorstellbar, dass Mendel
dort, selbst wenn man den Platz im Gewächshaus dazuzählt,
all die Pflanzen ziehen konnte, die er nach eigenem Bekun-
den gezogen hat.

Da bot sich schon eher ein anderer Platz an – ein größeres, sonnigeres und auch sonst sehr viel geeigneteres Stück
Land auf der Südseite, nicht weit vom Dienstboteneingang.
Aufgrund seiner Lage fiel erst am späten Nachmittag der
Schatten darauf; und diese Lage passt auch besser zu den Berichten, denen zufolge die Brüder Mendel von den Studierzimmern aus Bemerkungen zuriefen. Schließlich verbrachten sie ihre Zeit dort und nicht im repräsentativen Teil der
Bibliothek, und von dort aus konnten sie ihren Freund auch
grüßen. Mendel wiederum musste, um sie hören zu können,
in der Nähe des Hoftores arbeiten, nicht weit entfernt von
dem Treibhaus, das bald errichtet werden sollte.

Die Zweifel an Mendels Versuchen, die man fast das ganze
20. Jahrhundert hindurch immer wieder formulierte, wurden durch die angenommene Lage des mendelschen Gartens

bestätigt. Mendel musste doch lügen, was die große Menge seiner Kreuzungsversuche anbelangt, wenn der Garten nahe des Klosters ganz offensichtlich zu klein war für all diese Versuche. Und wenn dem so war, verbreitete er dann nicht noch mehr Lügen? Gerade wegen dieser Mutmaßungen, dass der stille Mönche möglicherweise seine Forschungsergebnisse gefälscht hat – und diese Gerüchte kursieren bis heute, obwohl ihnen jede Grundlage fehlt –, ist es wichtig zu wissen, in welchem Teil des Klosters sich der Garten Mendels tatsächlich befand. Inzwischen geht man davon aus, dass er eher auf dem größeren und sonnigeren Stück Land nahe des Gewächshauses zu suchen ist als auf dem, das all die Fotografien zeigen. Dort konnte Mendel ein ums andere Jahr seine Erbsen ziehen, ohne sich wegen des begrenzten Platzes und zu geringer Sonneneinstrahlung einschränken zu müssen.

Der kleinere Garten direkt unterhalb der Bibliothek hatte für Mendel eine besondere Bedeutung, auch wenn dies nicht der Ort war, an dem er seine Erbsen zog. Während seiner ersten Jahre im Kloster verbrachte er hier viel Zeit mit Matouš Klácel, einem 14 Jahre älteren Mitbruder, mit dem ihn eine enge lebenslange Freundschaft verband. Klácel hatte sich als Philosoph und Naturwissenschaftler einen Namen gemacht und war seit 1843 für den Versuchsgarten des Klosters zuständig. Das war das Jahr, in dem Mendel ins Kloster eingetreten und Aurelius Thaler (dem wir das letzte Mal begegnet sind, als er trunken Abt Napp in die Arme lief) unerwartet gestorben war. In den vierziger und fünfziger Jahren zog Klácel auf dem schmalen Streifen Land alpine Pflanzen. Er wollte sehen, ob der Wechsel von den Bergen Mährens in die Ebene von Brünn bei den Pflanzen zu dauerhaften Veränderungen führte, konnte aber keine solchen Veränderungen feststellen. Diese Beobachtungen trugen dazu bei, dass die zu dieser Zeit unter den Biologen verbreitete Ansicht verworfen wurde, Pflanzen und Tiere machten als Reaktion auf die Veränderungen ihrer Lebensbedingungen innerhalb ihrer eigenen Lebensspanne eine Metamorphose durch und gäben dann die neuen Merkmale an ihre Nachkommenschaft weiter.

Klácel hatte zweifellos einen guten Einfluss auf seinen empfänglichen jungen Freund. Zu der Zeit, als Mendel ihn kennen lernte, hatte Klácel bereits einige Schicksalsschläge hinnehmen müssen. Da er in seinen Schriften für die Naturphilosophie eingetreten war, war er schon einige Jahre zuvor seiner Lehrverpflichtungen als Philosophielehrer in Brünn entbunden worden. Die Naturphilosophie ist eine deutsche philosophische Disziplin, die evolutionäre Gedanken, die Überzeugung vom zweckmäßigen Handeln der Natur und den Glauben, dass die materielle Welt eine Projektion einer tieferen dahinter verborgenen geistigen Wirklichkeit ist, miteinander verbindet. Zu den bedeutendsten deutschen Vertretern der Naturphilosophie, die auf die Philosophen F. W. J. Schelling und Lorenz Oken zurückgeht, gehören Goethe und Hegel.

Mit Klácels Entlassung im Jahr 1847 erreichten seine Auseinandersetzungen mit Vertretern von Kirche und Regierung, die ihn schon länger wegen seiner antimaterialistischen Philosophie schikaniert hatten, einen Höhepunkt. In jenem Jahr schrieb Klácel einen dreiteiligen Aufsatz, *Die Philosophie des rationalen Guten*, den er ordnungsgemäß zunächst der Zensurbehörde in Wien vorlegte, bevor er sich um die Veröffentlichung bemühte. Die Zensoren aber, Fürst Metternich treu ergeben, entdeckten in dem Aufsatz allerdings »ge-

fährliche Sätze«, womit sie zweifellos solche Passagen meinten, in denen Klácel den tschechischen Nationalismus verteidigte. Klácel hatte den naturphilosophischen Begriff der
Evolution auf die Gesellschaft angewandt, indem er ein Gar-
tenbild mit der Bemerkung versah, dass jedes Zeitalter viel
Vergängliches habe, was die Dialektik sichte und bearbeite,
bis sein Kern offen gelegt sei. Der »Kern« der kleinen tschechischen Nation würde sich auf diese Weise, so ließ Klácel
durchblicken, aus der Hülle der deutschen Herrschaft befreien und die Demokratie würde aus der Monarchie hervor-
treten – solange die tschechische Sprache und Kultur in den
Schulen gepflegt würden. Da die deutschsprachige Minderheit Angst hatte, ihre Herrschaftsgewalt über die Völker anderer Nationalität im Habsburgerreich zu verlieren, stellten
solche Ideen für sie natürlich gefährliches revolutionäres Gedankengut dar.

Ein Jahr später, im März 1848, als sich die Revolution über
weite Teile Europas, darunter auch Österreich ausbreitete,
musste die Metternich-Regierung tatsächlich abdanken.
Klácel trieb seine Ideen zu dieser Zeit noch einen Schritt
weiter, und Mendel, von der Begeisterung Klácels angesteckt, folgte ihm, auch wenn er selbst kaum klare politische
Überzeugungen vertrat. Klácel verfasste in scharfem Ton
eine Petition, in der er behauptete, dass die Priester Mährens
in der Abgeschiedenheit ihres klösterlichen Lebens aller bürgerlichen Rechte beraubt seien und unter Bedingungen leben müssten, die unter jeder Würde seien. Die wichtigste
Forderung in dieser Petition lautete, dass die Priester wieder
die vollen bürgerlichen Rechte und Privilegien erhalten sollten, zu denen auch das Recht gehörte, öffentlich lehren zu
dürfen. Außer Klácel und Mendel unterzeichneten noch fünf
weitere Priester die Petition, nur um dann erfahren zu müs-

sen, dass man sie ignorierte und schon wenige Monate später, als das aus der jungen Demokratie hervorgegangene Parlament wieder aufgelöst wurde, vergessen hatte.

In dieser Zeit, als Europa von politischen Unruhen erschüttert wurde, erfuhr auch Mendels Leben einen Wandel. Dieser hatte aber weder etwas mit der Petition zu tun, die er unterschrieben hatte, noch mit den politischen Auseinandersetzungen im Allgemeinen. Es handelte sich um ein Ereignis, das Mendel persönlich betraf und äußerst demütigend für ihn war. Wie es schon oft der Fall gewesen war und noch sein würde, gelangte Mendel fast zufällig, nachdem er auf Drängen eines seiner Mentoren einen neuen Weg eingeschlagen hatte, an einen Wendepunkt. Und wieder führte ihn diese Wendung geradewegs in eine Sackgasse.

Dieses Mal betraf es Mendels Unvermögen, der eigentlichen Aufgabe eines Priesters gerecht zu werden. Nachdem er fünf glückliche Jahre in St. Thomas verbracht hatte, erhielt Mendel die Priesterweihe und erwies sich, zu spät, für das Priesteramt als genauso ungeeignet wie für das Leben eines Bauern. Im August 1848 zwang ihn eine schwere und rätselhafte Krankheit ins Bett. Ihre Ursache war für Mendel ebenso überraschend wie beschämend.

Mendel hatte die Leiter vom Novizen zum Subdiakon, Diakon und Priester schneller erklommen, als es üblich war, aber nicht unbedingt, weil er sich als besonders talentiert erwiesen hatte (auch wenn das natürlich möglich ist), sondern weil es dem Kloster an Priestern fehlte. Allein im Jahr 1848 waren drei junge Mönche gestorben. Sie waren jenen Infektionskrankheiten zum Opfer gefallen, an denen auch viele Patienten des Krankenhauses St. Anna starben; dieses lag nur ein paar Schritte den Hügel hinauf an der gewundenen

Bäckergasse, und dorthin wurden die Mönche gerufen, um den Sterbenden die Letzte Ölung zu geben.

Am 6. August 1847 wurde Mendel zum Priester geweiht – 15 Tage nachdem er 25 Jahre alt geworden war und damit das erforderliche Mindestalter für einen Priester erreicht hatte. Im darauf folgenden Jahr schloss er sein Studium der Theologie ab und im August übernahm er einige der Aufgaben eines Gemeindepfarrers, zu denen auch die seelsorgerische Betreuung der Kranken, der Sterbenden, der Armen und der Gebrechlichen gehörte. Doch schon Anfang des folgenden Jahres zeigte sich, dass er seinen neuen Aufgaben nicht gewachsen war. Erneut war Mendel aufs Krankenlager gezwungen, von dem er sich erst über einen Monat später wieder erhob. Allerdings hatte er sich nicht wie die anderen Priester bei einem seiner Gemeindemitglieder angesteckt, auch wenn er so schwer litt wie bei einer Tuberkulose- oder Typhuserkrankung – Mendel war an der Seele erkrankt.

Ein weiteres Mal fand sich ein Retter, der Mendel von seinen körperlichen und seelischen Leiden erlöste, nachdem er die ersten Wochen des Jahres 1849 im Bett verbracht hatte. Es war der stets nachsichtige Abt, der erkannte, dass Mendel sich nicht zum Priesterdasein eignete. Vielleicht, dachte er, sollte es der junge Mann wieder mit dem Unterrichten versuchen.

Mitte des Jahres schrieb der Abt an Bischof Schaffgotsch, dass Mendel zwar »sehr fleißig den Wissenschaften obliegt, für die Seelsorge aber weniger geeignet ist, weil er am Krankenlager und beim Anblicke der Kranken und Leidenden immer wieder von einer unüberwindlichen Scheu ergriffen wird und davon selbst in eine gefährliche Krankheit verfiel«.

Schaffgotsch verspürte keine besondere Neigung, Mendel auch nur den geringsten Gefallen zu tun. Auch wenn noch

Jahre bis zu der Auseinandersetzung über Mendels Mäu-
seexperimente vergehen sollten, so hatte der Bischof schon
jetzt nicht das Geringste für Mendels Humor übrig. Während seines Noviziats hatte Mendel bei einem Besuch Schaffgotschs einem anderen Mönch zugeflüstert – oder was er für
ein Flüstern hielt –, dass der engstirnige Bischof offensichtlich »auch mehr an seinem Fett als an seinem Verstand zu
schleppen« habe. Schaffgotsch hatte diese Bemerkung nie
vergessen – zumal sie von einem nicht gerade schlanken
Mann wie Mendel kam.

Napp bestand darauf, dass Mendel die Lehrerlaubnis erteilt wurde, da dieser nur so ein erträgliches Leben führen
konnte. Der Zeitpunkt war günstig, schließlich hatte die ös-
terreichische Regierung ein Edikt erlassen, demzufolge die
Kleriker des Landes den Gemeinden, in denen sie lebten, etwas zurückgeben sollten, und den Unterricht an weltlichen
Schulen hielt man für die angemessenste Form. Schaffgotsch
gab schließlich nach und stimmte zu, den jungen Mendel
nach Südmähren in die alte Stadt Znaim (Znojmo im Tschechischen) zu schicken, wo er sich als Lehrer am Gymnasium
versuchen sollte.

Im Winterhalbjahr des Jahres 1849 vertrat der siebenund-
zwanzigjährige Mendel die 3. und 4. Klasse in den Fächern
Latein, Griechisch, Deutsch und Mathematik. Die anderen
Lehrer sagten von ihm, er habe einen »anschaulichen und
lichtvollen Lehrvortrage« und zeige trotz seiner Unerfah-
renheit und seiner unvollkommenen Ausbildung »stets
gleich bleibenden Eifer und Ausdauer im Vortrage und Ein-
übung des Lehrobjekts«. Mendel zeigte stets das einem
Mann seines Standes angemessene Verhalten, geht man nach
den Polizeiberichten, in denen in diesen umstürzlerischen
Zeiten praktisch jede Bewegung eines Menschen erfasst

wurde. Er ging während diesen Jahres in Znaim zwar sechs
Mal ins Theater, »doch immer in Gesellschaft eines Kollegen«.

Selbst unter der strengen Aufsicht eines Polizeistaats, in
dem jeder vor den Behörden Rechenschaft ablegen musste,
war es Mendel möglich, die Naturwissenschaften zu studieren und zu unterrichten. Getrieben wurde er von einer auf-
richtigen und unschuldigen Neugier, von Wissensdurst und
der Liebe zur Natur. Allerdings waren Naturwissenschaftler,
zumindest solange sie in ihrem Denken aufrichtig sein wollten, oftmals gezwungen, ketzerische Positionen hinsichtlich
der Fragen der Schöpfung und der Fortpflanzung einzuneh-
men – Positionen, die die Grundfesten der katholischen Kirche untergruben. Mendel interessierte sich für Fragen nach
der Fortpflanzung, der Vererbung und der Kontinuität und
Diskontinuität aller Lebensformen, die sich später als Dreh-
und Angelpunkte der hitzigsten Debatte des 19. Jahrhunderts erweisen sollten: die Auseinandersetzung über die
Evolution. Noch bevor Darwins revolutionäre Schrift veröffentlicht worden war, verlagerte sich Mitte des Jahrhunderts der Schwerpunkt dieser Auseinandersetzung auf ein
Problem, das auch die beiden widerstreitenden Seiten von
Mendels Leben betraf: den unversöhnlichen Gegensatz zwischen den Naturwissenschaften und Gott.

3. Zwischen Gott und den Wissenschaften

Seid fruchtbar und mehret euch,
und füllet die Erde
und macht sie euch untertan.
1. Buch Moses, 1.28

In der Eingangshalle des Rathauses von Brünn, dem heutigen Brno, hängt ein grinsendes ausgestopftes Krokodil von der Decke. Der Legende nach hatte man das Tier, den so genannten Drachen von Brno, dazu gebracht, einen mit Kalk gefüllten Kadaver zu fressen. Anschließend war das Krokodil zur Svratka (Schwarza im Deutschen) gegangen, um seinen unerträglichen Durst zu stillen, und hatte so lange getrunken, bis ihm der Bauch geplatzt war. Wahrscheinlicher ist allerdings, wenn auch weniger spannend, dass das Krokodil ein Geschenk des Erzherzogs Matthias an die Stadt war, der es seinerseits irgendwann im späten 16. oder frühen 17. Jahrhundert von einem türkischen Sultan erhalten hatte.

Trotz seiner entblößten Zähne sieht das Krokodil kaum furchteinflößender aus als ein Plastikalligator – wenn auch eine besonders schauerliche Variante –, wie es da so plattfüßig im düsteren Eingangsbereich hängt. Aber es zeigt die Naivität der Einwohner von Brno und ihr unzureichendes Verständnis der Natur. Was hatte ein Lebewesen vom Amazonas denn überhaupt in einer mittelalterlichen Stadt mitten in Europa zu suchen?

Zu der Zeit, als Brno seinen Drachen in Empfang nahm, hatten es sich die Naturforscher schon zum Ziel gesetzt, die Natur zu beschreiben und zu kategorisieren. Hinter dieser Kategorisierung stand der Wille, den schönen, wohl geordneten, vorausschauenden und weisen Schöpfungsplan offen zu legen. Die Naturhistoriker waren der Meinung, dass sich ihre Arbeit von den Aufgaben der Theologen gar nicht so sehr unterschied. Sie glaubten die Absichten Gottes besser verstehen zu können, wenn sie umfassendere Kenntnisse über die Natur erlangten. Tatsächlich verfolgten manche Naturhistoriker oft beide Interessen, die Naturwissenschaft und die Religion. Charles Darwin, wohl der hervorragendste Naturforscher des 19. Jahrhunderts, wollte zunächst Pfarrer werden. Die Beschäftigung mit der Naturgeschichte, wenn selbstverständlich auch nicht von Berufs wegen, sei einem Mann der Kirche durchaus angemessen, schrieb Darwins Onkel, Josiah Wedgwood, an den Vater Darwins, um ihn hinsichtlich der beruflichen Ziele des Sohnes zu versöhnen. Und auch viele Kleriker beschäftigten sich nebenher mit den Naturwissenschaften.

Und dann wurde ab Mitte des 19. Jahrhunderts der Tod Gottes verkündet, am eindringlichsten und weithin hörbar von dem Philosophen Friedrich Nietzsche. Er verfasste 1883 mit dem Werk *Also sprach Zarathustra* seinen Nachruf auf Gott und begründete damit einen neuen Zweig der atheistischen Philosophie, den Existenzialismus. Wobei erwähnt werden sollte, dass der Tod Gottes und die Überlegenheit der Wissenschaft schon seit Christi Geburt mit schöner Regelmäßigkeit verkündet worden war.

Im 16. und 17. Jahrhundert fand eine der erbittertsten Auseinandersetzungen zwischen den Vertretern der Wissenschaften und der christlichen Religion in dem schon lange andauernden Streit über die heliozentrische Sicht auf das Universum statt – jene Vorstellung, dass sich die Erde um die Sonne dreht und nicht etwa umgekehrt. Der polnische Astronom Nikolaus Kopernikus brachte 1543, seinem Todesjahr, seine revolutionären Gedanken an die Öffentlichkeit. Zu dieser Zeit wurde der Heliozentrismus allerdings nicht als ketzerisch betrachtet, und Kopernikus konnte seine Schrift mit dem Segen Papst Paul III. veröffentlichen.

73 Jahre später, im Jahr 1616, wurde Galileo Galilei, ein italienischer Mathematiker und frommer Katholik, exkommuniziert, weil er eben jene Lehre von Kopernikus verteidigte. Mittlerweile hatte sich die offiziell vertretene Doktrin geändert, und die Kirche hielt die kopernikanische Sichtweise nun für falsch und der Heiligen Schrift gänzlich widersprechend. Der hervorragende Physiker, Astronom und Erfinder Galilei weigerte sich, seine radikalen Ideen vor der Inquisition zu widerrufen. Die Aufgabe der Kirche sei es, so soll er gesagt haben, den Menschen zu erklären, wie sie in den Himmel kommen, und nicht, wie sich der Himmel bewegt. Schließlich stellte man Galileo von 1633 bis zu seinem Tod im Jahr 1642 unter Hausarrest.

Als die Kirche die Zügel, mit denen sie die Wissenschaft im Zaum hielt, wieder etwas lockerte, erfuhr auch die Aufgabenstellung der Wissenschaftler eine Veränderung. So zeigt sich schon in deren Bezeichnung ein entscheidender Wandel: bis ins frühe 19. Jahrhundert wurden Leute wie Darwin als Naturforscher oder Naturphilosophen bezeichnet. 1833 machte William Whewell, Philosophieprofessor in Cambridge, den Vorschlag, die Mitglieder der British Association for the Advancement of Science *scientists*, also Wissenschaftler, zu nennen. Mit einem Federstrich wurde damit ein regelrechter Berufsstand für Leute geschaffen, die bis-

lang eine eingeschworene Gemeinschaft von Amateuren gebildet hatten. Etwa zur selben Zeit sahen die frisch gebacke-
nen Wissenschaftler ihre Aufgabe nicht länger darin, Stück
für Stück Beweise für die Allwissenheit Gottes zusammen-
zutragen. Nun, so glaubten sie, hatten sie eine sehr viel kla-
rere, wenn auch schwierigere Aufgabe zu erfüllen. Die Entdeckung der Naturgesetze diente nicht mehr dem Zweck,
den göttlichen Plan zu entschlüsseln, sondern dazu, ein sä-
kulares Rätsel zu lösen.

In dem Bestreben, den göttlichen Plan des Lebens aufzude-
cken, hatte man die seltsamsten Exemplare von Tieren und
Pflanzen gesammelt und in den im 16. Jahrhundert verbreiteten Kuriositätenkabinetten ausgestellt.

Ein Kuriositätenkabinett muss man sich als einen großen
Raum voller Vitrinen vorstellen, in denen faszinierende, oftmals ins Makabre gehende Objekte aus der Natur ausgestellt
wurden. Solche Kuriositätenkabinette, eine Art Wachsfigu-
renmuseum des richtigen Lebens, waren die frühen Vorläu-
fer der heutigen naturgeschichtlichen Museen. Die Objekte
hingen von der Decke, waren an den Wänden und in den
Vitrinen aufgeschichtet und in den Durchgängen gestapelt.
Viele Kuriositätenkabinette konnten mindestens einen aus-
gestopften Alligator ihr Eigen nennen, und vielleicht stammte auch der Brünner Drache ursprünglich aus einem solchen
Kabinett. Je größer und absonderlicher diese Sammlungen
waren, desto besser. Der italienische Naturforscher Serpetro
beispielsweise wurde im 17. Jahrhundert durch seine Wun-
der-Kammer berühmt, in der unter anderem eine Alraun-
wurzel – der man wegen ihrer menschenähnlichen Form ma-
gische Eigenschaften zusprach –, versteinerte Objekte, die
Knochen von Riesen, ausgestopfte Pygmäen und »sagenhaf-

te Zoophyten« wie skythische Lämmer zu sehen waren. Die Sammler stellten die konservierten Exemplare aus der Tier- und Pflanzenwelt auf möglichst spektakuläre Weise aus und arrangierten sie zu schauerlichen Tableaus; man spritzte Wachs in die Arterien der toten Tiere und Menschen, um die Körper zu versteifen und in die absonderlichsten Posen bringen zu können. Darüber hinaus schuf man kuriose Hybriden wie die »Meereskinder«, indem man die ausgestopfte obere Hälfte eines Kinderkörpers und die ausgestopfte untere Hälfte eines Fischkörpers zusammensetzte. In vielen Kuriositätenkabinetten waren präparierte Paradiesvögel zu finden, die meist keine Füße mehr hatten, da diese beim Fangen der Vögel fast immer beschädigt worden waren; hieraus entstand wiederum die Sage, die Vögel des Paradieses hätten keine Füße und könnten, sobald sie sich erst einmal in die Luft erhoben hätten, nie mehr landen.

Ein anderer Versuch, die göttliche Ordnung der Natur offen zu legen, bestand in der systematischen Darstellung des Baums des Lebens, auch unter der Bezeichnung Taxonomie bekannt. Der führende Vertreter der Taxonomie seiner Zeit, oder besser gesagt: aller Zeiten, war der schwedische Botaniker Carl von Linné, der seine Schriften unter seinem latinisierten Namen, Carolus Linnaeus, veröffentlichte. Seine berühmtesten Werke stammen aus den dreißiger Jahren des 17. Jahrhunderts. Er entwarf ein System zur Kategorisierung aller lebenden Dinge, das noch heute Geltung hat. Linné teilte die Organismen in zwei Reiche ein, das der Pflanzen und das der Tiere, und unterteilte diese beiden Reiche wiederum in Klassen, Ordnungen, Gattungen und Arten. Er kategorisierte nach diesem System, das so weit es möglich war auf strukturellen Ähnlichkeiten beruhte, so gut wie jedes Lebewesen auf der Erde, und auf diese Weise wurde in dem, was ein ungeordnetes Chaos zu sein schien, plötzlich eine Ordnung erkennbar.

Nach Linné hatte jede dieser Unterteilungen einen bestimmten Ursprung. Der Schöpfer des Universums habe die verschiedenen Wesen seiner beiden Reiche mit verschiedenen konstituierenden Möglichkeiten versehen und so die Ordnungen hervorgebracht, schrieb er 1753 in *Species Plantarum*. Aus den Ordnungen – er scheint in diesem Fall die Klassen übersprungen zu haben – habe der Allmächtige Gattungen geschaffen. Die Natur habe die Gattungen zu Arten verschmolzen, und schließlich der Zufall die Arten zu den kleinsten der linnéschen Unterabteilungen, den Varietäten.

Klassifiziert man nach dem linnéschen System eine Fuchsie, Mendels Lieblingsblume, so erhält man unmittelbar Einblick in das System ihrer nächsten Verwandten. Die Fuchsie gehört dem Reich der *Plantae*, der Klasse der *Angiospermae* und der Ordnung der *Myrtales* an. Sie ist mit allen anderen *Plantae* (Pflanzen) verwandt, am nächsten aber mit anderen *Angiospermae* (Blütenpflanzen) und noch enger mit den *Myrtales*. Es gibt ungefähr 100 Fuchsienarten, deren Benennung der binären Nomenklatur folgt. Eine der verbreitetsten Fuchsien ist unter dem wissenschaftlichen Namen *Fuchsia magellanica* bekannt. *Fuchsia* ist die Gattung – die gemäß der Konventionen des linnéschen Systems immer groß und kursiv geschrieben wird – und *magellanica* ist die Art – die auch kursiv, aber klein geschrieben wird. Die Bezeichnung der Art beziehungsweise Spezies ist einzigartig und ganz spezifisch (das Wort ist von Spezies abgeleitet). Keine andere *Angiosperma* und keine andere *Myrtales* trägt den Namen *Fuchsia magellanica*. Jeder Pflanzenexperte und Gärtner auf der ganzen Welt, egal welche Sprache er spricht, in welchem

Klima er lebt und welche hortikulturellen Interessen er hat, wird genau wissen, von welcher Pflanze die Rede ist, wenn dieser Name fällt.

Genauso kann der heutige Mensch (aus dem Reich der *Animalia* und der Ordnung der Primaten) nach Gattung und Art als *Homo sapiens* bezeichnet werden. Die frühzeitlichen Menschen gehörten anderen Gattungen an – *Australopithecus afarensis, Paranthropus boisei* – und die Menschen jüngerer Zeit anderen Arten innerhalb derselben Gattung – *Homo erectus, Homo neanderthalensis*. Erst die Menschen der letzten hunderttausend Jahre fallen unter die linnésche Bezeichnung *Homo sapiens*.

Seit Linné mussten die Naturforscher ständig neue Kategorien bilden, um die wachsende Zahl neu entdeckter Arten erfassen zu können, und heute gilt eine Taxonomie, welche die lebenden Dinge in absteigender Folge nach dem Reich, der Abteilung, der Klasse, Ordnung, Familie, Gattung und Art einteilt.

Linné wurde in Schweden in den Rang eines Nationalhelden erhoben, aber noch während er sich in seinen Schriften mit Errungenschaften brüstete, lasen andere schon Seelenqualen zwischen den Zeilen. Gott habe »ihm die größte Einsicht in der Naturkunde verliehen, größer als irgendeiner gewonnen«, schrieb er einmal von sich in der in Autobiographien damals üblichen dritten Person. »Keiner vor ihm hat mehr Werke geschrieben, richtiger, ordentlicher, aus eigener Erfahrung. Keiner eine ganze Wissenschaft so total reformiert und eine neue Epoche gemacht.« Mit größerer Bescheidenheit bekennt er aber auch, dass sein wissenschaftlicher Scharfsinn der Beweis für Gottes Wohltätigkeit sei. Er habe »ihm vergönnt, mehr seiner geschaffenen Werke zu sehen als irgendeinem Sterblichen vor ihm«. Doch trotz alledem, trotz seiner besonderen Stellung auf Erden, sei es auch ihm wie jedem anderen Wesen vorherbestimmt, zu leiden und zu sterben.

Linné war ein Genie, das seine Erkenntnisse wohl einer Mischung aus neunundneunzig Prozent Schweiß und einem Prozent reiner, spielerischer Einsicht zu verdanken hatte oder irgendetwas dazwischen. Er soll jedoch auch ein unangenehmer Zeitgenosse gewesen sein: hochmütig, egozentrisch, launenhaft und oft nur schwer zu ertragen. Mendel war nicht von dem grüblerischen Genie wie Linné, außer zu Zeiten, wenn er sich voller Verzweiflung in sein Bett zurückzog. Aber auch mit ihm war das Leben nicht leicht. Mendel konnte von einer solchen Leidenschaft und Aufrichtigkeit sein – und sich dabei manches Mal so sehr im Irrtum befinden –, dass die Geduld selbst seiner treuesten Freunde und Anhänger auf eine harte Probe gestellt wurde.

Linné gehörte zu jenen Menschen, die eine vollkommen neue Epoche wissenschaftlichen Denkens ins Leben riefen – die Epoche der Aufklärung. Dabei war er von einem tiefen Glauben beseelt. »Gott schuf, Linné ordnete«, hieß es, und auch wenn er sich daran freuen konnte, dass sein Name mit dem Gottes in einem Atemzug genannt wurde, fehlte es ihm doch nicht an Demut. Er stellte niemals infrage, dass in seiner Rangordnung Gott an erster Stelle kam.

Nahezu während des gesamten 18. und 19. Jahrhunderts herrschte die Überzeugung, dass die Anpassungsfähigkeit jedes Lebewesens auf der Welt ein Beweis des göttlichen Plans ist, eines Plans, an dessen Anfang und Ende für die meisten der Mensch stand. Die Menschen maßten sich eine anthropozentrische Sicht auf das Leben an. So glaubten beispielsweise viele, dass der Rücken des Pferdes danach geformt ist, dass der Mensch bequem darauf reiten kann; dass das Meerwasser alkaline Substanzen wie Magnesium und Kalk enthält, damit Seeleute zum Waschen ihrer Kleidung keine Seife brauchten; dass die Flut dazu dient, dass Schiffe in den Hafen einfahren können.

Dieser Blick auf das Universum hatte etwas Beruhigendes. Alles war geordnet, alles war vorherbestimmt, und alles diente dem Schutz und dem Wohlergehen des Menschen. Mitte des 19. Jahrhunderts wurde diese Sichtweise durch den Physiker Rudolf Clausius und die Entdeckung der Entropie ernsthaft infrage gestellt. Die Natur sei keineswegs beruhigend und geordnet, behauptete er; die Gegenstände neigten im Gegenteil dazu, sich auf eine extreme Unordnung hin zu bewegen. Das von Clausius formulierte zweite Gesetz der Thermodynamik, das auch als Entropiesatz bezeichnet wird, besagte, dass jedes isolierte System im Lauf der Zeit immer chaotischer wird. Ein geordnetes System ist demnach wie ein Kristall organisiert, in dem jedes Atom seinen festen Platz hat, während ein ungeordnetes System eher einem Eintopf ähnelt und sich zufällig und nach keinem bestimmten Muster oder System organisiert. Dabei tendiert die Natur zu zunehmend größerer Zufälligkeit und Desorganisation – für Menschen, für die sich in jedem Flügelschlag eines Schmetterlings eine göttliche Logik offenbarte, musste das ein äußerst beunruhigender Gedanke sein.

Im Jahr 1850, dem Jahr, in dem Clausius die Gesetze der Entropie formulierte, geriet das ruhige, stets in den gleichen Bahnen verlaufende Leben Gregor Mendels in eine vollkommen andere Art von Unordnung. Mendel sah sich im Sommer dieses schicksalhaften Jahres der bislang größten Herausforderung seines Lebens gegenübergestellt, bei deren Bewältigung er vollkommen versagte. Aufgrund der für ihn so beschämenden Ereignisse fiel er in eine tiefe Verzweiflung und fragte sich, ob er überhaupt jemals einen Beitrag zum Wohl der Welt leisten konnte.

4. Zusammenbruch in Wien

Ein Garten stellt sich immer
als Folge von Niederlagen dar,
denen ein paar Siege gegenüberstehen,
ganz so wie das Leben selbst.
AT SEVENTY, May Sarton, 1912–1995

Keiner der Anwesenden hielt sich an diesem Augustnachmittag gerne in dem stickigen Prüfungsraum auf. In Wien war es unangenehm heiß, und die ehrwürdigen Professoren waren verärgert darüber, dass sie während der zweimonatigen Sommerferien in der Stadt bleiben mussten. Viel lieber wären sie anderswo gewesen – am liebsten bei ihren Familien auf dem Land, wo es kühler war und mehr Grün gab. Aber aufgrund einer Reihe von Missverständnissen war das nicht möglich, und nun saßen sechs verdrossene Männer im Seminarraum der Universität. Und vor ihnen stand schwitzend Gregor Mendel.

Er hatte sich den Zugang zu diesem Unterrichtsraum erkämpft, doch jetzt bereute er es, die ganze Sache überhaupt in Angriff genommen zu haben.

Man schrieb den 16. August 1850, ein Dienstag. Bei den sechs Männern handelte es sich um ehemalige oder noch im Dienst stehende Professoren der Universität Wien – die Professoren Bonitz, Enk, Grauert, Kner, Lott und den Direktor der Prüfungskommission, Andreas Freiherr von

Baumgartner –, und sie hatten über Mendels Befähigung zum Lehrer der Naturgeschichte und Physik für das Gymnasium zu befinden. Keiner von ihnen verbarg seine Gereiztheit. Ihr ungeduldiges Gebaren brachte Mendel zum Stottern, während er um Antworten auf ihre Fragen, die vor allem die Physik betrafen, rang. Schon bevor sie den Raum überhaupt betreten hatten, hatten sie keine gute Meinung von Mendel gehabt, was mit seinen erbärmlichen Leistungen im schriftlichen Examen am Vortag zusammenhing. Seine mündliche Prüfung, die *viva voce*, sollte daran kaum etwas ändern.

Eine der in seinem Leben seltenen Anwandlungen von Mut hatte Mendel in diese Höhle des Löwen geführt. In der vergangenen Woche war er voller Erwartungen im Büro von Direktor Baumgartner erschienen, der ein namhafter Physiker war und die Position eines Ministers für öffentliche Arbeiten bekleidete. Mendel hatte am 1. August die schriftliche Aufforderung erhalten, wegen seiner schriftlichen und mündlichen Prüfungen in Wien vorzusprechen. Diese bildeten den zweiten und dritten Teil des Prüfungsverfahrens für das Lehramt. Der erste Teil hatte aus zwei Aufsätzen bestanden, die Mendel im Mai, gleich nach Ende des Schuljahres in Znaim, geschrieben hatte. Seine Beantwortung der beiden schriftlichen Prüfungsfragen in den Fächern Meteorologie und Geologie waren von der Prüfungskommission zwar nicht für besonders bemerkenswert befunden worden, aber sie schienen doch auszureichen, um Mendel zu den weiteren Prüfungen zuzulassen.

Baumgartner hatte dem ersten Brief vom 1. August allerdings schon bald einen zweiten folgen lassen, in dem er Mendel anwies, doch nicht nach Wien zu kommen. Die Mitglieder der Kommission, schrieb Baumgartner, wollten die

Prüfungen auf den Herbst verschieben, damit sie am 12. August in die Sommerferien gehen konnten.

Mendel hatte diesen zweiten Brief nie erhalten. Wenn er tatsächlich in Brünn eingetroffen sein sollte, dann erst, nachdem Mendel sich schon auf den Weg nach Wien gemacht hatte. Die Reise in die Hauptstadt dauerte fast einen halben Tag, und Mendel, in seiner Naivität, verbrachte diese Stunden voller Hoffnung und Erwartung. Im Nachhinein, angesichts der schrecklichen Folgen dieser Reise und nachdem er die Geschehnisse wieder und wieder im Kopf durchgespielt hat, mag er sich wohl gewünscht haben, er hätte sie nie angetreten und wäre niemals in Wien angelangt.

»Vergebt mir, Herr Minister, aber ich wusste nicht, dass sich Eure Präferenzen, was mein Eintreffen in Wien angeht, geändert haben«, wird Mendel – respektvoll, wenn auch innerlich vor Wut schäumend – gesagt haben, als Baumgartner ihm mitteilte, er solle wieder nach Hause reisen. »Die letzte Nachricht, die ich von Euch erhalten habe, stammt vom 1. August, und da hieß es, ich solle nach Wien kommen und mich sofort in Eurem Büro melden. Und nun, da ich hier bin, möchte ich auch fortfahren in den Prüfungen, Herr Minister, es bedeutet mir sehr viel, vor Beginn des Herbstsemesters die Bestätigung meiner Lehrbefähigung zu erhalten.«

Hat Baumgartner die Gelegenheit ergriffen und Mendel von der Stimmung, die unter seinen Prüfern herrschte, erzählt? Hat er ihm gesagt, dass sie äußerst missgelaunt waren und sich auf jeden Fehler von seiner Seite stürzen würden, wenn er sie zu einer so ungelegenen Zeit zusammenrufen würde? Sollte er das getan haben, dann machte er dem Priester damit zumindest keine Angst. Er war da, er war bereit, und er wollte die Angelegenheit hinter sich bringen.

Selten war Mendel so zuversichtlich gewesen. Im Sommer 1850 war er ungewöhnlich gut gelaunt, nachdem er das vergangene Schuljahr hervorragend gemeistert hatte. Er genoss den Unterricht am Gymnasium von Znaim und merkte, genauso wie seine Kollegen und die Schüler, dass er durchaus über pädagogisches Talent verfügte. Schon malte er sich eine erfolgreiche Laufbahn als Lehrer aus, verehrt von den Schülern, geachtet von den Kollegen und erfüllt von seiner Arbeit.

Aber der ungelegene Zeitpunkt seines Erscheinens in Wien im August war nicht das einzige Hindernis, das sich Mendel in den Weg stellte. Er hatte große Angst vor Prüfungen, und die beiden Prüfungsaufsätze, die er vor seiner Reise nach Wien zu Hause geschrieben hatte, waren bestenfalls mittelmäßig zu nennen. Baumgartner hatte zwar dem ersten Aufsatz, dem zur Meteorologie, »alle Anerkennung« ausgesprochen, fand ihn darüber hinaus aber nicht weiter bemerkenswert. Professor Kner dagegen, der den Aufsatz zur Geologie zu beurteilen hatte, war ganz und gar nicht beeindruckt. Er bezeichnete Mendels Gedankengänge als »trocken, unklar und verschwimmend«, seine Angaben als »irrig« und seinen Ausdruck als »übertrieben« und »unpassend«.

Mendel glaubte, in Wien könne er bessere Leistungen erbringen. Doch er irrte sich.

Baumgartner gab schließlich nach und setzte Mendels Prüfungen für den 15. August an. Damit nahm das Unheil seinen Lauf. Mendel versagte auf so spektakuläre Weise, dass er Jahre brauchte, um über diese Schmach hinwegzukommen.

Spätere Beurteilungen seiner Befähigung zum Lehrer zeigen, dass Mendel ein kluger Mann mit scharfem Verstand war, der in hohem Maße systematisch denken konnte und einen klaren Stil hatte. Aber die schriftlichen Prüfungen aus dem Jahre 1850, vor allem die in Zoologie, erwecken den Eindruck, als hätte er in den hintersten Ecken seines Gedächtnisses gestöbert und dort nur klägliche Reste vorgefunden. Es war, als würde Mendel sowohl körperlich wie geistig vor den Augen seiner Prüfer zusammenbrechen.

In dem Zoologieaufsatz sollte er eine Klassifikation der Säugetiere vornehmen und ihren Nutzen für den Menschen darstellen. Er nannte sechs Tierordnungen, gebrauchte dabei für keine einzige die systematische Nomenklatur, sondern nur den »deutschen Familiennamen«, wie »Händetiere«, »Pfotentiere«, »Flatterfüßler«, »Krallenfüßler«, »Huftiere« und »Ruderfüßler« für die Ordnungen. Seine Antwort auf die Frage, welchen Nutzen sie für den Menschen hätten, erinnerte an das verschämte Gemurmel eines Schülers, der seine Hausaufgaben nicht gemacht hat und hofft, noch einmal davonzukommen. Zu den nützlichen »Krallenfüßlern« zählte er die Katze, diese sei »durch Vertilgen der Mäuse ein nützliches Haustier. Ihre weichen schönen Felle werden von den Kürschnern verarbeitet«; aber auch das »Zibettier«, welches »in eigenen Afterdrüsen eine aromatische Substanz [absondert], die auch im Handel vorkommt«. Was die Nutztiere unter den Huftieren anging, stellte er mit seiner Antwort die Geduld der Prüfer auf eine noch härtere Probe. Er verfasste einfach eine Liste:

Das Pferd.
Der Esel.
Der Ochs.
Das Schaf.
Die Ziege.
Die Gämse, das Reh und der Hirsch.

Das Lama wird in Mexiko häufig als Lasttier für geringere
Lasten (von 1–2 Zentnern) benützt.
Das Bisamtier.
Das Rentier.
Was das Rentier für den Norden, das ist das Kamel für die
heißen Steppen.
Das Schwein.
Der Elefant ist als Lasttier ausgezeichnet.

Nicht eine einzige formelle Gattungs- oder Artbezeichnung;
nicht ein lateinischer Name, nicht der geringste Hinweis,
dass Mendel mehr getan hat, als Vermutungen anzustellen.
Selbst Hugo Iltis, der später in Brünn an derselben Schule
wie Mendel Biologie unterrichtete und dessen ehrerbietige
Biographie *Gregor Johann Mendel. Leben, Werk, Wirkung*
mehr als 60 Jahre die maßgebliche Darstellung des Lebens
von Mendel sein sollte, selbst jener Hugo Iltis also hielt diese
Antwort für rätselhaft und »stellenweise sonderbar und lächerlich«.

Diesem harten, aber vollkommen gerechtfertigten Urteil
hätten die Prüfer sicherlich zugestimmt. Besonders unbarm-
herzig war Kner, der schon wegen der schlechten Leistungen
in dem Meteorologieaufsatz gegen Mendel eingenommen
war – und weil Mendel so dumm war, Kners Lehrbuch der
Zoologie nicht zu zitieren, nicht einmal zu zeigen, dass er es
gelesen hatte. »Der Teil der Frage über Benützbarkeit sich
auszeichnenden und Handels- oder Arzneistoffe liefernden
Tiere wurde geradezu schülerhaft beantwortet«, schrieb er,
»von einer Kunstsprache macht er [der Kandidat] keinen
Gebrauch, indem er alle Tiere bloß mit dem deutschen Familiennamen bezeichnet, ohne irgendeiner systematischen [lin-
néschen] Nomenklatur sich zu bedienen.« Diese schriftliche

Prüfung würde »für sich allein kaum zum Unterrichten fürs Untergymnasium befähigen«.

In der *viva voce* dagegen, darin waren sich die Prüfer einig, zeigte Mendel »unverkennbaren, guten Willen«, wenn auch keinen überragenden Verstand oder Scharfsinn. Alle, Kner eingeschlossen, waren bereit, im Zweifelsfalle zugunsten Mendels zu entscheiden. Dem jungen Mann fehle es »weder an Fleiß noch an Talent«, erklärte Kner und fügte hinzu, Mendels größtes Problem bestünde darin, dass er im Grunde genommen Autodidakt sei. Abschließend beschied Kner in einem von dem gemeinsamen Bericht der fünf Prüfer gesonderten Gutachten, dass der Kandidat »hoffen lässt, falls ihm Hilfsmittel und Gelegenheit geboten würden, gründlichere Studien zu machen, in Bälde sich befähigen dürfte, um mindestens dem Unterrichte am Untergymnasium zu genügen.« Mendel war durch die Prüfung gefallen, und damit hatte er am allerwenigsten gerechnet.

Diese Beurteilung im Sinn, tat Abt Napp Mendel erneut einen großen Gefallen, dieses Mal vielleicht sogar den größten seines Lebens. Er stimmte zu, ihn an die Kaiserliche Universität in Wien zu schicken, auf der er, wie Kner geschrieben hatte, »in Bälde sich befähigen dürfte«.

Die Kirchenglocken Wiens haben einen süßen, melodischen Klang, nicht den misstönenden und metallischen Schlag der Glocken der Augustiner-Kirche in Brünn. Heute wird in beiden Städten automatisch jede Viertelstunde geschlagen, wie zum Hohn der an Schlaflosigkeit Leidenden. Zu Mendels Zeiten musste man den Glockenstrang noch mit der Hand bedienen. Wenn Mendel nicht schlafen konnte, ob in Brünn oder während der zwei Jahre als Student in Wien, wurde seine nächtliche Umtriebigkeit von Stille begleitet –

im Frühling und Sommer zumindest bis zur Morgendämmerung, wenn der Himmel im Osten schon zu einem strahlenden Blau aufklarte und die Vögel zu singen begannen.

Es gab vieles, was Mendel in diesen beiden Städten wach hielt. In Brünn ging er vielleicht seine Überlegungen zu den Mäusezuchtversuchen durch, während sich die Nager auf dem Boden der Käfige scharten, die gleich neben seinem Bett standen. In Wien dagegen hinderten ihn vielleicht die Sorgen wegen seines Studiums am Schlafen, da er sich das doppelte Pensum an Lehrstoff aufgebürdet hatte und seinen Kopf mit den jüngsten Erkenntnissen sämtlicher Naturwissenschaften seiner Zeit voll stopfte. Aber wenn er auch nachts wach lag, so war ihm während seiner mit Arbeit ausgefüllten Tage doch keine Müdigkeit oder Erschöpfung anzumerken.

In Wien vollzog sich an Mendel endgültig die Wandlung vom schlesischen Bauern zum gebildeten Naturwissenschaftler. Es war ihm freigestellt, nach Lust und Laune neue Dinge auszuprobieren, gerade so wie ein hungriger Junge, in dessen Hosentasche die Münzen klimpern, in einem Süßwarenladen. Aber auch wenn in diesen beiden ereignisreichen Jahren, wie man im Rückblick sagen kann, der Weg für seine ruhmreichsten Forschungen bereitet werden sollte und damit ein gewisser Ausgleich für sein oftmals schreckliches Versagen hergestellt werden sollte, nahm Mendels Aufenthalt keinen guten Anfang, konnte er doch erst einen Monat, nachdem das Semester begonnen hatte, kommen.

Der gestrenge Bischof Schaffgotsch gab seine Einwilligung für Mendels Fortgang nach Wien nur unter der Auflage, »dass der benannte Stiftspriester in Wien das Leben eines Ordensmannes führe«, und das hieß, dass er in einem Kloster oder einer Pfarrei wohnte, »und seinem Berufe nicht entfremdet werde«. Allerdings sah sich trotz des dringenden

Ersuchens von Abt Napp kein Wiener Kloster imstande, Mendel für die Dauer seiner Studien aufzunehmen. Die Barmherzigen Brüder erklärten Napp, dass sie kein Zimmer erübrigen könnten; ihre drei Gastzimmer seien ständig von durchreisenden Herren besetzt, und die Mönche des Klosters seien selbst gezwungen, sich jeweils zu zweit eine kleine Wohnung zu teilen.

Napp sandte Mendel trotzdem in die Hauptstadt. Wenn der junge Mann die Universitätsausbildung, die er so heiß ersehnte, erhalten sollte – und wenn er ein guter Lehrer, der so bitter nötig gebraucht wurde, werden sollte –, welche andere Möglichkeit blieb dann, als zu hoffen, dass der Bischof die Unterkunft, die Mendel schließlich doch finden würde, nicht allzu sehr missbilligen würde. Am 27. Oktober 1851 schickte Napp den Mönch, dem die Universität und das Reisen noch so fremd waren, mit dem Nachtzug nach Wien, überzeugt, dass dieser schon in der Lage wäre, für sich selbst zu sorgen. Diese Entscheidung barg durchaus ihre Gefahren, denn Wien stand zwar in dem Ruf, eine Hochburg wissenschaftlicher und kultureller Errungenschaften zu sein, aber die Stadt lud auch zu einem leichtfertigen Leben ein, und einer ihrer liebsten Söhne, der Dramatiker Franz Grillparzer, nannte sie das »Capua des Geistes«. In jener reichen italienischen Stadt Capua hatten sich Hannibals Truppen einst den rückhaltlosesten Vergnügungen hingegeben, bis sie schließlich nicht mehr imstande waren, ihr Handwerk auszuüben und auf diese Weise der Zweite Punische Krieg ein Ende fand. Denselben gefährlichen Genüssen, so glaubte Grillparzer, konnte auch der arglose Besucher im Wien des 19. Jahrhunderts zum Opfer fallen.

Nach tagelanger Suche in der ihm noch unvertrauten Stadt fand Mendel endlich in einem großen Eckhaus in Wiens drittem Bezirk eine ruhige Unterkunft. Die Wohnung in der Landstraße 358, heute Invalidenstraße, gehörte zum Elisabethinerinnenkonvent. Von dieser Wohnung war es ein weiter Weg zur Universität, die auf der anderen Seite der Wien lag – damals ein noch trüber, unterirdisch fließender und noch nicht kanalisierter Wasserweg.

Nachdem er sich eingerichtet hatte, fand Mendel sich am 5. November 1851 einmal mehr im Büro von Baumgartner ein, der inzwischen zum österreichischen Handelsminister ernannt worden war. Er überreichte Napps Empfehlungsschreiben: »Bitte gestattet dem Überbringer dieses Briefes, das Studium an der Universität ab sofort aufzunehmen, auch wenn er um einiges zu spät kommt. Sonst ist er gezwungen, bis zum nächsten Semester zu warten, und sein weiterer beruflicher Werdegang würde sich nur noch mehr verzögern.« Baumgartner erinnerte sich an Mendels Versagen in den Prüfungen im Jahr zuvor, er erinnerte sich aber auch an seinen »unverkennbaren, guten Willen« und erlaubte dem jungen Mann daher, sein Studium aufzunehmen.

Mendel stellte sich einen geradezu mörderischen Stundenplan zusammen, da er die verlorene Zeit wieder aufholen wollte. Er setzte im zweiten Semester ein und absolvierte jede Woche 32 statt der üblichen 20 Unterrichtsstunden in Form von Vorträgen und Praktika. Und trotzdem er mit seinen 29 Jahren sieben oder acht Jahre älter war als die meisten anderen Studenten, verlor Mendel nie das Gefühl, den anderen gegenüber immer einen Monat im Hintertreffen zu sein.

Gleich nach seiner Ankunft bekam Mendel eine Stelle als Aushilfsassistent am Physikalischen Institut. Sie war den begabtesten und besten, den ernsthaftesten Physikstudenten vorbehalten. Es gab am Physikalischen Institut zwölf Stellen für solche Eleven genannten Studenten, die alle eine Laufbahn als Gymnasiallehrer anstrebten. Als Mendel im November erschien, waren bereits alle zwölf Stellen vergeben. Aber irgendetwas an Mendels Aussichten, seiner Begeisterung oder seiner Hartnäckigkeit muss den berühmten Physiker Christian Doppler, Direktor des Physikalischen Instituts, dessen Gesundheitszustand sich zu dieser Zeit rapide verschlechterte, wohl beeindruckt haben. Doppler stimmte zu, den Priester als 13. Eleven aufzunehmen.

Dopplers Unterricht war zwar von großer Klarheit, aber langweilig; er hielt eine Vorlesung in experimenteller Physik, für die Mendel sich eingeschrieben hatte. Es wäre gut gewesen, hätte Doppler bei der Demonstration seiner berühmtesten Entdeckung das gleiche Gespür wie der holländische Physiker Christoph Buys Ballot bewiesen. Buys Ballot hatte in Utrecht im Rahmen einer seiner Demonstrationen eine Gruppe von Trompetern auf einen offenen Waggon gestellt und diesen Waggon an eine Lokomotive gehängt. Sobald sich dieses seltsame Gefährt in Bewegung setzte, konnten die Leute, die an dem einen Ende der Gleise standen, einen Wechsel in der Tonhöhe der Trompeten verfolgen, obwohl die Musiker eine einzige, gleich bleibende Note spielten. Buys Ballot demonstrierte auf diese Weise – und mit viel Tamtam, welches Doppler ganz fremd gewesen wäre – die wahrzunehmende Änderung in der Wellenlängenfrequenz eines sich bewegenden Objekts, den nach seinem Entdecker benannten Doppler-Effekt.

Doppler litt an einer chronischen Lungenerkrankung, die er sich während seiner Lehrzeit in Prag zehn Jahre zuvor zugezogen hatte. 1851 ließ er sich wegen dieser Erkrankung beurlauben, ein Jahr später ging er in den Ruhestand und zog nach Venedig, da er sich von dem Klimawechsel Linderung erhoffte. Aber schon ein Jahr später verstarb er im Alter von

49 Jahren. Zu dieser Zeit hatte bereits ein anderer, ebenso hervorragender Physiker Dopplers Unterrichtsverpflichtungen und die Leitung des Physikalischen Instituts übernommen – ein Mann, der wahrscheinlich Mendels einflussreichster Lehrer war: Andreas von Ettingshausen.

Die berühmteste Entdeckung Ettingshausens war seine Kombinationslehre. Diese hatte er entwickelt, um die Beziehung zwischen den Objekten einer Gruppe beschreiben zu können, die in einer vorausbestimmten Weise angeordnet waren. Mithilfe der Kombinatorik können alle möglichen Anordnungen jeder Art von Gruppierung mathematisch beschrieben werden, egal ob es natürliche oder künstliche Gruppen sind, also solche von Menschen, Ameisen, Zahlen, Sätzen, Farben, Erbsen und Ähnlichem. Später sollte Mendel auf die Idee kommen, dass auch die Ordnung der Erbfaktoren durch die Kombinatorik festgelegt sein könnte. Dieser Ansatz erwies sich als sehr fruchtbar, andere Versuche Mendels mit der Kombinatorik führten dagegen zu keinem brauchbaren Ergebnis. Er ähnelte einem Kind mit einem Hammer, für das jedes Problem irgendwann aussah wie ein Nagel. Mit der Kombinatorik stand ihm ein Werkzeug zu Gebote, mit dem er die Welt messen und erklären konnte, und er war fest entschlossen, alles, was ihm begegnete, auf die besonderen Eigenschaften seines Werkzeugs zurechtzubiegen. Manchmal erwies sich dieses Werkzeug allerdings als vollkommen unbrauchbar, zum Beispiel als Mendel nicht lange vor seinem Tod versuchte, die Kombinatorik auf die Wortzusammensetzungen anzuwenden, aus denen in Deutschland viele Nachnamen gebildet werden.

Dieser feste Glaube an die Kombinatorik zeugt aber durchaus von Mendels Genialität. Immer wieder erweist es sich, dass die kreativsten Köpfe diejenigen sind, die zwei verschiedene geistige Konstrukte gleichzeitig denken und die Prinzipien des einen Modells auf Probleme im Bereich des anderen übertragen können. Als Mendel sich mit den Problem der Vererbung beschäftigte, brachte er diese in einen völlig neuen Kontext, indem er grundlegende mathematische Prinzipien darauf anwendete. Instinktiv befolgte Mendel damit das Diktum, das der französische Philosoph Souriau Jahre zuvor aufgestellt hatte: pour inventer, il faut penser a côté – will man etwas erfinden, muss man um die Ecke denken.

Wenn Mendel Ideen zusammenbrachte, die auf den ersten Blick nicht zusammenzupassen schienen, so war er doch zugleich auch ein Kind seiner Zeit. Für die Mitte des 19. Jahrhunderts ist kennzeichnend, was ein Historiker einmal als eine »Flut von Zahlen« bezeichnete. Überall in Europa zählten die Wissenschaftler: die Zahl von Morden durch Erstechen, die Soldaten nach ihrer Körpergröße, die Todesursachen in einer Bevölkerungsgruppe. Nicht immer wurde bei diesen quantitativen Herangehensweisen die Kombinatorik angewendet, aber die Begeisterung für Zahlen zeigte, dass die Wissenschaftler allerorten und in jedem Bereich bereit waren, neue Wege zu beschreiten, um die natürliche Ordnung der Dinge zu erklären.

Mendel vermochte durch den Einfluss der Mathematik im Allgemeinen und den Einfluss Ettingshausens im Besonderen, Ordnung in das Durcheinander von Daten, die sich bei seinen Erbsenexperimenten ansammelten, zu bringen. Spiritus rector bei Mendels Versuchen war jetzt allerdings weniger Ettingshausen, sondern ein anderer von Mendels Professoren in Wien, nämlich Franz Unger, der über die Anatomie und Physiologie der Pflanzen lehrte. Unger war es, der Mendel mit den wegweisenden Bastardierungsversuchen der berühmtesten seiner Vorgänger bekannt machte: Josef Kölreuter und Karl Friedrich von Gärtner. Diese beiden Männer hatten Züchtungsverfahren entwickelt, die Mendel bald in seinem Garten zur Anwendung bringen würde. Unger brachte Mendel die revolutionäre neue Methodik der wissenschaftlichen Botanik nahe, für die sich damals Matthias Jakob Schleiden einsetzte; dieser hatte gemeinsam mit Theodor Schwann die Theorie entwickelt, dass sowohl Pflanzen wie auch Tiere aus Zellen bestehen. Schleiden hielt die Biologie für eine ebenso exakte Wissenschaft wie die Physik und die Chemie und konstatierte einen Bedarf an neuen, stärker deduktiv geprägten experimentellen Verfahren bei der Suche nach verallgemeinerbaren Gesetzen.

Unger sprach in seiner Botanik-Vorlesung mit sehr viel Anerkennung von Schleiden und dessen Zelltheorie und beschrieb frühere, vor allem in England durchgeführte Züchtungsversuche, für die man eine Pflanze verwendet hatte, die sich aufgrund der Struktur ihrer Blüten und der leicht identifizierbaren Merkmale im besonderen Maße für Kreuzungen eignete. Es handelte sich um die gemeine Erbse, auch Gartenerbse genannt, und zwar die Art *Pisum sativum*.

Eine wesentlich weniger glückliche Fügung war es, dass Mendel, wiederum von Unger beeinflusst, eine an Verehrung grenzende Achtung gegenüber Karl von Nägeli entwickelte. Unger berichtete gerne, dass Nägeli, Professor für Botanik an der Universität von München, den Bauplan für das Studium der Pflanzenphysiologie erstellt hatte, als er 1842 mit erstaunlicher Genauigkeit den Vorgang der Zellteilung und der Samenbildung von Blütenpflanzen beschrieb. Ungers Respekt gegenüber Nägeli mag durchaus berechtigt gewesen sein, doch letztlich sollte sich erweisen, dass Nägeli nicht unwesentlich zu Mendels Unglück beitrug.

Unger vertrat wie Nägeli eine mechanistische Position und betrachtete die Botanik als strenge Wissenschaft. Die Aufgabe eines physiologischen Botanikers sei es, so erklärte Unger, die Erscheinungen des Lebens auf physikalische und chemische Gesetze zu reduzieren. Unger nahm gegenüber der umstrittensten Frage seiner Zeit, die Konstanz oder Veränderlichkeit der Arten, einen, wie es für ihn bezeichnend war, unkonventionellen Standpunkt ein. Er war überzeugt, dass bei der Entwicklungsgeschichte, wie man die Evolution damals im Allgemeinen bezeichnete, eine Verwandlung in irgendeiner Form eine Rolle spielt. Allerdings glaubte er nicht, dass diese Metamorphose allein die große Artenvielfalt, die auf der Erde herrscht, erklären konnte. Genauso wenig wagte er es, Vermutungen darüber anzustellen, unter welchen Bedingungen die Entwicklungsgeschichte ihren Lauf nahm oder welche Mechanismen ihr zugrunde liegen könnten.

Mendel besuchte Ungers Vorlesung zusammen mit einer Reihe von Männern, mit denen sich seine Wege immer wieder kreuzen sollten. Zu ihnen gehörte Anton Kerner von Marilaun, der später hohes Ansehen als Botaniker genießen sollte und dem Mendel einen Sonderdruck seines Aufsatzes über die Erbsen schicken würde.

Daneben gab es Johann Nave, der Jurisprudenz studierte, aber auch Vorlesungen in den Naturwissenschaften besuchte. Nave und Mendel besuchten gemeinsam Ungers Vorlesung, und als Nave 1854 nach Brünn zog, um in den Staatsdienst zu treten, hatten die beiden erneut Gelegenheit, botanische Fragen zu diskutieren. Nave gehörte wie Mendel der naturhistorischen Sektion der Brünner Ackerbau-Gesellschaft an und machte sich als Experte für die mährischen Algen einen Namen. Vielleicht war er für Mendel auch ein

Vorbild, der Beweis, dass es möglich war, einem Beruf nachzugehen – in Naves Fall die Jurisprudenz – und trotzdem in
den Naturwissenschaften so bewandert zu sein, dass man einen echten Beitrag zu dem ständig wachsenden Wissens-
schatz leisten konnte. Bis zu seinem frühen Tod im Jahr 1864
gehörte Nave zu den wenigen engen Freunden Mendels.

Als die zwei Jahre in Wien zu Ende gegangen waren, kehrte
Mendel im Juli 1854 in das Brünner Stift zurück. Man weiß
nur wenig darüber, was genau er im folgenden Jahr tat, aber
er wird seine Zeit wohl bald zwischen seinen Studien, dem
Unterricht an der Realschule und der Arbeit im Garten aufgeteilt haben. Viele Stunden verbrachte er im Gewächshaus
des Klosters mit der Züchtung von Erbsen, da er sichergehen
wollte, dass seine Erbsen tatsächlich reinerbig waren.

Mit der Erbsenzucht begann er 1854, es sollte das letzte
Jahr sein, in dem er im Gewächshaus arbeitete. Napp hatte
Größeres mit ihm vor, und das schlug sich auch in seiner
Entscheidung nieder, für Mendel ein Treibhaus bauen zu lassen. Der Abt hatte bereits die Baugenehmigung beantragt
und Baupläne für ein Gebäude in Auftrag gegeben, das groß
genug sein sollte, all die Pflanzen zu beherbergen, die Mendel brauchte, um zu gesicherten Erkenntnissen zu gelangen.
Napp verstand solche Berechnungen zwar nicht ganz, aber
was er verstand, war, dass es ein unbedingtes statistisches
Gesetz gab: je größer die Zahl der verwendeten Versuchs-
exemplare, desto größer die Verlässlichkeit der Ergebnisse.
Wie Mendel später erklärte, war eine große Zahl notwendig,
da »bei der geringen Anzahl von Versuchspflanzen [die Er-
gebnisse] sehr schwankend bleiben« mussten. »Die wahren
Verhältniszahlen können nur durch das Mittel gegeben werden, welches aus der Summe möglichst vieler Einzelwerte

gezogen wird; je größer die Anzahl, desto genauer wird das bloß Zufällige eliminiert.«

Aufgrund der Anlage des Klosterhofs gab es nur einen Ort, der genug Platz für das Treibhaus bot. Napp trieb diesen Bau während der nächsten zwei Jahre voran, damit Mendel endlich mit seinen Versuchen, die sich als Quelle seiner schlimmsten Zweifel und zu guter Letzt seines Triumphes erweisen sollten, beginnen konnte.

Gerade als alles dies nun im Gange war und Mendel glücklich und mit großen Schritten seinen Lebensweg fortsetzte, erlitt er von neuem einen Zusammenbruch – und dieser erwies sich als weit verheerender als die vorhergehenden.

5. WIEDER IM GARTEN

Ein Garten ist ein hervorragender Lehrer. Er lehrt Geduld
und Umsicht; er lehrt Fleiß und Sparsamkeit;
vor allem aber lehrt er vollkommenes Vertrauen.
ON GARDENING, Gertrude Jekyll, 1843–1932

Zu Mendels Zeiten brauchte man einen ganzen Vormittag,
um von Brünn nach Wien zu gelangen; obwohl die beiden
Städte nur gut 100 Kilometer auseinander lagen, dauerte die
Zugfahrt vier Stunden. Gemächlich glitt die Landschaft bei
einem Tempo von 30 Kilometern in der Stunde am Reisen-
den vorüber, wenn der Zug an den Wahrzeichen vorbei, die
sich zwischen den Maisfeldern in der Ebene hervorhoben,
nach Süden fuhr. Dort lag Raigern mit seiner Benediktiner-
Abtei aus dem 11. Jahrhundert; da war der Park von Prinz
Liechtenstein, mit dem prachtvollen Sommerhaus, das weit
in die Höhe ragte und einen guten Ausblick auf die nahe ge-
legene Stadt Saitz bot. Auf halber Strecke ungefähr über-
querten die Gleise den Fluss Zaya, der die Grenze zwischen
Mähren und Österreich bildete. Im Osten erhoben sich die
Weißen Karpaten, im Westen konnte man einen Blick auf die
Leopoldsburg werfen. Fast am Ziel angelangt, sah man auf
die Inseln der Donau, die der Zug auf einer 800 Meter langen eisernen Brücke überfuhr. Die Reise endete im Nord-
bahnhof von Wien, von dem aus man in der Ferne den Turm
des Stephansdoms erblickte.

Im Frühling des Jahres 1856 beschloss Mendel, noch einmal eine Reise nach Wien zu unternehmen. Er wollte einen zweiten Versuch wagen und sich erneut der Lehramtsprüfung, an der er sechs Jahre zuvor so kläglich gescheitert war, stellen. Nachdem er die vergangenen beiden Jahre als Hilfslehrer an der neuen Brünner Oberrealschule (die modernere, naturwissenschaftlich ausgerichtete Entsprechung eines Gymnasiums) unterrichtet hatte, war er überzeugt, dass nun der richtige Zeitpunkt gekommen war.

Schließlich war zwischen dem unglücklichen Sommer des Jahres 1850 und dem verheißungsvollen Frühjahr 1856 viel geschehen. In den zwei prägenden Jahren an der Universität von Wien und den vier Jahren, die er dem Unterrichten, ausgedehnter Lektüre und ersten Versuchen im Garten gewidmet hatte, hatte er ein tieferes Verständnis für die Grundgesetze der Algebra, der Statistik und der Kombinatorik gewonnen. Er hatte sich in den botanischen Wissenschaften, denen sein größtes Interesse galt, solide Grundlagen geschaffen und sich ein tiefer gehendes Wissen zu jenen Aspekten der Naturgeschichte und Physik angeeignet, die ein Lehrer kennen sollte. Wie sollte er da in den Prüfungen beim zweiten Mal nicht einen besseren Stand haben?

Aber offensichtlich genügte das alles noch immer nicht. Schon nach der ersten Frage in der mündlichen Prüfung gab Mendel auf und war damit ein weiteres Mal gescheitert.

Mit ziemlicher Sicherheit war Mendels Versagen in beiden Prüfungen seiner fast krankhaften Prüfungsangst geschuldet. Das zweite Mal schien er jedoch noch sehr viel stärker darunter zu leiden als das erste Mal. Nachdem er schon über die Beantwortung der ersten Frage gestolpert war, scheint er beschlossen zu haben, es gar nicht erst weiterzuprobieren. Allerdings ist nicht bekannt, was genau an diesem Frühlingstag in Wien passierte. Nun, da er für den Rest seines Lebens auf den Rang eines Hilfslehrers verwiesen war, schien Mendel nicht einmal mehr darüber sprechen zu wollen, was während dieser unheilvollen zweiten Prüfung geschehen war.

Angesichts dieses Schweigens kursierten die wildesten Gerüchte. Eines der interessantesten wurde wohl von seinen Mitbrüdern in Umlauf gesetzt, die Mendel schätzten und sich nicht vorstellen konnten, dass es ihm einfach nur an Talent mangelte. Sie erklärten, Mendel habe nicht aufgrund eines Mangels an Mut versagt, sondern gerade aufgrund eines Übermaßes an Mut. Er habe versagt, weil seine Nerven zu gut waren, weil er ein zu starkes Rückgrat hatte, zu integer und intellektuell zu aufrichtig war, um einen Kompromiss einzugehen, der zu seinem eigenen Besten gewesen wäre.

Demnach geriet Mendel in Streit mit einem seiner Prüfer, Eduard Fenzl, der Leiter des Botanischen Gartens in Wien und einer von Mendels ehemaligen Professoren an der Universität war. Fenzl war Animalkulist und davon überzeugt, dass das Pflanzenembryo mikroskopisch klein, aber schon voll ausgebildet in den Pollen ruhte und über den Pollenschlauch in die Keimzelle wanderte. Dort musste es dann nur noch wachsen. Die weibliche Pflanze tat also nichts weiter, als eine Umgebung bereitzustellen, die dieses Wachstum ermöglichte. Im Gegensatz dazu war Mendel davon überzeugt, dass die männlichen und weiblichen Keimzellen gleichermaßen zur Entstehung der Nachkommen beitragen. Seiner Meinung nach waren die Embryos nicht vorgeformt, sondern wurden bei jeder Befruchtung neu geformt. Vielleicht gerieten die beiden Männer während der Prüfung über diesen Punkt in Streit, und Mendel weigerte sich halsstarrig – und für ihn bezeichnend – nachzugeben; lieber wollte er versagen als kapitulieren.

Diesem Gerücht zufolge soll Mendel seine Erbsen-Versuche nur deshalb fortgeführt haben, um die Auseinandersetzung mit Fenzl für sich entscheiden zu können. Wenn das wahr ist, dann endet die Geschichte mit einer pikanten Wendung: Zu jenen drei Männern, denen die Wiederentdeckung von Mendels Arbeit zu Beginn des 20. Jahrhunderts zu verdanken ist und die sie aus dem dunklen Randbereichen ins Zentrum des gerade entstehenden Fachgebiets der Genetik holten, gehorte ein Enkel Fenzls. Dieser Mann, Erich von Tschermak, ging als einer der hartnäckigsten Fürsprecher Mendels in die Wissenschaftsgeschichte ein, während sein Großvater, zu seiner Zeit ein mächtiger Mann, vor allem als einer von Mendels erbittertsten Widersachern erinnert wird und mit seiner Verteidigung der Vererbungslehre der Animalkulisten Mendel vielleicht den letzten Anstoß gab, die eigene Arbeit weiterzuverfolgen.

Wie auch immer man aber sein Versagen in dieser Prüfung erklären will, Mendel reagierte auf das Debakel genauso, wie er schon so oft auf Rückschläge in seinem Leben reagiert hatte: Er zog sich ins Bett zurück. Dieses Mal retteten ihn sein Vater Anton Mendel und sein Onkel Johann Mendel. Als sie erfuhren, dass Gregor abermals durchgefallen war, eilten sie sofort nach Brünn, um ihm wieder auf die Beine zu helfen. Es war der erste Besuch seines Vaters im Kloster, und es sollte auch sein letzter sein.

Als Mendel sich anlässlich seiner Prüfung in Wien aufhielt, hat er höchstwahrscheinlich Professor Unger besucht. Stellen wir uns die beiden damals, Anfang Mai 1856, vor – der sechsundfünfzigjährige Botaniker, erst kürzlich der drohenden Entlassung aufgrund seiner radikalen und ketzerischen wissenschaftlichen Positionen entgangen, und der vierunddreißigjährige Mönch, der verzweifelt versuchte, die erforderlichen Qualifikationen als Lehrer zu erwerben, den einzigen richtigen Beruf, den er jemals hatte. Da sitzen sie also im Büro Ungers, der müde gewordene Professor und der von Unsterblichkeit träumende Hilfslehrer, und rauchen Zigarren. Vielleicht hat Unger seinem Gast ein Glas Tee oder etwas Stärkeres angeboten. Während des Gesprächs sieht Mendel in den Augen Ungers den Funken der Revolution aufblitzen. Vielleicht wird ihm da klar, dass er gut daran täte, seinerseits einen solchen Funken hervorzubringen, wenn er ein eigenes Vermächtnis hinterlassen will – das nun, da die Lehrbefähigung in weite Ferne gerückt ist, wieder so viel ungewisser zu sein scheint.

Die vorangegangenen Monate im Leben Ungers waren ereignisreich und beunruhigend gewesen. Im Februar stand er kurz davor, seine Stelle als Professor zu verlieren. Er hatte einen katholischen Journalisten verärgert, als er erklärte, dass die Pflanzenarten sich in einem Zustand des Wandels befänden und nicht festgelegt seien.

Wer wolle leugnen, schrieb Unger in einem seiner wöchentlich erscheinenden *Botanischen Briefe* in der *Wiener Zeitung*, dass neue Kombinationen aus dieser Permutation der Pflanzenwelt entstünden, die immer auf bestimmte Gesetzeskombinationen rückführbar seien, welche sich von den vormaligen Merkmalen der Art lösten und als eine neue Art erschienen.

Solche Äußerungen brachten Sebastian Brunner, den Herausgeber der katholischen *Wiener Kirchenzeitung*, natürlich in Rage. Wenn Professoren an den »so genannten katholischen Universitäten« über Jahre hinweg ohne Unterlass solche Vorlesungen über verabscheuungswürdige Theorien hielten und dabei junge Leute in einer Anschauung der Natur und der Welt unterrichteten, welche derjenigen entspräche, die die Freimaurer vor der Französischen Revolution aus gutem Grunde überall verbreitet hatten, dann schrecke der Geist zurück, schrieb Brunner und schloss mit drei Auslassungspunkten, um das nicht mehr druckfähige Ausmaß seiner Empörung auszudrücken.

Im Februar 1856 forderte die Universität auf Brunners Betreiben hin die Entlassung Ungers. 400 Studenten versammelten sich zu seiner Verteidigung. Graf Leon Thun, der Unterrichtsminister, schrieb später, er habe noch nie eine so lautstarke Verhandlung erlebt wie die von Unger. Zu guter Letzt trug die lärmende Menge den Sieg davon. Unger behielt auf Thuns Weisung hin seine Stelle, und Brunner musste eine Entschuldigung in den Wiener Zeitungen veröffentlichen. Anfang März hatte sich die ganze Aufregung wieder gelegt.

Wir können uns Unger vorstellen, wie er seinem ehemaligen Studenten von dem Verfahren berichtete, das beispielhaft für eine damals in ganz Europa geführte Debatte war, von der Mendel bislang allerdings noch nichts mitbekommen hatte – die Debatte darüber, wie neue Arten entstehen. Zwar hatte Darwin sein großes Aufsehen erregendes Werk *Die Entstehung der Arten durch natürliche Zuchtwahl* noch nicht veröffentlicht – das sollte erst drei Jahre später, also 1859, geschehen, und es sollte ein weiteres Jahr dauern, bis das Buch in deutscher Übersetzung erschien –, aber die Idee der Evolution war schon vor einiger Zeit in die intellektuellen Kreise vorgedrungen. So veröffentlichte Karl von Nägeli an der Münchener Universität Aufsätze, in denen er die Frage der Speziation oder Artbildung behandelte. »Wie überhaupt keine natürliche Erscheinung, so kann auch die Art nicht in vollkommener Ruhe beharren«, schrieb er. Es müsse eine ständige Veränderung geben, »und diese Veränderung kann nichts anderes als zuletzt den Untergang der Art oder den Übergang in eine andere herbeiführen«.

Vielleicht hatte Mendel vor, mit seinen Experimenten an Erbsen diese Idee einer ständigen Veränderung als der treibenden Kraft, die neue Arten aus den alten hervorbrachte, zu bestätigen. Wenn er seine Versuche richtig anlegte, konnte er die Theorien der von ihm am meisten bewunderten Botaniker Nägeli und Unger empirisch untermauern. Beide waren überzeugt, dass neue Arten in Abhängigkeit von bestimmten Gesetzeskombinationen aus den von Unger so genannten neuen Permutationen der Pflanzenmerkmale entstanden. Würde Mendel diesen Beweis in seinem Garten erbringen können? Wenn er genug Zeit auf die Beobachtung und das Zählen von ausreichend vielen Generationen verwandte, würde *Pisum* dann die Gesetzeskombinationen offenbaren, die über die Entstehung neuer Arten durch Umbildung alter, bekannter Merkmale entscheiden?

Es mag uns als Widerspruch erscheinen, wenn sich ein Priester daranmacht, die Veränderbarkeit der Arten zu beweisen. In heutiger Zeit hat eine allzu wortgetreue Lesart der Bibel insbesondere in den Vereinigten Staaten viele christliche Fundamentalisten zu der Überzeugung gebracht, Gott habe in den sechs Tagen der Schöpfung alle Arten, welche die Erde bevölkern, geschaffen. Zu Mendels Zeiten hatte der Vatikan – sein Arbeitgeber gewissermaßen – einen Syllabus der Irrtümer zusammengestellt, der die Wahrhaftigkeit der biblischen Schöpfungsgeschichte belegen sollte. Auch in den meisten anderen Belangen war Papst Pius IX. konservativ und sah keine Notwendigkeit, sich mit dem Fortschritt, dem Liberalismus und neuerer kultureller Entwicklungen anzufreunden und auszusöhnen.

Die katholische Kirche in Mähren wie in nahezu ganz Mitteleuropa nahm allerdings eine dem Papst entgegengesetzte Position ein. Die dortigen Katholiken bemühten sich, mit dem Fortschritt, dem Liberalismus und den jüngsten kulturellen Entwicklungen Schritt zu halten. Eine der Anstrengungen, die die Kirche zu ihrer eigenen Modernisierung unternahm, bestand darin, sich naturwissenschaftlichen Studien zuzuwenden. Die wissenschaftlichen Unternehmungen der Brüder des Altbrünner Stifts und anderer Kleriker im gesamten Habsburgerreich bezeugen dies: Sie bildeten den Kern einer progressiven, demokratischen, katholischen Intelligenzia in Mähren, die sich wissenschaftlichen Fragen annäherte, ohne sich durch christliche Dogmen einschränken zu lassen. Napp gehörte zu den bedeutendsten dieser aufgeklärten Kleriker, die zu dem beispiellosen Aufschwung beitrugen, den die Wissenschaften in Wien, dem Mittelpunkt des Habsburgerreichs, in der zweiten Hälfte des 19. Jahrhunderts erfuhren. Sie schufen ein Klima, in dem es keine Gefahr, sondern im Gegenteil etwas Verdienstvolles für einen Mönch wie Mendel bedeutete, sich mit einem der umstrittensten wissenschaftlichen Themen seiner Zeit zu beschäftigen.

Möglicherweise hatte Mendel zu Beginn seiner Arbeit die Evolution noch gar nicht im Blick. Möglicherweise wollte er zunächst nur die offen stehende Rechnung mit Eduard Fenzl begleichen. Wenn er zeigen könnte, dass beide Eltern gleichermaßen an der Weitergabe der vererbten Merkmale beteiligt waren, würde er zumindest die Anhänger der Präformationslehre widerlegen und ihm wäre Genüge getan vor Fenzl und den anderen Wiener Prüfern.

Vielleicht gab es aber auch ganz andere Gründe, warum Mendel mit seinen Untersuchungen begann – tiefer sitzende

Gründe, die in seinem Unterbewussten verborgen waren. Zur damaligen Zeit war das Unterbewusste noch ein weitgehend unbekannter Bereich der menschlichen Psyche, und man hatte noch nicht einmal das nötige Vokabular zu seiner Erforschung entwickelt. Sigmund Freud war noch ein Kind, geboren in Mähren in eben jener Woche, in der Mendel sich durch seine Prüfung in Wien quälte. Wenn wir also nach Gründen für Mendels Forschungsarbeit suchen, dann könnte Freud vielleicht nachträglich einen nennen. Möglicherweise trieb Mendel nichts anderes als der Wunsch, seinen Vater und all die anderen Vaterfiguren in seinem Leben – Abt Napp, Professor Unger und den herausragenden und in Ungnade gefallenen Klácel – symbolisch zu ermorden? Nachdem er auch das zweite Mal die Prüfung nicht bestanden hatte, fühlte sich Mendel noch minderwertiger. Würde er wieder Oberwasser gewinnen, wenn er zumindest eine Sache richtig machte und diesen Männern wie auch der ganzen Welt in ihrer Gleichgültigkeit zeigte, dass er ein echter Wissenschaftler war, imstande, Neues hervorzubringen?

Die Erbsen waren während dieses finsteren Frühlings der einzige Lichtblick für Mendel. Sie wuchsen in einem Teil des klösterlichen, nach Süden ausgerichteten Küchengartens, der den größten Teil des Tages Sonne bekam. Wenn sich der Tag seinem Ende zuneigte, fiel der Schatten der Brauereigebäude über den Garten, und ihm und dem Gärtner war ein wenig Ruhe vergönnt. Wehte der Wind aus einer bestimmten Richtung, vermischten sich die Gerüche aus der Brauerei mit dem Duft der Pflanzen und würzten die Luft mit einer seltsamen Mischung aus Schärfe und Süße, Lehm und Flieder.

Im Garten wurde das Gemüse für den Tisch des Refektoriums gezogen: reihenweise Karotten, Kohl, Kürbis, Petersilie und Gurken, die Mendels liebstes Gemüse waren. »Pflanzt mehr Gurken – ich komme nach Hause!«, schrieb er seiner Familie, wann immer er sich in Richtung Norden zu einem Besuch in Heinzendorf aufmachte. Bestimmt aß er Gurken genauso gerne, wenn sie, frisch oder eingelegt, im Kloster in Brünn auf den Tisch kamen.

Im nördlichsten Teil des Gartens glänzte das neue Treibhaus in der Sonne. Es stand senkrecht zum Bibliotheksflügel und war lang und schmal; an beiden Enden befanden sich jeweils ein Portikus mit großen Bogenfenstern, und dazwischen dehnten sich die Glasflächen aus, welche die Wärme der Sonne einfingen und die Luft im Treibhaus das ganze Jahr über feuchtwarm hielten. In dem diffusen Licht der nach Süden gelegenen Fensterwand reihte Mendel ordentlich Dutzende von Pflanzentöpfen auf dem Boden, auf den Regalen und den langen Holztischen auf. Die Luft schmeckte regelrecht grün.

Schon das neue Treibhaus und der Teil des Küchengartens, der Mendel nun zur Verfügung stand, werden Mendels Stimmung gehoben haben. Aber Napp machte ihm noch ein weiteres Geschenk. Im Herbst 1855 verwandelte er das baufällige Gewächshaus, in dem Mendel bislang gearbeitet hatte, in eine ansehnliche Orangerie; solche Orangerien, in denen man tropische Pflanzen überwinterte, waren in ganz Europa verbreitet. Wie die meisten Orangerien wurde auch diese aus Ziegeln und Glas gebaut und mit einen Holzofen beheizt, um den empfindlichsten Pflanzen des Klostergartens Wärme und Schutz vor Wind und Wetter zu bieten. Die Orangen- und Zitronenbäume und Ananaspflanzen wären in dem eisigen mährischen Winter unweigerlich erfroren. Im

Sommer, wenn die tropischen Bäume nach draußen gebracht worden waren, konnte sich Mendel hier mit seiner Arbeit, seinen Gedanken und seiner Erbsenernte nach Herzenslust ausbreiten. Aber auch im Winter fand er hier Platz, nur musste er ihn sich eben mit den Pflanzen teilen.

Die Orangerie wurde schließlich Mendels liebster Aufenthaltsort im Kloster. Er stattete sie mit einem Tisch zum Schachspielen, einem eichenen Schreibtisch, sechs Nussbaumstühlen mit geflochtenen Sitzflächen und einigen Gemälden aus. Noch in seinen letzten Lebensjahren, als ihm, mittlerweile selbst Abt, die schönsten Räume des Klosters zur Verfügung standen, verbrachte er die meiste Zeit in der Orangerie und pflegte die Pflanzen, spielte mit seinen Neffen Schach, empfing hier seine privaten Besuche und arbeitete sich durch mathematische, biologische und meteorologische Probleme, die ihn sein ganzes Leben lang in Bann gehalten hatten.

Anfang Juni 1856, einen Monat nach der Prüfung in Wien und nachdem sein Vater und sein Onkel nach Heinzendorf zurückgekehrt waren, war Mendel ganz wieder hergestellt. Nein, mehr noch. Weil er sichergehen wollte, dass er auch wirklich eine reinerbige Paternalgeneration zur Verfügung hatte, hatte Mendel zwei Jahre lang Erbsen gezüchtet, davon ein knappes Dutzend Sorten aussortiert und 22 reinerbige Erbsensorten behalten. Diese sollten nun über mehrere Generationen hinweg Nachkommen hervorbringen, die genauso aussahen wie sie selbst. Mit seinen Züchtungen machte er also die erhofften Fortschritte, sein Unterricht verlief befriedigend, und die Tage vergingen in der Umtriebigkeit der klösterlichen Gemeinschaft und seiner Versuche wie im Nu.

Mendels Gefühl, an der Weiterentwicklung wissenschaftlicher Erkenntnisse teilzuhaben, wurde noch durch die Übernahme einer anderen Aufgabe gestärkt. Er war zum Referenten für Meteorologie der Stadt Brünn berufen worden. Diese Aufgabe hatte bislang Mendels Freund Olexík erfüllt, Oberarzt am St.-Anna-Krankenhaus. Anfang 1856 erkrankte Olexík so schwer, dass er seinen Pflichten nicht mehr nachkommen konnte. Er bat Mendel, zunächst nur für eine gewisse Zeit, später dauerhaft die täglichen meteorologischen Messungen vorzunehmen und sie allmonatlich an das Wiener Meteorologische Institut zu schicken.

Von da an sollte Mendel 27 Jahre lang, fast bis zum letzten Tag seines Lebens, drei Mal täglich die Temperatur- und Luftdruckmessungen durchführen: um sieben Uhr morgens, um zwei Uhr mittags und um neun Uhr abends. Er ging hinüber zu dem Flügel des Klosters, in dem der Abt lebte, und las die Daten von einem Thermometer und einem Barometer ab, die dort an der parallel zur Kirche verlaufenden Nordwand angebracht waren. Wenn er die Messdaten eines ganzen Monats gesammelt und in seiner kleinen, regelmäßigen Schrift festgehalten hatte, errechnete er daraus die Durchschnittswerte und schickte sämtliche Daten an die zentrale Wetterstation in Wien.

So ging Mendel also an kühlen Frühlingsabenden im Mai in seinen Garten. Noch war der Garten nicht ganz in Dunkelheit gehüllt, lag aber in einem tiefen, vom Horizont her erleuchteten Blau, auch wenn der abnehmende Mond kaum mehr als eine Sichel war. Im Februar muss der abendliche Garten schwarz und bedrohlich gewesen sein, und nur sein starkes Pflichtgefühl kann Mendel zu seinen Instrumenten getrieben haben. Diese Aufgabe war ihm im Grunde genommen rein zufällig übertragen worden, aber der von Mendel angestrebte Ruhm sollte sich zu Lebzeiten, wenn davon überhaupt die Rede sein kann, vor allem für seine Tätigkeit als lokaler Meteorologe einstellen.

6. Kreuzungen

Blumen geben dem Menschen
ein großartiges Beispiel
für Widerstand, Mut, Beharrlichkeit
und Erfindungsreichtum.
Neuigkeiten vom Frühling,
Maurice Maeterlinck, 1862–1949

Seine Kurzsichtigkeit zwang Mendel, sich tief über die Reihen der jungen Pflanzen zu beugen, die in einer Ecke des Klostergartens wuchsen. Es waren zwar Nutzpflanzen, dennoch waren sie von einer eigentümlichen Schönheit. Sie kletterten an Stäben und gespannten Schnüren hoch, drehten sich und streckten sich anmutig der blassen mährischen Sonne entgegen. Die Ranken dieser gemeinen Gartenerbse, *Pisum sativum*, waren zugleich zart und widerstandsfähig und verliehen der Pflanze, die zu den verbreitetsten Nutzpflanzen aus der Familie der Leguminosen gehörte, ein wunderliches Aussehen.

Mendel bewegte sich von einer Pflanzenreihe zur nächsten, hob dabei vorsichtig die Blätter von den dünnen Stängeln und zog die Blüten, die sich wie scheue kleine Schmetterlinge darunter verbargen, hervor. Die Blätter waren glatt und oval und erinnerten an Hände, die etwas Kostbares umschließen; wenn sie sich öffneten, gaben sie den Blick auf eine weiße oder violette Blüte frei, die wie eine winzige Haube geformt war. Wie bei den meisten Pflanzen enthielten diese Blüten den Stempel. Mit der Zeit verwelkten die Blütenblätter, und der Kelch wurde hart und wuchs in die Länge, bis er zu der uns vertrauten langen, ledernen Erbsenhülse geworden war. In jeder Hülse saßen sechs oder sieben Erbsen, die Nachkommen der Pflanzen, auf der sie wuchsen. (Bei *Pisum* sind die Begriffe Erbse und Samen austauschbar.) Diese Erbsen waren die Vorboten der nächsten Generation.

Fast alle Erbsen unterschieden sich in ihrem Erscheinungsbild voneinander, obwohl sie ihren Ursprung in derselben Blüte hatten. Erbsen sind sich immer so ähnlich – oder eben unähnlich – wie Zwillinge.

Im Mai 1856 züchtete Mendel eine neue Erbse – einen Hybriden oder Bastard. Als er damals seine Reihen abschritt, bereitete er sich darauf vor, zwei verschiedene, wie Mendel sagte, »Stammarten« von Erbsen zu kreuzen, die eine vollkommen rund, die andere kantig oder, wie es oft heißt, runzlig. Diese Versuchsphase hatte zwei Monate zuvor mit der Aussaat seiner runden und kantigen Erbsen begonnen. Er hatte sich den alten mährischen Spruch zu Herzen genommen, der lautete: »Wer seinen Boden nicht bis zum Gregorstag bestellt hat, ist ein fauler Mann.« Der Tag des heiligen Gregor, der im katholischen Kalender auf den 12. März fällt, erscheint als recht früher Zeitpunkt für den Anbau im Garten, besonders in Mähren, wo zu dieser Jahreszeit die Erde oft noch gefroren und hart ist. Aber die Menschen halten sich an solche Volksweisheiten.

Es scheint ein Zeichen der Vorsehung, dass Mendels Ordensname Gregor schon in der Gartenkunde seiner Ahnen genannt wurde. Vielleicht war es diesem Mann bäuerlicher Herkunft in gewisser Weise vorherbestimmt oder seine Gene oder seine kulturelle Herkunft veranlassten ihn, seine Neugier Fragen zuzuwenden, die seine Verwandten schon seit vielen Generationen beschäftigten – den Fragen, wie man neue und bessere Pflanzenarten züchten kann, wie sie fortbestehen und wie sie erhalten werden können.

Und nun, in der Kühle dieses frühen Maimorgens, stand Mendel zwischen seinen Erbsenpflanzen und traf letzte Vorkehrungen, um mit seinen Bastardierungsversuchen zu beginnen. Da solche Kreuzungen stattfinden mussten, so lange die Pollen noch unberührt waren, hatte er sich bereits vor sechs Uhr in seinen Garten begeben. Hier war er also, der Bauernsohn, den sein Naturell vom väterlichen Hof getrieben hatte, und tat etwas, das, wenn man es recht besah, ein landwirtschaftliches Experiment war.

Nicht lange, und Mendel würde bei seinem wissenschaftlichen Abenteuer überraschende Entdeckungen machen, die er sich vermutlich selbst in seinen kühnsten Träumen nicht vorgestellt hätte, Entdeckungen, die das Gesicht der Biologie für immer verändern und einen weitreichenden Einfluss auf das Verhältnis der Menschheit zu ihren eigenen Kräften, ihren Fähigkeiten und ihrem Schicksal haben sollten.

Der Mai ist in Mähren die beste Zeit, um Kreuzungen vorzunehmen – die Knospen der Erbsenpflanzen haben sich schon gebildet, sind aber noch nicht vollkommen entwickelt. Als er die Reihen seiner Erbsen entlangschritt, hielt Mendel in einer seiner rundlichen Hände eine Pinzette, in der anderen einen Kamelhaarpinsel. Mit Mühe kniete er sich nieder und öffnete die noch unreife Knospe, aus der er die innere der beiden Schichten der Blüte – das Schiffchen – entfernte, um den männlichen Teil, die Staubblätter, freizulegen; diese bestehen aus antennenähnlichen Fäden, den Staubfäden, von

denen jeder in einer winzigen gelben Kugel, dem Staubbeutel, münden. Die Staubbeutel enthalten den puderigen
gelben Pollen, der die männlichen Keimzellen enthält. Mit
seiner Pinzette zog Mendel nun die Staubgefäße von den
Blüten und entfernte auf diese Weise auch die Pollen; man
könnte sagen, er kastrierte die Pflanzen.

Seltsam, dass gerade ein Mönch Erbsenpflanzen ihres Geschlechts beraubte. Allerdings hatte Mendel seinen Blick nie
von den irdischen Dingen des Lebens abgewandt. Er war
nicht umsonst auf einem Bauernhof aufgewachsen, wo die
Paarung und Aufzucht der Tiere zum Alltag gehörten. Seine
Schüler, Jungen, die gerade mitten in der Pubertät steckten,
waren in den Unterrichtsstunden über die Fortpflanzung
oft peinlich berührt, fühlten sich zu dummen Bemerkungen
und Gekichere veranlasst. In solchen Fällen reagierte der
Priester mit einem seiner seltenen Ausbrüche. »Machen's
keine Geschichten«, rief er dann barsch. »Das sind natürliche Dinge!«

Mendel wanderte an diesem Morgen im Mai langsam die
erste Reihe von Erbsenpflanzen entlang. Geduldig entfernte
er die Staubfäden von einer Erbse nach der anderen und
steckte sie in eine Tasche, die sich in den Falten seiner Kutte
verbarg, um sie später zu entsorgen.

Diese Kastration war notwendig, da *Pisum* wie viele andere Pflanzen ein Zwitter ist, jede Pflanze also über den Fort-
pflanzungsapparat beider Geschlechter verfügt. Der weibliche Teil der Blüte, der Stempel, besteht aus der Narbe, die
den Pollen aufnimmt, dem Griffel, durch den der Pollen
wandert, und dem Fruchtknoten, in dem sich die befruch-
tungsreifen Eizellen befinden. Unter normalen Umständen
befruchtet sich *Pisum* selbst. Geschützt durch das Schiffchen
und unter dem Einfluss von Schwerkraft und Zeit fällt der

Pollen von einem der Staubbeutel auf die klebrige Narbe und keimt dort aus. Der sich bildende Pollenschlauch wächst durch den Griffel ins Innere der Blüte, wo die weiblichen Keimzellen warten.

Mendel musste das Risiko auf sich nehmen, beim Öffnen der Blütenknospen die noch unreifen Narben zu verletzen, um die Staubbeutel herausschneiden zu können. Es würde noch ein paar Tage dauern, bis sie die entsprechende Größe und Klebrigkeit erreicht hätten, um die Pollenkörner halten zu können, mit denen Mendel sie bestäuben wollte. Damit die Knospen diese paar Tage geschützt waren, hüllte er sie in winzige Tüll- oder Papiersäckchen.

Vielleicht hatte er selbst auch eine Kappe aufgesetzt, als er die ersten Klänge der Windharfe, die im Garten hing, gehört hatte. Er war zwar noch jung, in wenigen Wochen würde er seinen 34. Geburtstag feiern, aber von schwacher Konstitution, und er war anfällig gegenüber Zug. Er hatte eine Äolsharfe aufgehängt, damit sie ihn vor den Böen warnte, die oft so unvermittelt von den Hängen des Spielbergs wehten. Sobald die Harfe erklang, bedeckte er seinen Kopf.

Langsam und bedächtig arbeitete sich der Priester voran. Als er das Ende der ersten Reihe erreicht hatte, wandte er sich der nächsten zu; diese Pflanzen sollten den Part des männlichen Elters in seinem Züchtungsversuch übernehmen. Die Pflanzen in der zweiten Reihe kastrierte Mendel nicht; sie würden die männlichen Keimzellen für die Pflanzen in der ersten Reihe liefern.

Einige Tage nachdem er die Pflanzen in der ersten Reihe kastriert hatte, nahm Mendel seinen Kamelhaarpinsel und fuhr damit über die Enden der Staubbeutel jener Pflanzen, die nicht kastriert waren. Vorsichtig sammelte er die puderigen orangegelben Pollen mit der Spitze des Pinsels ein. Dann wandte er sich den weiblichen Pflanzen zu und bestäubte die Narben.

Nachdem Mendel diese mühselige Arbeit mit dem Pinsel abgeschlossen hatte, setzte er seinen Pflanzen wieder die Tüllkappen auf, wie er es schon bei den kastrierten Pflanzen getan hatte. Dieses Mal sollten die Kappen die so behutsam aufgetragenen Pollen vor plötzlichen Böen oder neugierigen Insekten schützen und außerdem verhindern, dass die Blüten der Mutterpflanze von Pollen einer ganz anderen Pflanze bestäubt wurden, denn dadurch würde der entstehende Hybrid eine andere Abstammung haben, als die von Mendel so peinlich genau geplante.

Die Arbeit fast jedes Wissenschaftlers baut auf den Entdeckungen und Hypothesen seiner Vorgänger auf, selbst wenn er in einer solchen Abgeschiedenheit lebt wie der mährische Mönch. So stützten sich Mendels Versuche zum Teil auf Arbeiten, die Generationen von Pflanzenzüchtern vor ihm durchgeführt hatten. Zwar kreuzten Bauern schon seit mindestens 10000 Jahren Früchte, um bessere Produkte für den Handel und die eigene Küche zu erzeugen, aber vor Josef Kölreuter hatte niemand solche Züchtungsversuche für wissenschaftliche Zwecke unternommen. Dieser deutsche Botaniker hatte im 18. Jahrhundert die ersten wissenschaftlichen Bastardierungsversuche zur Erzeugung von Pflanzenhybriden betrieben, als er zwei eng verwandte Mitglieder der Familie der Tabakpflanzen miteinander kreuzte, *Nicotiana rustica* und *Nicotiana paniculata*. Es dauerte zwei Jahre, bis er *N. rustica* zu *N. paniculata* umgewandelt hatte – eine Leistung, die ihn selbst überraschte, und stolz bezeichnete er seine erste Hybride als »ersten botanischen Maulesel, der durch die Kunst hervorgebracht ist«.

Zu Kölreuters Zeiten widersprach schon die bloße Existenz von Hybriden vielen philosophischen und religiösen Lehrmeinungen, auch wenn sie jahrhundertealte bäuerliche Erfahrungen bestätigten. »Die Natur sollte dieselbe Ordnung und Harmonie, die im Garten Eden herrschte, wahren«, erklärte ein Historiker. »Wenn aber der Mensch, wann immer er will, durch Bastardierung bestehender Arten neue Arten hervorbringen kann, dann würde ein heilloses Durcheinander entstehen.« Kölreuter hat diese Meinung geteilt. Er war daher geradezu erleichtert, als sich fast alle seiner *Nicotiana*-Bastarde trotz ihres üppigen und offensichtlich ungehinderten Wachstums als unfruchtbar erwiesen.

Das stille und traurige Leben Kölreuters scheint in vielerlei Hinsicht Mendels Leben vorweggenommen zu haben. Wie der Familie Mendels standen auch den Kölreuters nur bescheidene Mittel zur Verfügung. Josef Kölreuters Vater war Apotheker in der kleinen Stadt Sulz am Neckar. Wie Mendel wurde der junge Kölreuter schon früh und unter großen Opfern der Familie in einer anderen Stadt zur Schule geschickt. Mit 15 Jahren begann er sein Medizinstudium an der ehrwürdigen Tübinger Universität. Seine Passion aber war der Gartenbau, und oft bat er seine Freunde, ihm ein kleines Stückchen Land zur Verfügung zu stellen, auf dem er seine Kreuzungen vornehmen konnte, oder er zog seine Pflanzen in Töpfen, die er als eine Art Wandergärtner von Ort zu Ort mit sich schleppte. Bei alledem vernachlässigte er die Medizin und fand bis zu seinem 30. Lebensjahr keine feste Stelle, als er von dem Markgrafen von Baden, Karl Friedrich, und seiner Frau, Caroline, zum Direktor der Fürstlichen Botanischen Gärten ernannt wurde.

Wie viele Männer, die über große Geistesgaben verfügen, und wie es ja auch auf Mendel, dem Abt Napp zur Seite

stand, zutraf, hatte Kölreuter in Caroline eine echte Mäzena-
tin gefunden. Sie wurde bald schon seine mächtigste, genauer gesagt einzige Fürsprecherin bei Hofe. Der Obergärtner
dagegen hielt Kölreuters Versuche nicht nur für unnütz, sondern sogar für ketzerisch. War es nicht so, dass Gott Bastarde verabscheute? Waren nicht alle Bastardformen von
Noahs Arche verjagt worden? Stand doch schon in der Bibel
geschrieben, man solle nur guten Samen auf seinem Acker
aussäen.

Eben dieser Gärtner, mit Namen Saul, versuchte Kölreuters Pläne zu durchkreuzen, indem er die Anweisungen, die
ihm gegeben worden waren, ganz einfach nicht befolgte.
Wenn Kölreuter beschloss, auf einem Feld Hybriden zu ziehen, dann breitete sich gerade dort plötzlich Unkraut aus;
wenn er Hybriden im Treibhaus zu ziehen versuchte, dann
wurde es dort auf rätselhafte Weise immer kälter. So führten
viele von Kölreuters Anstrengungen zu keinem Ergebnis.
Aber selbst unter diesen widrigen Umständen konnte er 65
erfolgreiche Versuche durchführen, zu denen Kreuzungen
mit 138 Arten und Varietäten aus 14 Pflanzengattungen gehörten, die er in einer Reihe schmaler Bände, erschienen in
den sechziger Jahren des 18. Jahrhunderts, beschrieb. Diese
Bücher fanden zwar keine weitere Verbreitung, ähnlich wie
Mendels Monographie 100 Jahre später, markierten jedoch
den Beginn einer systematischen und experimentellen Erforschung der Bastardierung von Pflanzen.

Schließlich trug Saul in seinem intriganten Spiel doch
noch den Sieg davon. Kaum war Caroline im Jahr 1783 gestorben, wurde Kölreuter, der mittlerweile 20 Jahre am
markgräflichen Hof gedient hatte, entlassen.

Ein anderer deutscher Botaniker, von dem Mendel ebenso wie von Kölreuter das erste Mal in den Vorlesungen Un-

gers gehört hatte, konnte sich im Gegensatz dazu eines größeren Renommees und auch einer gesicherten Stellung erfreuen. Karl von Gärtner erwarb sich 1837 einen Ruf, als er eine von der holländischen Akademie der Wissenschaften gestellte Preisfrage gewann. Wissenschaftliche Gesellschaften schrieben damals viele solche Preisaufgaben aus, um das Denken in eine bestimmte Richtung anzuregen; heute werden Stipendien vergeben, die es Wissenschaftlern ermöglichen, Forschungen auf einem bestimmten Gebiet zu betreiben. Im 18. und 19. Jahrhundert bestand gleich ein dreifacher Anreiz, an einem derartigen, durchaus über einige Jahre laufenden Wettbewerb teilzunehmen, der den wissenschaftlichen Fortschritt in der von den Auslobern gewünschten Richtung vorantreiben sollte: das Preisgeld, die Veröffentlichung des siegreichen Aufsatzes und der nicht unbedeutende Ruhm.

In diesem Fall nun waren Botaniker aufgefordert, sich Gedanken über Hybriden und insbesondere deren möglichen kommerziellen Nutzen zu machen. Was lehrt die Erfahrung, lautete die Frage, hinsichtlich der Erzeugung neuer Arten und Abarten durch die künstliche Befruchtung von Blüten mit den Pollen der anderen, und welche Nutz- und Zierpflanzen lassen sich in dieser Weise erzeugen und vervielfältigen?

Gärtner führte seine Kreuzungsversuche in dem abgelegenen Dorf Calw im Schwarzwald durch. Wann immer es seine Tätigkeit als Arzt erlaubte, stahl er sich in den Garten. Erst sechs Jahre nach dem eigentlichen Abgabetermin erfuhr er von dem Wettbewerb der holländischen Akademie. Allerdings war bis zu diesem Zeitpunkt noch kein einziger Aufsatz eingegangen, und daher forderte die Akademie Gärtner auf, einen Bericht über seine Forschungsergebnisse einzureichen. 1838 erhielt er den ersten Preis; er war der einzige, der an dem Wettbewerb teilgenommen hatte.

Gärtner verbrachte die nächsten elf Jahre damit, eine endgültige Fassung seines Aufsatzes zu erarbeiten, in dem er schließlich die mehr als 9000 Versuche beschrieb, die er an 700 Arten durchgeführt hatte und aus denen 250 Bastardpflanzen hervorgegangen waren. Das endgültige Ergebnis seiner Forschungsarbeit veröffentlichte er auf eigene Kosten in einem dicken Buch mit dem Titel *Versuche und Beobachtungen über die Bastarderzeugung im Pflanzenreich.* Gärtners wesentlich jüngerer Zeitgenosse Darwin erklärte, das in diesem Buch enthaltene Material sei bedeutender als das aller anderen Autoren zusammengenommen und würde von großem Nutzen sein, wäre es nur bekannter. Gärtner, der damals schon 77 Jahre alt war, sollte nicht mehr miterleben, wie sein Ruf wuchs. Dieses Buch war sein einziges Vermächtnis; er starb 1850, kurz nach dessen Erscheinen.

Mendel war sich zwar der großen Bedeutung seines Vorgängers bewusst, jedoch mutig genug, seine eigenen Versuche zu entwickeln, um die Fehler Gärtners zu vermeiden. Er bewies die Umsicht eines modernen Wissenschaftlers, zu dessen Metier die Wiederholung früherer Ergebnisse gehört, als er schrieb: »Es ist sehr zu bedauern, dass dieser verdienstvolle Mann nicht auch eine eingehende Beschreibung seiner einzelnen Versuche veröffentlicht und eine ausreichende Diagnose für die verschiedenen Bastardformen aufgenommen hat«. Diese Ungenauigkeit führte dazu, dass er Gärtners Ergebnisse »in keinem einzigen Fall« wiederholen konnte. Darüber hinaus scheint Gärtner keine Ahnung gehabt zu haben, ob die von ihm verwendeten Stammarten reinerbig oder selbst Bastarde waren. Genauso wenig führte er seine

Kreuzungen mit der zweiten und dritten Generation fort – ein wesentlicher Schritt, wenn die Ergebnisse weiterer Hybrid-Hybrid-Kreuzungen ermittelt werden sollten.

Außerdem hatte Gärtner bei seinen Versuchen sein Augenmerk auch auf den falschen Gegenstand gerichtet. Mendel hatte immer die individuellen Teile einer Pflanze, also ihre Merkmale, zum Gegenstand der Untersuchung gemacht. Wie viele seiner Zeitgenossen hatte Gärtner die Pflanze als Ganzes, das, was er für die Summe ihrer Teile hielt, betrachtet, und der Gedanke, jeden Teil einzeln zu untersuchen, passte nicht zu dieser alles umfassenden Sichtweise. Bis in das späte 19. Jahrhundert hinein herrschte eine ganzheitliche Vorstellung von Vererbung, die zu der weit verbreiteten Annahme führte, es gebe eine Vermischung des Erbguts – der Theorie also, der zufolge die Nachkommen eine Kombination aus den Merkmalen der Eltern sind und daher eine Mittelform zwischen beiden Eltern.

Mendel dagegen entdeckte bei seinen Erbsen sieben verschiedene Merkmalspaare, die mit bloßem Auge auszumachen waren und jeweils in einem Entweder-oder-Verhältnis (gelb oder grün, kantig oder rund) zueinander standen. Sie vermischten sich niemals und wurden immer getrennt voneinander und komplett vererbt. »In keinem Versuch wurden Übergangsformen beobachtet«, erklärte er mit Nachdruck. Was beispielsweise das Merkmal der Größe betraf, so war eine Pflanze entweder sehr groß – 1,80 Meter oder höher – und musste mit einem Pfahl gestützt werden oder sie war sehr niedrig und maß nicht mehr als 50 Zentimeter. Keines der Merkmale – zumindest keines der sieben von Mendel ausgewählten – stellte eine Misch- oder Zwischenform dar. Es waren Paare, wie er sagte, »zweier differierender Merkmale«. Wenn es ihm gelang, diese differierenden Merkmale bei seinen Erbsen zu identifizieren und mit zu verfolgen, wie sie von den Eltern auf die Nachkommen übertragen wurden, dann, so hoffte er, könnte er »das Gesetz ermitteln, nach welchem dieselben in den aufeinander folgenden Generationen eintreten«.

Die sieben von Mendel ausgewählten Merkmale stellten sich wie folgt dar:

1. Samenform: runzlig/kantig oder rund.
2. Samenfarbe: grün oder eine Schattierung von gelb.
3. Farbe der durchsichtigen Samenschale: weiß oder grau.
4. Form der reifen Hülse: entweder glatt oder hügelig.
5. Farbe der unreifen Frucht: grün oder gelb.
6. Stellung der Blüten: an der Spitze oder verteilt über die Achse.
7. Höhe: groß oder klein.

Hatte Mendel zumindest in Gedanken zwischen den sichtbaren Merkmalen – der Höhe einer Pflanze, der Erbsenfarbe und der Hülsenart – und den Einheiten unterschieden, die diese Merkmale hervorbrachten? Das scheint eine zentrale Frage zu sein, da die Vorstellung von Elementen, auf die die Merkmale zurückzuführen sind und die man heute Gene nennt, zum grundlegenden Konzept bei der Erforschung der Vererbung geworden ist. Man weiß nicht mit Sicherheit, was Mendel über diese Einheiten dachte oder ob er sie überhaupt als diskrete Einheiten verstand. Auch wenn er über großen Scharfsinn verfügte, war er doch ein Kind seiner Zeit, und hinsichtlich der Vererbung herrschte damals die Überzeugung, dass diese Einheiten, so sie überhaupt existierten, nicht notwendigerweise feste Partikel waren. Mendel hat sich diese grundlegenden Einheiten möglicherweise als amorphe, formlose Masse vorgestellt, die wie ein Tropfen Honig jede sie umhüllende Form annehmen kann. Vielleicht sah er sie aber auch als unabhängige und vollständige Einheiten. Nun, mithilfe welcher Analogie Mendel sich seine Elemente auch vorgestellt haben mag, es hatte zweifellos wenig mit unserer heutigen Vorstellung von Genen zu tun.

Mendel gebrauchte die Begriffe Merkmal, also jene Eigenschaften, die sichtbar und erkennbar sind, und Elemente (die hier Einheiten genannt werden), womit er jene unbekannten Substanzen bezeichnete, auf die die Merkmale eines Organismus zurückzuführen sind. Der Begriff Merkmal findet sich in seinem Aufsatz mehr als 150 Mal, im Vergleich dazu Elemente nur zehn Mal, und das auch nur in der Zusammenfassung seines Aufsatzes, in der er aus der Art und Weise, wie seiner Beobachtung nach Merkmale von Generation zu Generation weitergegeben werden, auf das Vorhandensein von Elementen schließt. Die Begrifflichkeit Mendels zeigt in jedem Fall, dass er noch keine Vorstellung von dem hatte, was wir heute unter Genen verstehen.

Es zeigte sich, dass die sieben von Mendel aufgeführten Merkmale eine ausgesprochen glückliche Wahl waren, da sie stets unabhängig voneinander weitergegeben werden. Anders als viele andere Merkmale – wie die Blütenfarbe und die Pollenform der Gartenwicke, die meist gemeinsam vererbt werden – sagte die Größe einer *Pisum*-Pflanze beispielsweise nichts über ihre Samenfarbe aus: Große Pflanzen konnten mit genauso großer Wahrscheinlichkeit grüne Erbsen wie gelbe Erbsen tragen, und sie trugen mit derselben Wahrscheinlichkeit wie Zwergpflanzen gelbe Erbsen. Der Grund für dieses wunderbar klare Muster wurde erst 100 Jahre nach Mendels Tod entdeckt, nachdem man eine Karte der sieben Chromosomen von *Pisum* erstellt hatte. Jedes von Mendels sieben Merkmalen befindet sich auf einem anderen Chromosom oder, wie in einem Fall, an den beiden Enden desselben Chromosoms. Das verringerte die Wahrscheinlichkeit, dass sich diese Merkmale infolge eines Koppelung genannten Vorgangs verbanden, was Mendels Versuchsergebnisse durcheinander gebracht hätte.

Vielleicht war aber auch die Verteilung dieser sieben Merkmale auf den Chromosomen keine reine Glückssache, sondern Mendel hatte eben jenem Glück durch umsichtige und methodische Planung auf die Sprünge geholfen. Später schrieb er, dass er bei seinen ersten Kreuzungen nicht von sieben Merkmalspaaren, sondern von 15 ausgegangen war. Der Grund, warum er schließlich die Ergebnisse der Hälfte seiner Versuche ausschloss, mag darin gelegen haben, dass diese Merkmale sich tatsächlich miteinander verbunden hatten und zu verschwommenen Ergebnissen führten, die kein klares Muster ergaben und sich auch nicht erklären ließen.

Als Erstes untersuchte Mendel die Form beziehungsweise Gestalt des Samens. Durch seine zweijährige Arbeit an reinerbigen Arten wusste er, dass die Samen immer entweder rund oder kantig waren. Als er an jenem Maimorgen die ersten Erbsen miteinander kreuzte, ahnte er zweifellos schon, wie die ersten Samen, die er bald einsammeln konnte, aussehen würden. Wieder und wieder hatte er Gärtners Buch gelesen, von dem man ein abgegriffenes Exemplar mit vielen Anmerkungen in Mendels charakteristischer Handschrift in der Klosterbibliothek gefunden hat. Gärtner hatte wie andere Züchter vor ihm gezeigt, dass alle Mitglieder der ersten Generation von Hybridpflanzen gleich sind und einem Elternteil ähneln. Mendel verwendete im Jahr 1865 für das Merkmal, das auf diese Weise in Erscheinung trat, den Begriff dominierend. Bei *Pisum* war die runde Samenform ver-

breiteter, und Mendel vermutete, dass sämtliche Hybrid-
erbsen der ersten Generation rund sein würden.

Nicht von ungefähr war Mendel auch ein begabter Schachspieler, und so dachte er schon während dieses ersten Frühlings der Kreuzungszüchtungen den nächsten und den übernächsten Schritt voraus. Er wollte herausfinden, was mit
dem nichtdominanten Merkmal geschehen würde, das in der
ersten Hybridgeneration zu verschwinden schien und das er
später als rezessiv bezeichnen sollte. Die Erbsen, die er im
darauf folgenden Herbst ernten würde, wären die Nachkommenschaft der Pflanzen, die er gerade gekreuzt hatte,
und seine ersten Hybriden. Diese Generation wurde von
seinen Anhängern im 20. Jahrhundert F1-Generation (für
erste Filialgeneration) benannt; Mendel selbst hat diesen Begriff nicht verwendet. Er verdeutlicht die Beziehung zwischen den ersten Hybriden und ihren Abkömmlingen – den
F2, F3, F4 und so weiter.

Das Pflanzen, Befruchten, Ernten und Zählen folgte einem
festen Plan, der an den Lauf der Jahreszeiten gebunden war:
am Tag des heiligen Gregor 1857 musste Mendel den Boden
vorbereitet haben, zu Beginn des Frühlings mussten die runden F1-Samen ausgebracht werden, die er im späten Frühjahr sich selbst befruchten ließ, dann wurden die Hülsen, die
immer noch zur F1-Generation gehörten, geerntet und ge-
öffnet, und schließlich kamen die Erbsen zum Vorschein.
Diese Erbsen bildeten so etwas wie die Vorhut der F2-Gene-
ration. Am Tag des heiligen Gregor 1858 begann dieser
Kreislauf von neuem mit den F2-Erbsen und an eben diesem
Tag des Jahres 1859 mit den F3-Erbsen.

In diesem Kreislauf des Pflanzens und Erntens gab es
zwar immer wieder Phasen der Ruhe, aber er lief trotzdem
relativ schnell ab, da Mendel bei den ersten Versuchen vor al-

lem die Merkmale der Erbsen beziehungsweise Samen selbst untersuchte – also die Nachkommen der Pflanzen, auf denen sie wuchsen. Hätte er dagegen damals schon, wie er es in späten Jahren tun sollte, die Blüten, die Pflanzen und die Hülsen untersucht, dann müsste man diese Ruhephasen eher in Monaten als in Wochen messen. Um die Merkmale der *Pisum*-Pflanzen oder –Blüten des nächsten Jahres aufzeichnen zu können, muss man zunächst warten, bis die Erbsen dieser Generation getrocknet sind und die Erde im Frühjahr weich genug geworden ist, um die Samen ausbringen zu können. Das bedeutet eine Verzögerung von mindestens neun Monaten nach der Ernte, bis man mit der nächsten Generation überhaupt beginnen kann. Dann muss man warten, bis die Pflanzen wachsen und die Blüten aufgehen, was wiederum einen, vielleicht sogar zwei Monate dauert.

Nach seinem Plan würde Mendel die ersten aussagekräftigen Ergebnisse im Herbst des Jahres 1857 in Händen halten. Dann würde er wissen, welche Nachkommen seine runden beziehungsweise kantigen Hybriden hervorgebracht hatten. Und wenn er mit seiner Ahnung Recht hätte, dann wäre er auf dem besten Weg, ein neues Vererbungsgesetz zu entdecken, das sich nicht nur auf Erbsen, sondern auch auf Bohnen und Löwenmäulchen, Mäuse und Ahornbäume, Eidechsen, Wölfe und Menschen anwenden ließe.

7. Die erste Ernte

Wozu ist ein Garten gut?
Er ist ... ein Bild des nicht Abbildbaren,
die Berührung des Unberührbaren,
der Klang des Unhörbaren.
Our Gardens,
Samuel Reynolds Hole, 1819–1904

Die mährische Erbsenpflanze bringt fette, leichte wächserne Schoten hervor, die sich in die Handfläche schmiegen, als seien sie gerade dazu gemacht. Sobald man sie aus der Sonne nimmt, fassen sie sich kühl an. An dem einen Ende, an dem sie vom Stängel hingen, sitzt eine kleine Narrenkappe. Die Erbsen in der etwa acht Zentimeter langen Schote fühlen sich an wie Murmeln in einem Lederbeutel. Sie lässt sich nur mit beiden Händen aufbrechen, wobei es von Nutzen sein kann, sie vorher mit einem scharfen Fingernagel aufzuschlitzen; dann umfasst man mit der einen Hand die Hülse und mit der anderen bricht man sie auf. Ist sie erst einmal offen, kommt einem der Geruch von Gras entgegen. In jeder Hülse befinden sich ein halbes Dutzend Erbsen, manchmal auch mehr, und jede gibt ein leises, nahezu unhörbares Plopp von sich, wenn man sie aus der Schote pult.

Mendel hat viele lange Abende mit dem Aufbrechen der Schoten und Auslösen seiner Erbsen verbracht. Im frühen Sommer untersuchte er die Merkmale der Blüten und der ganzen Pflanze und während der Ernte im Herbst untersuchte er die Merkmale der Erbsen und der Hülsen. Proben davon sammelte er in Tüten, auf denen angegeben war, aus welcher Reihe und von welcher Pflanze sie stammten, und brachte sie in die Orangerie. Dort genoss er die Ruhe und Wärme des kleinen Vorraums und machte es sich auf einem Stuhl bequem, den er nah an den Tisch herangerückt hatte. In den Jahren 1856 bis etwa 1863 gehörte es in jedem Herbst zu seinem Tageswerk, die Erbsen zu pulen und zu kategorisieren: Er nahm eine Hülse, hielt sie mit der einen Hand fest, mit der anderen öffnete er sie, löste die Erbsen aus, klassifizierte sie, trug in einer Liste ein, von welcher Hülse und welcher Pflanze sie stammten, legte die Erbsen in die entsprechend beschriftete Tüte, nahm eine andere Hülse, hielt sie mit der einen Hand fest, öffnete sie mit der anderen und immer so fort.

Es muss eine ermüdende Tätigkeit gewesen sein. Allein im Herbst des Jahres 1857 hatte Mendel, nachdem er die ersten F2-Hybrid-Samen endlich ernten konnte, 7 000 Erbsen zu schälen, zu zählen und nach ihrer Form zu sortieren. Und dabei handelte es sich nur um einen einzigen Versuch, nämlich die Kreuzungen zwischen runden und kantigen Erbsen. Als er ihn nach sieben Jahren abschloss, hatte er das Ganze sieben Mal wiederholt, somit sieben verschiedene Monohybridkreuzungen vorgenommen, um Pflanzen zu untersuchen, die sich jeweils in einem einzelnen Merkmal unterschieden (zunächst die Form, dann die Farbe, schließlich die Größe). Er führte auch zwei Dihybridkreuzungen durch, bei denen er Pflanzen miteinander kreuzte, die sich in zwei Merkmalen unterschieden; mit diesen Kreuzungen wollte er herausfinden, welche Hybriden in welchem Verhältnis entstehen. Bei einer Dihybridkreuzung kreuzte er beispielsweise Pflanzen, die runde gelbe Erbsen trugen (doppelt dominant) mit Pflanzen, deren Erbsen kantig und grün waren (doppelt rezessiv). Später nahm er auch Trihybridkreuzungen zwischen dreifach dominanten (gelbe, runde Erbsen mit graubrauner Schale) und dreifach rezessiven Pflanzen (grüne, kantige Erbsen mit weißen Schalen) vor; diese Kreuzungen waren am schwierigsten auszuwerten. Sowohl bei den Dihybrid- wie auch bei den Trihybridkreuzungen ging es Mendel um eine bestimmte Frage: Werden die Merkmale von den Eltern an die Nachkommen in Paaren oder einzeln weitergegeben?

Nachdem sämtliche Hybridkreuzungen beendet waren, führte Mendel einen Versuch durch, mit dem er die Gültigkeit seiner allmählich Form annehmenden Theorie überprüfen wollte: die Rückkreuzung. Er wartete damit bis zum letzten Jahr seiner Versuche, schließlich würden diese Rückkreuzungen seine Ideen zur Vererbung bestätigen – oder sie widerlegen. Als Mendel all seine Kreuzungen und Rückkreuzungen abgeschlossen hatte, musste er alles in allem mehr als 10 000 Pflanzen, 40 000 Blüten und fast 300 000 Erbsen gezählt haben.

Zu Beginn des Herbstes 1857 konnte Mendel einen ersten Blick auf die Erbsen der F2-Generation werfen. Das Verhältnis zwischen runden und kantigen Erbsen würde den ersten sichtbaren Beweis für seine Theorien zu Pflanzenbastardierung und Artbildung liefern, und Mendel musste sich in seinem Eifer wohl selbst bremsen, um das Verfahren, durch das sich zeigen sollte, ob er Recht hatte, nicht abzukürzen.

Was ging Mendel in diesem Herbst wohl durch den Kopf? Was erwartete er, in den F2-Erbsen zu finden? Wissenschaftliche Lehrbücher weisen Mendel gerne die Rolle eines Vorreiters der deduktiven wissenschaftlichen Methode zu: Er zog, erntete und zählte Erbsen, um eine klar formulierte Hypothese zu den Mechanismen der Vererbung zu überprüfen, insbesondere die zufällige Neukombination von dominanten und rezessiven Teilchen. Was Mendel jedoch tatsächlich in seinem Garten tat und dachte, war vermutlich sehr viel weniger klar als die Legenden, die sich um das Geschehen ranken und die von Mendels Wiederentdeckern und ihm selbst geschaffen wurden, berichten.

Wahrscheinlich war Mendel überzeugt, dass sich durch das Zählen seiner Erbsennachkommenschaft ein bestimmtes mathematisches Verhältnis nachweisen ließe. Diese Idee entwickelte er aus dem Studium mathematischer und physikalischer Methoden an der Wiener Universität, zum anderen aber aus einer allgemeinen Geisteshaltung, die zur damaligen Zeit herrschte. Wir befinden uns schließlich inmitten der »Fluten von Zahlen« des 19. Jahrhunderts, und eines der Kennzeichen von Mendels Genialität bestand in seiner Empfänglichkeit für die Stimmungen und Verfahren, die in seiner Generation virulent waren. Und daher zählte auch er, wie viele seiner Zeitgenossen. Mendel zählte allerdings noch eifriger als die meisten anderen Botaniker. Beinahe wahllos übertrug er seine Zählleidenschaft, die ihm bald zu seinen revolutionären Schlussfolgerungen über die Vererbung verhelfen sollte, auf alles, was seine kleine Welt zu bieten hatte. Er zählte nicht nur Erbsen, sondern auch Wetterdaten, die Schüler seiner Klassen und die für den Klosterkeller angeschafften Weinflaschen. Er zählte, weil man das Mitte des 19. Jahrhunderts eben tat und weil er unerschütterlich auf die Aussagekraft von Zahlen vertraute.

Das heißt allerdings nicht, dass er wusste, wohin ihn das Zählen seiner F2-Hybriderbsen führen würde, und auch nicht, wie sich die daraus ergebenden mathematischen Sätze erklären ließen. Im Gegenteil, nachdem er seine Ergebnisse numerisch erfasst hatte, konnte er zumindest anfänglich höchstwahrscheinlich keine befriedigende Erklärung dafür finden.

Fleißig schälte Mendel die aus der F1-Generation hervorgegangenen Erbsen, die Nachkommenschaft der 250 Hybriden, die sich im vergangenen Jahr selbst befruchtet hatten. Insgesamt zählte er 7324 Erbsen. Die meisten (genauer gesagt 5474 davon) sahen genauso aus wie ihre hybriden Eltern der F1-Generation. Sie waren rund. Die übrigen aber waren kantig wie einige ihrer Großeltern. Die kantigen Erbsen machten 25 Prozent der F2-Generation aus, insgesamt 1850 Stück.

Das Auftreten dieser 1850 kantigen Erbsen in der F2-Generation zeigte, dass das Merkmal kantig in der F1-Generation nicht verschwunden, sondern nur verborgen gewesen war. Mendel wusste noch nicht, warum das so war, aber er war entschlossen, es herauszufinden. Was er sehr wohl feststellte und im Kopf behielt, war, dass die Verteilung von runden und kantigen Erbsen in der F2-Generation durch ein ganzzahliges Verhältnis beschrieben werden konnte, nämlich 3:1.

In einem anderen Versuch untersuchte Mendel ein zweites Merkmal, die Farbe der Erbsen. Dazu nahm er sich wahrscheinlich wieder dieselben gut 7000 Erbsen vor, sortierte sie diesmal aber nach ihrer Farbe und nicht nach ihrer Form. Diese Abkürzung des Verfahrens, die ihm zwar ein Jahr des Wartens ersparte, war nur möglich, wenn er vorher schon einige Voraussicht hatte walten lassen. Mendel hätte diese Erbsen kein zweites Mal sortieren können, wenn er nicht bereits

1856 ein ausgefeiltes System der Beschriftung entwickelt hätte, um nicht nur die Form der Erbsen der Parental-Generation, sondern auch ihre Farbe und vielleicht auch noch andere Merkmale festzuhalten. Sollte Mendel seine F2-Erbsen also tatsächlich noch ein zweites und sogar ein drittes und viertes Mal verwendet haben, ist davon auszugehen, dass er umsichtig genug war, schon von Anfang an peinlich genau Buch zu führen.

Die neue F1-Hybridgeneration brachte bei dem zweiten Versuch ausschließlich gelbe Erbsen hervor. In der F2-Generation, die Mendel wahrscheinlich im Herbst 1857 untersuchte, waren die meisten Erbsen gelb (genauer gesagt 6 022). Wie er erwartet hatte, gab es aber auch eine Untergruppe von grünen Erbsen (nämlich 2 001 Stück). Wie schon bei der Form der Erbsen war wieder ein Merkmal, das in der F1-Generation verschwunden zu sein schien (in diesem Fall die grüne Farbe), zumindest bei einem Teil der F2-Generation wieder aufgetaucht.

Erneut zeigte eine von vier Erbsen das zuvor verborgene Merkmal, ebenso konnten die F2-Erbsen mit dem sichtbaren Merkmal in ein mathematisches Verhältnis zu denen mit dem verborgenen Merkmal gesetzt werden. Auch hier lautete das Verhältnis 3 : 1. Dieses Verhältnis, so schrieb Mendel, gilt »ohne Ausnahme für alle Merkmale, welche in die Versuche aufgenommen waren«.

Aber was bedeutete dieses 3 : 1-Verhältnis? Woher kam es, und was sagte es darüber aus, auf welche Weise die Merkmale vererbt wurden? Die Beantwortung dieser Fragen wurde Mendels vorrangiges Ziel. Er konnte seine Theorie nicht wirklich weiterentwickeln, bevor sich die Hybriden nicht noch einmal selbst befruchtet und eine neue Generation hervorgebracht hatten. Das war die F3-Generation, die im Herbst 1858 gezählt werden konnte. Doch bis dahin ließen sich wenigstens noch weitere Vermutungen anstellen.

Zum einen konnte Mendel zwischen den beiden Merkmalen unterscheiden, indem er das eine dominierend nannte und das anderen rezessiv. Das dominante Merkmal war dasjenige Merkmal, das in der gesamten F1-Generation in Erscheinung trat und bei drei Vierteln der F2-Generation. Das rezessive Merkmal dagegen war dasjenige Merkmal, das in der ersten Filialgeneration scheinbar ganz verschwunden war und dann bei einem Viertel der zweiten Generation wieder zum Vorschein kam.

Mendel stellte jedes einzelne von ihm untersuchte Merkmal mit einem Buchstaben des Alphabets dar. Das Merkmal konnte in jeweils einer von zwei Formen weitergegeben werden: im Fall der Erbsenfarbe entweder in der Form, die zur Farbe Gelb führte, oder in der Form, die zur Farbe Grün führte. Mendel verwendete jeweils einen Buchstaben für jedes Merkmal – einen Großbuchstaben (*A*), um auf ein dominantes, einen Kleinbuchstaben (*a*), um auf ein rezessives Merkmal hinzuweisen, und einen Groß- und einen Kleinbuchstaben (*Aa*), um auf eine Hybride zu verweisen.

Die Entwicklung dieses binomischen Buchstabensystems war ein Geniestreich. Noch niemals zuvor war ein solches System verwendet worden. Allerdings ist nicht ganz klar, was Mendel genau durch diese Buchstaben ausdrücken wollte. Während andere Botaniker wie Nägeli im Jahre 1865 Buchstaben zur Darstellung bestimmter Eigenschaften einsetzten, war Mendel der erste, der seine Hybriden mit zwei Buchstaben kennzeichnete – er ging also vermutlich davon aus, dass eine Hybride zwei differierende Merkmale in sich trug, von denen jeweils eines sich dem Blick verbarg, bis es in einer folgenden Generation zufällig in anderer Kombination wieder auftauchte. Nahm Mendel demnach an, dass jedes Individuum zwei dieser Merkmale trug, eines von jedem Elternteil? Bei den reinerbigen Pflanzen aber, und zwar sowohl bei den rein gelben wie bei den rein grünen, verwendete er nur einen einzelnen Buchstaben, um die Merkmalausstattung darzustellen. Für eine reinerbige gelbe Erbse stand ein großes *A*, für eine reinerbige grüne Erbse das kleine *a*. Glaubte Mendel, dass in diesen reinerbigen Erbsen nur ein Element vorhanden war? Oder, was wahrscheinlicher ist, hat er seine Buchstaben gar nicht so verstanden, dass sie irgendwelche teilchenähnlichen Elemente darstellten, sondern etwas Formloseres wie einen Honigtropfen, welcher der teigartigen Substanz eines Organismus beigegeben wird? Wenn das zutrifft, wird er keine Notwendigkeit darin gesehen haben, die Buchstaben zu verdoppeln, wenn beide übereinstimmten, da zwei Teilchen einer formlosen Materie sich genauso verhalten würden wie ein Teilchen.

Die Zeitgenossen Mendels wären ihm keine große Hilfe bei der Ausarbeitung des binomialen Codes gewesen. Außer vielleicht Charles Naudin, ein französischer Botaniker vom Muséum d'Histoire naturelle in Paris. Naudins Verständnis der Hybridisierung glich dem Mendels, wenn sich seine Theorien dazu auch deutlich von denen des Mönchs unterschieden. Er ging davon aus, dass sich in den Geschlechtszellen der Eltern jeweils eine »essence spécifique« befand. Wenn er Buchstaben verwendet hätte, hätte er wahrscheinlich gesagt, dass sich jede der Keimzellen eines Hybriden durch die beiden Buchstaben *Aa* darstellen ließe. Naudins Überlegungen zu den Hybriden beinhaltete keine Unterscheidung in den Geschlechtszellen.

1862 fand Naudin mit seiner Arbeit internationale Anerkennung, als er eine Preisaufgabe gewann, die von der Pariser Akademie der Wissenschaften ausgeschrieben worden war. Aufgabe war es gewesen, eine Beschreibung von Pflanzenhybriden zu liefern, und zwar unter dem Gesichtspunkt ihrer Fruchtbarkeit und der Erhaltung oder Nichterhaltung ihrer Merkmale. Naudins wissenschaftlicher Erfolg stellte sich zu einer Zeit ein, als seine berufliche Laufbahn bereits ihrem Ende zusteuerte, da er an einer Nervenkrankheit litt, die völlige Blindheit und ständige Schmerzen mit sich brachte. Er war gezwungen, seine Stelle als Professor der Zoologie am Collège Chaptal in Paris aufzugeben, und verdiente sich in den verbleibenden Jahren seines langen Lebens (er starb 1899 im Alter von 84 Jahren) seinen Unterhalt mit dem Verkauf von Pflanzen und Samen.

Als man 1860 die Preisaufgabe ausschrieb, hatte Naudin schon seit vielen Jahren Forschungen an Hybriden betrieben, und so sehr er diese auch als Versuchsobjekte schätzte, hielt er sie doch für eine Entartung und für widernatürlich. Er begriff die Mischung der Arten als Widerpart der Natur, die ihrerseits bestrebt war, diese zu zerstören, sobald sie auftauchten. »Die Natur ist darauf bedacht, Hybridformen, die nicht in ihrem Plan vorkommen, zu vernichten«, erklärte er, wie es sich auch »in der Trennung der beiden spezifischen Essenzen [in jeder Keimzelle eines Bastards], die durch Kunst oder Zufall gewaltsam zusammengebracht wurden«, zeige. Diese Tyrannei von Mutter Natur oder Gott genügte Naudin, um eine seiner verwirrendsten Beobachtungen zu erklären: dass die Nachkommen einer hybriden *Primula* (Primel) vollständig in eine der beiden Parentalstämme zurückschlugen. Die Natur, so meinte er, versuche zu ihrer ursprünglichen Reinheit zurückzukehren. Mendel dagegen wandte sich eher der Mathematik als Gott zu, um solche Phänomene erklären zu können. Das Zurückschlagen in eine frühere Form war für Mendel ganz einfach das Wiederauftauchen eines rezessiven Merkmals.

Doch abgesehen von diesem blinden Fleck in seiner Theorie, hatte Naudin einige wichtige Erkenntnisse über das Verhalten seiner *Primula*-Hybriden gewonnen. Es hätte nicht viel gefehlt, und er hätte drei Jahre vor Mendel das Spaltungsgesetz entdeckt. Wenn Naudin die Primeln gezählt und Berechnungen auf Grundlage dieser Zahlen angestellt hätte, dann hätte er ganz dem Typus des sammelnden, beobachtenden, theoretisierenden Wissenschaftlers entsprochen, der im 19. Jahrhundert verbreitet war. Aber dazu war er nicht bereit, und das sollte ihn in der Nachwelt einen hohen Preis kosten.

Gerade sein Unwille, sich mit Zahlen zu beschäftigen, schien zu Lebzeiten wiederum ein Segen für Naudin gewesen zu sein. Seine Zeitgenossen schätzten ihn als einen Wissenschaftler, der über Scharfblick und Schöpfergeist verfügte. Darwin kannte und bewunderte Naudin und stand ab 1862 in ständigem Briefwechsel mit ihm, der bis zu Darwins Tod 1882 andauern sollte.

Heute wissen wir jedoch, dass der berühmte Naudin eine bei weitem nicht so glückliche Hand gehabt hat wie der lange Zeit vergessene Mendel. Ihm fehlte Mendels Erkenntnis, dass der Vererbungsfaktor (das Merkmal also) eine eigene und gesonderte Einheit ist, die individuell weitergegeben wird. Wenn er bereit gewesen wäre, den nächsten Schritt zu machen und sich bei seiner Analyse mathematischer und statistischer Methoden zu bedienen, hätten wir es heute vielleicht mit der Naudinschen und nicht mit der Mendelschen Vererbungslehre zu tun.

Doch Mendel war klüger. Er wusste, und die Genforschung des 20. Jahrhunderts hat ihn darin bestätigt, dass jedes Elter nur eine einzige Form eines Merkmals weitergibt: entweder *A* oder *a*, aber niemals beide. Auf lange Sicht erwies sich also, dass der stille Mönch mit mehr Erfolg gesegnet war als sein gefeierter Zeitgenosse.

Eine der revolutionärsten Erkenntnisse Mendels war, dass die Kombination von Merkmalen im Grunde zufällig war. Vier Keimzellen konnten gemischt werden – *A*-Pollen, *a*-Pollen, *A*-Eizellen und *a*-Eizellen –, und jede konnte sich mit der gleichen Wahrscheinlichkeit mit jeder anderen verbinden. Es war also genauso wahrscheinlich, dass sich der *A*-Pollen mit einer *A*-Eizelle verbinden würde wie mit einer *a*-Eizelle; und auch ein *a*-Pollen würde mit gleicher Wahrscheinlichkeit eine Verbindung mit einer Eizelle vom Typ *A* oder *a* eingehen.

Mithilfe seiner Berechnungen konnte Mendel einen Schritt über das einfache 3 : 1-Verhältnis hinausgehen. Ausgehend von dem zu erwartenden Erscheinungsbild der Erbsen des nächsten Jahres ließ sich sagen, dass es unter den F2-Erbsen, die er auf dem Tisch in der Orangerie aufgereiht hatte, zwei Typen gelber Erbsen geben musste. Von allen gelben Erbsen (die drei Viertel seines gesamten Bestandes ausmachten) würde ein Drittel in der nächsten Generation reinerbig sein und nur gelbe Samen hervorbringen. Zwei Drittel würden sich wie die Paternal-Generation verhalten und nach dem 3 : 1-Verhältnis zwei verschiedene Farben hervorbringen, Gelb und Grün also.

Es ist kaum davon auszugehen, dass Mendel die Überlegung in dieser Form schon im Herbst 1857 angestellt hat. Wahrscheinlicher ist, dass er sie nachträglich entwickelt hat, nachdem er die Ergebnisse der Ernten von 1858, 1859 und vielleicht sogar schon von 1860 vor Augen hatte. Allerdings gelangte er schon einige Zeit, bevor er 1865 seine Gedanken in einem zweiteiligen Vortrag formulierte, zu folgender Erklärung: Bei allen vier Samen, die von einem selbst befruchteten gelbgrünen Hybriden stammten, ließ sich eine der gelben Erbsen als *A* beziehungsweise rein gelb bezeichnen; zwei waren gelb, trugen aber die Anlage zu grünen Erbsen in sich und konnten als *Aa* bezeichnet werden, und die letzte Erbse, die 1 aus dem 3 : 1-Verhältnis, würde grün beziehungsweise *a* sein.

Das war der erste zaghafte Schritt Mendels in Richtung eines Konzepts, das erst 50 Jahre später in seinem vollen Umfang verstanden werden sollte: die Unterscheidung nämlich zwischen Phänotyp (dem Erscheinungsbild) und Genotyp (der besonderen Kombination von Genen, die diesem Erscheinungsbild zugrunde liegt). Wenn der Phänotyp einer Erbse eine von Mendels dominanten Alternativen ist – runde Samen und nicht kantige, gelbe Samen und nicht grüne, weiche Hülsen, hoher Pflanzenwuchs –, heißt das nicht, dass sich aus dem Erscheinungsbild der Erbse bereits der Genotyp ableiten lässt. (Das trifft nicht für Erbsen mit rezessivem Phänotyp zu, die immer rein rezessiv sind, da dominante Merkmale nicht im Genotyp verborgen sein können, sondern sich immer im Aussehen der Pflanze oder des Tiers niederschlagen.) Anders gesagt, die bloße Betrachtung verrät nichts darüber, ob eine gelbe Erbse ausschließlich das Merkmal gelb für die Farbe der Erbse in sich trägt (*A*) oder ob sie auch das versteckte Merkmal, mit anderen Worten das Potenzial für das rezessive Merkmal, in sich birgt (*Aa*). Diese gelbe Erbse könnte entweder rein dominant oder eine Hybride sein – das ließe sich erst an den Nachkommen entscheiden.

Die erste Ernte

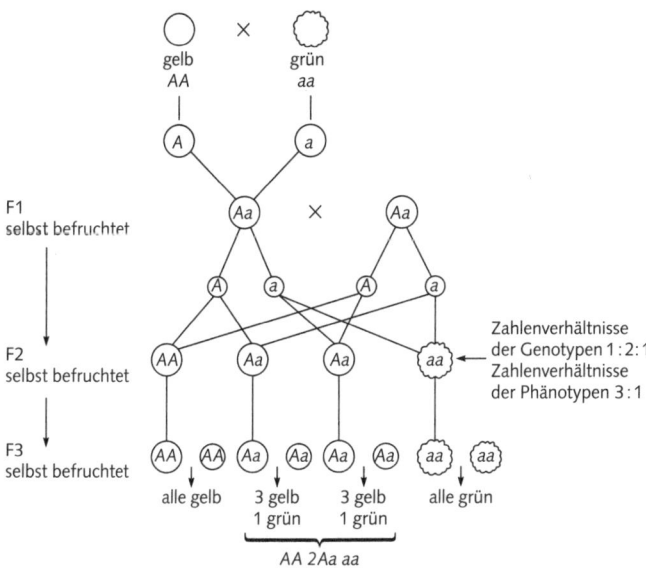

Eine Monohybridkreuzung zwischen gelben und grünen Erbsen;
die reinerbigen Erbsen (AA und aa) wurden mit den modernen,
noch nicht von Mendel gebrauchten Begriffen Genotyp
und Phänotyp bezeichnet.

Mendel nahm seine Kreuzungen in dieser Versuchsreihe an vier weiteren Generationen vor, sodass er schließlich insgesamt sechs Generationen zur Verfügung hatte, die von selbst befruchteten Hybriden abstammten. Die Merkmale der Samen jeder Generation spalteten sich in drei Typen auf: rein dominant (infolgedessen waren auch alle Abkömmlinge dominant), rein rezessiv (dann waren alle Abkömmlinge rezessiv) und eine Gruppe, die sich als hybrid erwies, insofern in der Nachkommenschaft beide Typen erschienen, und zwar immer im Verhältnis 3:1. Mendel konnte nun mithilfe der neuen Ergebnisse aus der nachfolgenden Generation das 3:1-Verhältnis, das er aus der F1-Generation abgeleitet hatte, näher bestimmen. Dieses Verhältnis lautete tatsächlich 1:2:1 – eine reine Dominante auf je zwei Hybriden auf jedes rein Rezessive. Oder, in Mendels Kurzschrift: *A:2Aa:a*.

Während des Herbstes 1857 konnte man Mendel dabei beobachten, wie er leise Selbstgespräche führend durch seine Beete wanderte; auf dem Weg in die Brünner Realschule, wo er mindestens 18 und manchmal bis zu 27 Stunden die Woche unterrichtete, vor sich hin summte; nach Herzenslust aß, wovon sein wachsender Leibesumfang Zeugnis ablegte; wie über seine geschlossenen Lippen immer wieder ein scheues Lächeln huschte. Er befand sich in der guten Gesellschaft glücklicher Gedanken und Empfindungen, genoss den Umgang mit seinen Schülern, seinen Kollegen und seinen Mitbrüdern im Kloster.

»Ich sehe ihn noch heute vor mir, wie er die Bäckergasse hinunter zum Kloster schreitet, den mittelgroßen, breitschulterigen und ziemlich behäbigen Mann, mit großem Kopf und hoher Stirn und einer goldenen Brille vor den freundlichen und doch durchdringenden, blauen Augen. Er trug fast stets die gleich Tracht, die Zivilkleidung des Ordenspriesters: einen Zylinder auf dem Kopf, den langen, schwarzen, meist zu weiten Gehrock und kurze Hosen, die in hohen, festen Röhrenstiefeln steckten«, erinnert sich ein ehemaliger Schüler an diese schöne Zeit in Mendels Leben. Seine Kleidung sprach von seinem Anstand und seiner Bescheidenheit – er bewegte sich zwar ganz selbstverständlich in der Welt, aber immer als ein Geistlicher, der das Gelübde der Keuschheit, der Armut und der Gottesfurcht abgelegt hatte.

»Alle hatten wir Mendel gern«, erinnert sich ein Schüler viele Jahre später, nachdem sein ehemaliger Lehrer schon als einer der Helden der modernen Biologie galt. Und ein anderer erzählt, er sähe »ihn noch mit seinem lieben, treuherzigen Gesichte, mit den guten, oft schelmisch blickenden Augen, dem blonden Krauskopf, die Gestalt etwas gedrungen von Mittelmaß, aufrecht im Gang, gerade vor sich hin blickend, und höre den Klang seiner hellen Stimme, seine echt schlesische Aussprache«. Manchmal stellten die Schuljungen die Gutmütigkeit ihres Lehrers auf eine harte Probe. Es wird erzählt, dass Mendel jeden Morgen seine Taschen mit Erbsen füllte und jeden Schüler, der es wagte, in seiner Stunde einzunicken, mit einer Hand voll davon bewarf.

Die Schatten im Garten wurden kürzer, und Gregor Mendel richtete sich auf und nahm die Kappe ab, die er zum Schutz gegen die morgendliche Brise aufgesetzt hatte. Der Mittag näherte sich, und langsam wurde der Priester hungrig. Vielleicht summte und sprach er vor sich hin, während er seine Pinsel und Pinzetten einsammelte, wie er es so oft tat, wenn er ein paar Stunden mit seinen Erbsen verbracht hatte. Die Arbeit mit *Pisum* ließ ihn immer auf seltsame, angenehme Weise zur Ruhe kommen.

Ganz gleich, was sich in seinem weltlichen oder religiösen Leben ereignete, in seinem Garten fand Mendel stets Frieden. Ein im Garten verbrachter Tag war eine Art Wiederbelebung für ihn: »Da wird von Frühjahr an bis in den Herbst hinein täglich das Interesse aufs Neue gespannt, und die Mühe, welche den Schutzbefohlenen zugewendet werden muss, findet darin einen reichlichen Ersatz.«

In welchem Maße sie belohnt werden würde, sollte sich aber erst noch zeigen.

8. Der Homunkulus Evas

Mit Lächeln sehn vom Himmelsrand
Der Gärtner Adam und sein Weib
Herab auf all den Ahnentand.
Lady Clara Vere de Vere
Alfred, Lord Tennyson, 1809–1892

Nimmt man eine russische Matroschka auseinander, eine jener ineinander gesetzten Puppen, dann sieht man sich einem Wunderwerk der Holzschnitzkunst und der schier endlosen Geduld gegenüber. Die oberen und die unteren Hälften passen genau aufeinander, und jede Puppe verkleinert sich genau im richtigen Maß zur vorhergehenden. Diese Verkleinerung allein ist erstaunlich, eine Puppe nach der anderen wird immer kleiner, bis schließlich die letzte so unvorstellbar winzig ist, dass sie nicht mehr in zwei Hälften geteilt werden kann. Wie vermag es eine menschliche Hand, so feine Gesichtszüge zu malen, ein Stück Holz zu bearbeiten, das man kaum halten, wie dann schnitzen kann?

Man stelle sich nun eine dieser russischen Puppen in einer mikroskopisch kleinen Größe vor. Stellt man sich dann die fortlaufende Verkleinerung von nicht nur zehn Püppchen vor, sondern von zehn-, ja hunderttausend, dann bekommt man eine Ahnung davon, wie sich einige Biologen des 19. Jahrhunderts das Rätsel der Fortpflanzung erklärten.

Diese Präformisten stellten sich vor, in den Keimzellen

jeder Pflanze und jeden Tiers, die Gott im Garten Eden ausgesetzt hatte, befände sich eine Reihe von Wesen, die ganz so
wie die russischen Puppen ineinander gesetzt seien. Jedes
dieser Wesen wäre ein voll ausgebildeter Organismus, nur
eben verschwindend klein, mit einem winzigen Herzen, Ge-
hirn, Flügeln, Blütenblättern – alles, was das ausgewachsene
Lebewesen eben braucht. In den weiblichen und männlichen
Keimzellen dieser lebenden Matroschkas befand sich wiederum eine Reihe genau gleicher, aber um eins weniger, ineinander gesetzter Wesen, die diesen Vorgang für alle möglichen zukünftigen Generationen fortsetzen.

Es ist, als zähle man tanzende Engel, wenn man sich vorzustellen versucht, wie viele dieser vorgeformten Wesen sich
ineinander verpuppen und wie viele nötig sind, um vom
Zeitpunkt der Schöpfung an immer wieder einen neu geborenen oder geschlüpften oder erblühten Organismus hervorzubringen. In der Frucht eines Apfelbaums sind demnach
alle zukünftigen Apfelbäume enthalten; in den Eierstöcken
eines Kalbes befinden sich vorgeformt alle zukünftigen
Kühe. Und in den Eierstöcken eines neu geborenen Mädchens und den Hoden eines neu geborenen Jungen leben
100 000 Generationen eines Menschen, einer im anderen – sie
bilden jene besondere vorgeformte Entität, die Homunkulus genannt wird.

Die Schöpfungsgeschichte berichtet, dass Gott am sechsten Tag Adam und Eva, die ersten Menschen, schuf. Zuerst
kam Adam, nach dem Ebenbild Gottes aus »dem Staub der
Erde« geformt. Gott blies »ihm ein den lebendigen Odem in
seine Nase. Und also ward der Mensch eine lebendige Seele.«
Dann nahm Gott eine Rippe Adams und schuf daraus Eva,
die Adam Gefährtin und Weib sein sollte. Soweit wir wissen,
war Eva bereits mit all jenen Fortpflanzungsorganen ausge-

stattet, die auch die heutige Frau besitzt – einer Gebärmutter, die die Embryonen nähren sollte, einem Geburtskanal, durch den der herangereifte Fötus in die Welt gelangen sollte, zwei Brüsten mit Milchdrüsen, um das Neugeborene zu stillen, damit es zu Gesundheit und Stärke heranwachsen kann.

Und in jedem der beiden Eierstöcke Evas saß ein Homunkulus.

Was macht den Mensch zum Menschen? Mit dieser Frage haben sich seit der Antike die größten Denker beschäftigt. Warum sehen wir unseren Eltern ähnlich? Warum bringen Hunde immer Hunde hervor, Lerchen immer Lerchen, Rosen immer Rosen? Aristoteles war einer der Ersten, der sich einer Wahrheit annäherte, als er im dritten Jahrhundert vor Christus seine Theorie des Essenzialismus vorlegte. Der Essenzialismus behauptet, dass jeder Teil jedes neuen menschlichen Organismus im Menstruationsblut der Mutter zu finden ist und durch den Samen des Vaters zum Leben erweckt wird. Aus dieser Idee entstanden schließlich zwei Schulen, die beide dem Präformismus zuzurechnen sind: die Animalkulisten, die wie Aristoteles in jedem Spermatropfen ein winziges vorgeformtes Wesen vermuteten, und die Ovulisten, die den vorgebildeten Keim im Ei zu finden glaubten.

Im Jahre 1677 erhielten die Animalkulisten Auftrieb, als Anton von Leeuwenhoek, ein niederländischer Kaufmann und Amateurerfinder, das Mikroskop entwickelte. Zu den ersten Dingen, die sich Leeuwenhoek unter dem Mikroskop ansah, gehörte Sperma, dem durch die sich bewegenden Formen, die er Samentierchen nannte, Leben verliehen zu sein schien. Damit verfestigte sich die Idee, dass der Samen alle zukünftigen Generationen in seinen niedlichen, kleinen und einfach zu übertragenden Päckchen, den Tierchen, barg.

Da Leeuwenhoeks Entdeckung die Lehre der Präformisten offensichtlich bestätigte, konnten diese in den folgenden 100 Jahren entscheidenden Einfluss auf das wissenschaftliche Denken nehmen. Erst 1745 wurde die Präformationstheorie mit dem Erscheinen von *Venus physique* das erste Mal ernsthaft infrage gestellt. Der Verfasser dieses Buches, Pierre Louis Moreau de Maupertius, war in Frankreich einer der führenden Anhänger der Lehre Newtons. Er stellte in seinem Buch die Behauptung auf, dass alle lebenden Organismen durch »blindes Walten« entstanden seien. Dieser Blick auf das Leben ließ keinen Platz für einen weisen oder gütigen Schöpfer.

Maupertius schrieb, durch Zufall sei eine große Zahl von Lebewesen entstanden, doch nur eine Hand voll habe überleben können, nämlich jene, die »in einer Weise organisiert waren, dass die Organe des Tieres seine Begierden zu befriedigen imstande waren«. Diese wenigen Glücklichen wurden zu den Arten, die schließlich die Erde bevölkern sollten, aber nur einen »kleinen Teil all jener bildeten, die ein blindes Walten einmal hervorgebracht hatte«. Diese Vorstellung lässt sich vielleicht durch folgenden Vergleich verdeutlichen: Wenn man genügend Affen auf genügend Schreibmaschinen herumhämmern lässt, dann wird einer durch reinen Zufall ein Shakespeare-Sonett hervorbringen.

Nach Maupertius tragen weibliche und männliche Lebewesen zu gleichen Teilen zu den Merkmalen der nächsten Generation bei, die über die Samenflüssigkeit beider Geschlechter weitergegeben werden. Im mütterlichen Bauch verbinden sich die männliche und die weibliche Samenflüssigkeit, und aus dieser Verbindung entsteht der Embryo. Die einzelnen Körperteile des Embryos bilden sich, indem die richtigen Teile die vereinigte elterliche Samenflüssigkeit durch Einwirkung der newtonschen Anziehungskräfte an die richtige Stelle gebracht haben.

Maupertius nahm in *Venus physique* mehr als 100 Jahre vor Mendel einige von dessen wichtigsten Ideen vorweg: dass beide Eltern bei der Bildung der Nachkommen den gleichen Beitrag leisten, dass die Kombinationen zufällig sind, dass einzelne ungewöhnliche Merkmale von einer Generation auf die nächste übertragen werden (er hatte besonders die Polydaktylie untersucht, die angeborene Missbildung der Hand oder des Fußes mit Bildung überzähliger Finger oder Zehen). Bereits wenige Jahre später erschien ein Werk, das ebenso vorausweisend wie das von Maupertius war und wesentliche Gedanken Charles Darwins vorwegnahm. Autor der vierundvierzigbändigen *Histoire naturelle* war Georges Louis Leclerc, Graf von Buffon – allgemein unter dem Namen Buffon bekannt.

Buffon gilt als Exzentriker, und das trifft insbesondere auf seine kreativsten Zeiten zu. Dann setzte er sich in seiner elegantesten Robe an seinen Schreibtisch, angetan mit einer seidenen Weste, einem spitzenbesetzten Hemd mit hohem Kragen und einer sorgfältig frisierten Perücke. Buffon glaubte wie Maupertius – und die meisten Biologen seiner Zeit, bis sie in der 1880er Jahren durch einen anderen Franzosen, Louis Pasteur, eines Besseren belehrt wurden –, dass die Fortpflanzung spontan erfolge. Er stellte Versuche mit Aufgüssen tierischen Gewebes an, die er kochte und in Kolben verschloss; die winzig kleinen Lebewesen, Körperchen genannt, die sich dort nach ein paar Tagen tummelten, brachten ihn zu der Überzeugung, dass wie durch ein Wunder aus der toten organischen Materie neues Leben entstanden war.

Über Jahrhunderte hinweg hielt sich die weit verbreitete Vorstellung, dass Leben aus spontaner Fortpflanzung entstehe. So erklärt Hamlet Polonius, dieser solle auf seine Tochter Ophelia aufpassen, wenn die Sonne »Maden in einem toten Hund ausbrütet«. »Lasst sie nicht in der Sonne gehen«, rät der halb wahnsinnige Hamlet. »Gaben sind ein Segen, aber da Eure Tochter empfangen könnte – seht Euch vor, Freund.«

Während Maupertius noch glaubte, dass die newtonschen Kräfte dem Embryo Gestalt verliehen, ging Buffon davon aus, dass der Bau eines Embryos auf eine »innere Gussform« oder Schablone zurückzuführen sei. Diese Form, die im Übrigen unseren heutigen Kenntnissen vom Bauplan der DNS recht nahe kommt, gäben die Arten von einer Generation an die nächste weiter. Aber eine Art konnte sich dem buffonschen Denksystem zufolge auch ändern. Im ersten Band seiner *Histoire naturelle*, der 1749 erschien, schrieb er, dass eine ererbte Form eines bestimmten Organismus sich in verschiedene Arten aufspalten könne und dass diese Aufspaltung möglicherweise durch die Abwanderung in andere Teile der Welt verursacht werde. Die Umgebung, so schrieb Buffon ähnlich wie Darwin mehr als 100 Jahre später, nehme durch organische Teilchen unmittelbar Einfluss auf den Organismus; eine Vorstellung, die sich von der unseren wiederum erheblich unterscheidet.

Jeder Grundschüler, der ein Bild malt, weiß, dass er nur Gelb und Blau zu gleichen Teilen mischen muss, um Grün zu erhalten, mit dem er so viel Gras malen kann, wie er will. Lange Zeit glaubten Wissenschaftler nun, dass die Vererbung wie das Mischen von Farben vor sich geht: Man nehme eine blaue Mutter und einen gelben Vater, und schon erhält man ein Kind, das keinem der beiden Elternteile ähnlich sieht, sondern eine einzigartige Mittelform aus beiden darstellt, nämlich grün ist.

Diese Vorstellung von der Vermischung des Erbguts, bei der ein Nachkomme eine Mittel- oder Intermediärform zwischen beiden Eltern darstellt, hielt sich bis in Mendels Tage. Auch Darwin teilte diese Vorstellung, obwohl sich daraus Probleme für seine Theorie der natürlichen Zuchtwahl ergaben. Diese Theorie besagt, wenn in einem Organismus erbliche Veränderungen aufträten – und Darwin fand nie wirklich heraus, auf welche Weise oder auch nur in welcher Häufigkeit es zu solchen Änderungen kam –, bestünden diejenigen fort, die einen gewissen Vorteil hinsichtlich der Auslese böten, und solche Varianten würden sich über die Generationen hinweg immer weiter verbreiten. Wenn die Vererbung aber eine Sache der Vermischung wäre, würde jede Variante in ein oder zwei Generationen ineinander aufgehen beziehungsweise sich bis zur Unkenntlichkeit vermischen. Man kann sich das wie einen Tropfen roter Farbe – also eine geringe Anpassung im Sinne Darwins – in einem Eimer voll weißer Farbe vorstellen. Die ganze Farbe im Eimer wäre nach einigen Generationen der Vermischung, in diesem Falle durch das Umrühren der Farbe, wieder so weiß, als hätte es das Rot nie gegeben.

Wäre Darwin mit Mendels Arbeit vertraut gewesen, dann hätte er die Theorie der Verdünnung widerlegen können. In Mendels Schema werden die rezessiven Merkmale nicht weggemischt; sie treten bei den Hybriden, die auch das dominante Merkmale in sich tragen, lediglich nicht in Erscheinung, tauchen aber in späteren Generationen wieder auf, wenn sich die Keimzellen neu ordnen und einige doppelt rezessive Nachkommen entstehen lassen. Mendels Versuche zeigen, dass die Weitergabe einzelner Merkmale zufällig und unabhängig erfolgt, und stellen somit die Vorstellung einer Vermischung des Erbguts infrage. Merkmale können sich nicht vermischen und im selben Zuge einzeln vererbt werden – eine Eigenschaft, die später unter dem Begriff der Aufspaltung oder Segregation der Erbanlagen bekannt wurde.

Darin, dass Darwin Mendel nicht kannte, sehen manche einen großen Verlust für die Biologie des 19. Jahrhunderts. Darwins Erklärungen über die »Abstammung mit Modifikationen« – Darwin selbst hat den Begriff Evolution nie gebraucht – wären sehr viel rascher akzeptiert worden, wenn er sie mit einer entsprechenden Theorie der Vererbung hätte untermauern können. Denn wenn Darwin Mendels Arbeit über die Erbsen gelesen hätte, wäre es ihm möglich gewesen, eine stärker empirisch gestützte Theorie zum Mechanismus der natürlichen Auslese zu entwickeln, als die irrige Hypothese, die er schließlich vorgebracht hat.

Nun hatte der Aufruhr, den das Erscheinen von Darwins revolutionärem Werk *On the Origin of Species by Means of Natural Selection, or the Preservation of Favoured Species in the Struggle of Life* [Die Entstehung der Arten durch natürliche Zuchtwahl] im Jahr 1859 verursachte, zunächst jedoch wenig mit der Frage nach irgendwelchen Mechanismen zu tun. Die Leute haben sich nicht an der Frage, wie es zur natürlichen Auslese kommt, gestoßen – was die Gemüter erhitzte, war die Behauptung Darwins, dass es sie überhaupt gebe. Darwins Theorie stellte die grundlegendsten Überzeugungen hinsichtlich des Platzes, den der Mensch im Universum einnahm, und des Anteils Gottes an der Schöpfung infrage. Nur wenige Menschen waren bereit, ihre tiefsten Glaubenssätze so sehr erschüttern zu lassen.

9. Die Blütezeit des Darwinismus

In der Möglichkeit des Wandels
liegt der unvergängliche Reiz von Gärten.
Durch all die vergangenen Erfahrungen hindurch
scheinen hell die verlockenden Bilder der Zukunft.
The Garden Month by Month,
Mabel Cabot Sedgwick

Immer noch mehr Leute gesellten sich zu der in der Bibliothek versammelten Menge. Zunächst hatte man die mehr als 700 Menschen in den Vorlesungssaal geschickt, und als dieser nicht mehr alle fasste, war man in den lang gestreckten Westsaal umgezogen. Aber auch dieser war bald überfüllt, und so fand man sich nun in der Bibliothek ein. Es waren Wissenschaftler, Theologen, Universitätslehrer und Studenten aus Oxford und sogar einige Frauen anwesend, jene »wunderbaren Jungfrauen und Eheweiber«, die zumindest einer der Wissenschaftler, der hoch geschätzte Adam Sedgwick aus Cambridge, vor den Schrecken evolutionären Gedankenguts bewahren wollte. Die Kleriker fanden sich in der Mitte des Raums zusammen, die Studenten in der nordwestlichen Ecke. Abgesehen von den Studenten waren die meisten Leute, die sich in der Halle versammelt hatten, entschieden antidarwinistisch eingestellt.

Man schrieb den 30. Juni 1860, und die eine Woche dauernde jährliche Konferenz der British Association for the

Advancement of Science, die in diesem Jahr in Oxford abgehalten wurde, war in vollem Gange. An diesem Tag war eine Debatte über das zu jener Zeit am heftigsten diskutierte Thema anberaumt: Darwins Theorie der natürlichen Zuchtwahl.

Darwin war mit seinen Ideen sieben Monate zuvor erstmals an die Öffentlichkeit getreten, genauer gesagt, am 24. November 1859. Wider jedes Erwarten war das Buch *Die Entstehung der Arten*, an dem er mehr als 20 Jahre gearbeitet hatte, zu einer Sensation geworden. Die erste Auflage von 1250 Stück war schon am Tag ihres Erscheinens vergriffen. Die zweite Auflage kam am 2. Weihnachtsfeiertag heraus. Zu Lebzeiten Darwins wurden insgesamt sechs Ausgaben veröffentlicht; von der vierten Auflage an nahm er grundlegende Überarbeitungen vor und entschärfte einige seiner ketzerischsten Ideen, um das Werk der Church of England, den orthodoxen Biologen und seiner frommen Frau Emma schmackhafter zu machen.

Darwin, der ursprünglich selbst Theologie studiert hatte, konnte den scharfen Vorwurf des Antiklerikalismus, den man seiner Theorie machte, nie verstehen. »Ich sehe keinen vernünftigen Grund, warum die in diesem Werke entwickelten Ansichten«, schrieb er in seiner *Entstehung der Arten* in dem offensichtlichen Versuch, einer Kontroverse zuvorzukommen, »irgendwie religiöse Gefühle verletzen sollten.«

Doch sie waren verletzt. Und es schien, als hätten sich gerade die Leute mit ganz besonders entschiedenen Ansichten an diesem letzten Junitag in der stickigen Bibliothek in Oxford versammelt, um Zeugen einer aller Voraussicht nach hitzigen Debatte zu werden.

Auf der Seite der Anhänger der darwinschen Theorie stand Thomas Henry Huxley, ein Amateuranatom und

-paläontologe. Darwin selbst war nicht daran gelegen, seine Theorie zu verteidigen. Er hatte weder Lust noch das nötige Stehvermögen, es auf eine direkte Konfrontation ankommen zu lassen. Die Niederschrift des vierhundertseitigen Werks über die Entstehung der Arten war eine 15 Monate andauernde Gewalttour gewesen und hatte ihn, der fast sein Leben lang an chronischen Krankheiten litt, so angestrengt, dass er gleich nach Erscheinen des Buches einen Erholungsaufenthalt in Ilkley antrat. Dankbar überließ er es also seinem engen Freund Huxley, dem Spross einer der glanzvollsten Familien Englands, seinen Standpunkt zu verteidigen.

Als man Huxley aufgefordert hatte, bei dem Treffen der British Association für Darwin einzutreten, war sein erster Impuls gewesen, Nein zu sagen. In der Association versammelten sich die bedeutendsten Wissenschaftler des Landes, und auch dieses Mal war eine beeindruckende Reihe von Wissenschaftlern aufgeboten worden, um das Thema zu diskutieren. Gegen den Darwinismus würde der berühmte Bischof Samuel »Soapy Sam« Wilberforce antreten, ein gewinnender, unbeschwerter Mann von großem Witz, der für seine Überzeugungskraft bekannt war, auch wenn es ihm an einem überragenden Intellekt mangelte. Huxley schätzte die Aussicht, wie er es formulierte, »hochwürdig in den Boden gestampft« zu werden, nicht besonders.

Schließlich aber packte ihn Robert Chambers bei seiner Ehre, jener berühmte Essayist, Naturforscher und Autor der *Chamber's Encyclopaedia* und Freund sowohl Darwins als auch Huxleys. Als er allerdings erkannte, welch aufgeheizte Stimmung in der Menge herrschte, wird er seinen Entschluss vermutlich sofort bereut haben. In kaum zehn Minuten, die allerdings schrecklich lang zu dauern schienen, hatten die Zuhörer bereits drei Redner niedergebrüllt.

»Nehmen wir einmal an, dieser Punkt A ist der Mensch und dieser Punkt B der Affe«, sagte der letzte dieser bemitleidenswerten Redner, Henry Draper, der 20 Jahre in Amerika gelebt hatte und dessen Aussprache deshalb für das englische Ohr nicht eben vorteilhaft war. In boshafter Nachäffung seines Akzents brachte ihn die Menge durch ihr Geschrei zum Schweigen und verlangte lautstark nach dem Bischof. Also ergriff Soapy Sam das Wort. Er verstand zwar nicht unbedingt, wofür Darwin eintrat, verfügte dafür aber über genügend Sarkasmus, um Huxley eine ebenso pointierte wie unvergessliche Frage zu stellen: »Wie ist es, Sir«, fragte der Bischof, »stammt Ihr von der Seite Eurer Großmutter oder von der Eures Großvaters von einem Affen ab?«

Der genaue Wortlaut von Huxleys Antwort ist heute nicht mehr bekannt, da er selbst und später andere sich bemühten, seine Erwiderung zu beschönigen. Einigen der anschaulicheren zeitgenössischen Berichte zufolge – über das Treffen wurde ausgiebig in so populären Zeitschriften wie *The Athenaeum* und *Macmillan's* berichtet – muss Huxley jedoch eine ausgesprochen spitze Antwort gegeben haben, denn die Menge geriet regelrecht in Aufruhr, und eine Frau fiel sogar in Ohnmacht. Huxley selbst stellt seine Antwort als etwas umständlich und flau dar: »Lieber hätte ich einen unglücklichen Affen zum Großvater als einen von der Natur reich gesegneten Mann, der großen Besitz und Einfluss sein Eigen nennen darf und der doch diese Gaben und diesen Einfluss allein dazu verwendet, eine ernsthafte wissenschaftliche Auseinandersetzung der Lächerlichkeit preiszugeben.«

Andere Berichten zufolge fiel die Antwort sehr viel markiger und auch einprägsamer aus: »Lieber stamme ich von einem Affen ab, Sir, als von einem Bischof.«

Hatte Darwin nicht damit rechnen können, dass sein Buch solchen Aufruhr verursachen würde? Schließlich entzog es doch der Behauptung, der Mensch sei Gottes bevorzugte, nach seinem Ebenbild geschaffene Schöpfung, den Boden. Das war doch einer der Gründe, warum er 20 Jahre daran gearbeitet und Daten um Daten gesammelt hatte, die seine Argumente untermauern sollten. Erst als ein Rivale ihm mit der Herausgabe einer nahezu identischen Theorie zuvorzukommen drohte, entschloss sich Darwin, das Werk zu veröffentlichen. Noch 20 Jahre nachdem die erste Ausgabe der *Entstehung der Arten* erschienen war, wurde das Buch von den höchsten Vertretern der Kirche verurteilt. Darwins Idee eine Hypothese zu nennen, so schrieb ein Kirchenmann, »erweise ihr eine Ehre, die sie nicht verdiene – ein Haufen Mist ist kein Palast und eine Ansammlung von Unsinn keine Hypothese.« Selbst unter jenen, die zu guter Letzt die Idee der Transmutation – womit dasjenige Phänomen bezeichnet wurde, das wir heute Evolution nennen – akzeptieren sollten, entbrannte ein heftiger Streit darüber, ob Arten sich nach und nach oder sprunghaft veränderten, wie erworbene Eigenschaften von einer Generation an die nächste weitergegeben werden, welche Rolle die natürliche Auslese spielt und welchen Mechanismen sie folgt.

Diese Debatte hielt bis ins 20. Jahrhundert an und bildete den Hintergrund, vor dem Mendels Gedankengut in die entstehenden Theorien sowohl über die Evolution wie auch über die Genetik aufgenommen werden konnten. Erst durch die Fortschritte in der Zellbiologie, die in den 1880er und 90er Jahren geleistet wurden, war es möglich, Mendels Theorien über die für die Vererbung verantwortlichen Zufallsfaktoren zu verstehen. Das neu erwachte Interesse an Mendels Überlegungen bereitete wiederum dem Verständnis von Darwins Theorien über die Vorgänge bei der »Abstammung mit Modifikationen« den Weg. Bis dahin wusste keiner genau, in welcher Weise die natürliche Auslese ablaufen könnte – auch Darwin selbst nicht.

Die *Entstehung der Arten* brachte vom ersten Tag des Erscheinens an Biologen, Theologen und Laienprediger in Nöte, die die biblische Schöpfungsgeschichte als Gottes Wort begriffen und glaubten, jede Behauptung darin wörtlich nehmen zu müssen. Mit am meisten Unruhe rief das Buch unter den Anhängern der Lehre von John Lightfoot hervor; Lightfoot, der im 17. Jahrhundert gelebt hatte, war Gelehrter und Vizekanzler der Universität von Cambridge und hatte erklärt, er kenne den genauen Zeitpunkt der Schöpfung und ebenso den Zeitpunkt, zu dem der erste Mensch auf den Plan getreten war: am 23. Oktober 4004 vor Christus, einem Sonntagmorgen.

Die Entwicklung von Darwins zweiteiliger Theorie über die Transmutation – den zugrunde liegenden »Kampf ums Dasein« und die treibenden Kräfte der »zufälligen Variation« und der »natürlichen Zuchtwahl« – hatte aufgrund ihrer langen Entstehungsgeschichte selbst evolutionären Charakter. Ihre ersten Anfänge können bis ins Jahr 1831, also bis fast 30 Jahre vor Erscheinen des Buchs, zurückverfolgt werden, als die *Beagle*, das kleine britische Erkundungsschiff der Königin, mit Darwin an Bord in See stach.

Robert Fitzroy, der Kapitän des Schiffs, fürchtete die Abgeschiedenheit und Einsamkeit auf der langen Fahrt nach Südamerika. Dem Kapitän war es nach viktorianischer Sitte nicht erlaubt, die Gesellschaft seiner Mannschaft, ja nicht einmal die der gebildeteren Männer an Bord, der Ärzte, Zeichner und Ingenieure, zu suchen. Fitzroy wollte keinesfalls fünf Jahre lang allein bei Tisch sitzen, da er Folgen für seine geistige Gesundheit befürchtete. Sein Vorgänger als Kapitän der *Beagle*, Prongle Stokes, hatte sich drei Jahre zuvor während einer ähnlich langen Fahrt erschossen; die Einsamkeit war unerträglich für ihn geworden. Darüber hinaus wusste Fitzroy, dass in seiner Familie eine Veranlagung zur nervlichen Zerrüttung bestand. Unter seinen aristokratischen Vorfahren, die sich bis zu Charles II. zurückverfolgen ließen, waren viele Psychotiker und Selbstmörder.

Und da kam Darwin ins Spiel. Er war der perfekte Begleiter, ein junger Mann der Oberschicht, dessen naturwissenschaftliches Interesse die Fahrt nach Patagonien verlockender machte. Die beiden Männer lagen im Alter nur ein Jahr auseinander und kamen vor Antritt der Reise gut miteinander aus, und so verpflichtete sich Darwin aus reiner Abenteuerlust, an der Reise teilzunehmen. Doch kaum waren sie in See gestochen, erfuhr Fitzroys Persönlichkeit einen vollständigen Wandel – er nahm ein durch und durch autoritäres Gehabe an und duldete keinerlei Widerspruch.

Fitzroy wurde unerträglich. Abend für Abend erging er sich in langen Reden, und Darwin, der letztlich nicht viel mehr als ein bezahlter Gesellschafter des Kapitäns war, konnte nicht umhin, ihm zuzuhören. Sämtliche Lebewesen auf der Welt, so erklärte ihm Fitzroy, selbst die bis dato unentdeckten Vögel und Schildkröten vor der Küste Südamerikas entsprängen direkt der Hand des Schöpfers. Der Beweis für den göttlichen Plan, für seine Liebe zu den Menschen und dafür, dass diese die zu Höherem bestimmte Art seien, sei die Vorherrschaft der Torys im britischen Parlament. Einen solchen Fortgang des Gesprächs fand Darwin, überzeugter Anhänger der Whigs, ganz besonders ärgerlich.

Wie sollte er das nur fünf Jahre lang aushalten? Wenn Fitzroys Monologe schier nicht mehr zu ertragen waren, musste sich Darwin ins Gedächtnis rufen, dass wohl kaum jemals einem Naturforscher, der noch nicht einmal seine Ausbildung abgeschlossen hatte, die Möglichkeit zu einer solchen Reise geboten würde. Die Reiseroute des Schiffs entlang der Pazifikküste von Südamerika nach Patagonien, Tierra del Fugo, Chile, Peru und einiger der vor der Küste liegenden Inseln, unter anderem Galapagos, würde es Darwin ermöglichen, exotische Tiere vom halben Erdball zu sammeln – Exemplare, die er sonst niemals zu Gesicht bekommen würde. Innerhalb weniger Monate hatte er mit seiner Sammelleidenschaft den offiziellen Naturforscher des Schiffes, Robert McCormick, ausgestochen. Er vermochte nicht, mit Darwins Tempo Schritt zu halten – der mit einem Diener, genügend Barschaft und der Begeisterung des Amateurs an Bord gekommen war –, und schließlich hatte er auch noch seine anderen Pflichten als Schiffschirurg zu erfüllen. McCormick hatte nicht wie Darwin die Muße, in jedem angelaufenen Hafen von Bord zu gehen, ein paar willige Eingeborene anzuwerben und sich auf die Suche nach Exemplaren lebender und fossiler Organismen für seine Sammlung zu begeben. Genauso wenig hatte er allabendlich eine Audienz beim Kapitän, wie Darwin, und damit Zugang zu einer in dieser Situation wichtigen Einflussquelle. McCormick wurde im April 1862, nachdem sie erst sechs Monate auf See waren, entlassen und musste zur Heimreise auf einem anderen Schiff, der *Tyne*, anheuern.

Anfangs war Darwin fest von der Unveränderlichkeit der Arten überzeugt. Aber er kannte auch die dem widerstreitende Transmutationslehre, die genau das Gegenteil besagte, nämlich dass sich Arten verändern können und manche Arten aussterben. Nicht zuletzt durch die Arbeiten seines Großvaters Erasmus war Darwin mit der Transmutationslehre vertraut; Erasmus Darwin war zwar schon vor der Geburt seines Enkels Charles gestorben, aber sein Buch *Zoonomia, or, The Laws of Organic Life* war ein viel diskutierter Bestandteil der Familiengeschichte. Erasmus Darwin war ein lebhafter Mann und berüchtigter Schürzenjäger, der einige seiner Gedanken über die Naturgeschichte in Form erotischer Gedichte niederlegte, wie in dem berühmten Gedicht *The Botanic Garden* aus dem Jahre 1794. Darwins Großvater, ein frommer Mann, glaubte, dass aller Wandel durch die Hand Gottes bewirkt würde und mit der Zeit zur allgemeinen Weiterentwicklung der Arten führe. Gleichzeitig war er aber auch davon überzeugt, dass die Transmutation von drei Kräften vorangetrieben würde: Hunger, Schutzbedürfnis und Geschlechtstrieb.

Nach der Rückkehr der *Beagle* nach England im Oktober 1836 nahm sich Darwin in London eine Wohnung und stellte erste Überlegungen zur Artentstehung beziehungsweise Speziation an. Mendel war zu dieser Zeit erst 14 Jahre alt und besuchte in dem etwa 20 Kilometer von Heinzendorf entfernten Troppau die höhere Schule; daneben schrieb er Gedichte über mittelalterliche Erfinder und träumte von Unsterblichkeit. Während der folgenden beiden Jahre, als Mendel das noch weiter entfernte Gymnasium besuchte, gelangte Darwin zu der Überzeugung, dass die Vertreter der Transmutationslehre Recht hatten.

Seine Lektüre der Jahre 1836 bis 1838 war recht eklektizistisch. Er las über Geologie, für die er sich seit seiner Reise auf der *Beagle* interessierte, auf die er den ersten Band von Charles Lyells *Principles of Geology* mitgenommen hatte. Der zweite Band wurde ihm nachgeschickt und erreichte ihn, als das Schiff an der Küste von Südamerika angelangt war. Lyell vertrat die für die damalige Zeit revolutionäre

Überzeugung, dass geologische Veränderungen und das Aussterben von Arten durch die Akkumulation kaum wahrnehmbarer Änderungen langsam und kontinuierlich erfolgten. Dies lief der vorherrschenden Vorstellung, dass sich Veränderungen nur selten und dann katastrophenartig vollzogen, gänzlich zuwider. Nach Lyell dagegen befand sich die Welt in einem Zustand ständigen Wandels; er stützte sich dabei auf eine Theorie, die 40 Jahre zuvor von einem schottischen Geologen aufgestellt worden war. Darwin war zu der Zeit, als er nach London zurückkehrte, wie Lyell ein überzeugter Anhänger des Uniformitarismus, der für alle Zeiten uniforme Ursachen und Wirkungen annimmt.

Darwin las darüber hinaus auch zoologische und botanische Werke und stieß auf diese Weise auf Jean Baptiste Pierre Antoine de Monet, Chevalier de Lamarck. Heute ist die lamarcksche Denkschule allgemein in Verruf geraten und wird vor allem wegen eines bestimmten Gedankens nicht mehr ernst genommen, der von der Vererbung erworbener Merkmale ausging. Aber zum Lamarckismus gehörte auch die Theorie der organischen Progression, die Lamarck 1809 in seinem bekanntesten Buch, der *Philosophie zoologique*, dargelegt hatte. Alles Leben entstehe durch spontane Fortpflanzung aus ganz einfachen Lebensformen, erklärte Lamarck, indem natürliche *Fluida* auf gallertartige Materie einwirkten und diese zu Leben erwecken. Kompliziertere Lebensformen entstünden durch Transformation, einer ständigen Aufwärtsprogression, in deren Verlauf Nervenflüssigkeiten zunehmend komplexere Kanäle von einer Generation zur nächsten bildeten. Lamarck glaubte, dass Organismen auf unterschiedlicher Komplexität zu verschiedenen Zeitpunkten aus verschiedenen spontanen Fortpflanzungsakten entstünden, aber nicht unbedingt, dass alles Leben seinen Ursprung in einem gemeinsamen Vorfahren habe. Je komplexer ein Organismus gegenwärtig sei, desto ältere Vorfahren habe er und desto mehr Zeit habe er gehabt, sich zu bilden und fortzuentwickeln.

Neue Eigenschaften, so Lamarck, würden dem Gebrauch und Nichtgebrauch entsprechend erworben: Die Natur ordne ihr Wirken ständig dem Einfluss der Umwelt (»Umstände«, wie Lamarck schreibt) unter, und die Umwelt rufe Veränderungen hervor, die die elektrische oder physiologische Zusammensetzung des Gewebes beeinflussten. Diese Veränderungen ließen sich nun nicht einfach auf die Umwelt zurückführen, sondern auf ein Bedürfnis, das die Pflanze oder das Tier entwickelten. Veränderungen folgen also aus einem Streben nach Veränderung. Und diese Veränderungen, was genauso wichtig sei, könnten vererbt werden, da sie die Geschlechtszellen dauerhaft beeinflussten.

Das berühmteste Beispiel für diese Theorie könnte einer Geschichte aus Rudyard Kiplings *Just So Stories* entnommen sein und den Titel *Wie die Giraffe ihren langen Hals bekam* tragen. Die ganze Geschichte beginnt damit, dass eine Giraffe, nachdem die Herde alle leicht zu erreichenden Blätter an den unteren Ästen eines Baums gefressen hatte, das Bedürfnis verspürt – durch den Hunger angeregt –, auch die Blätter an den höheren Ästen zu erreichen. Die Giraffe strebt also nach Veränderung. Sie reckt ihren Hals, wodurch die Flüssigkeiten im Hals zu mehr Bewegung angeregt werden, wodurch der Hals länger wird, wodurch wiederum die Flüssigkeiten angeregt werden, wodurch der Hals länger wird und so fort. Dieser verlängerte Hals und die Zunahme an Zellflüssigkeit wird dann an die Jungen der Giraffe weitergegeben. Die langhalsigen Jungen wachsen und gedeihen und geben ihrerseits die langen Hälse an ihre

Jungen weiter, und das geht die nächsten Generationen immer so fort.

Für Darwin fanden die Giraffen eine Entsprechung in den Hausenten, die dickere Beine und kürzere Flügel als die Wildenten haben, da sie mehr laufen als fliegen. Das veranlasste ihn zu der Frage, inwiefern Unterschiede bei den Arten auf unterschiedliche Umweltbedingungen zurückzuführen sind.

An einem Herbsttag des Jahres 1838 fand Darwin schließlich die Erklärung, als er ein Buch, das einem ganz anderen Fachbereich entstammte, las. In der 40 Jahre alten Abhandlung *An Essay on the Principle of Population* des Ökonomen Thomas Malthus entdeckte Darwin eine Formulierung, die seine Vorstellung fesselte und die all die Gedanken, die in seinem Kopf und in seinen Notizheften herumgeisterten, plötzlich in einen sinnvollen Zusammenhang brachte. Malthus schrieb vom »Kampf ums Dasein«.

Ja, das Dasein ist ein Kampf. Fast jedes Lebewesen bringt mehr Nachkommen hervor als in Anbetracht des begrenzten Angebots an Nahrung und der Unmöglichkeit, alle Jungen vor Räubern zu schützen, überleben können. Es muss daher grundlegende Prinzipien geben, die darüber bestimmen, welche Nachkommen überleben und welche sterben. Vielleicht war die Anpassung eines dieser Prinzipien. Darwin wusste, dass es in der Natur Variationen gab, konnte aber nicht erklären, warum. Der Satz von Malthus ermöglichte es ihm, einen logischen Sprung zu vollziehen: Günstige Variationen bleiben eher erhalten, während die weniger günstigen Variationen während des Kampfes ums Dasein eher vernichtet werden.

In einem nächsten Schritt kam Darwin auf die natürliche Zuchtwahl oder Auslese als jenen Mechanismus, der die günstigen von den weniger günstigen Variationen schied. Zu dieser Folgerung gelangte er durch einen Vergleich mit der künstlichen Zuchtwahl bei der Züchtung von Pflanzen und Tieren. Bei der künstlichen Zuchtwahl wurden die Veränderungen durch einen geschickten Züchter in eine bestimmte, vorher festgelegte Richtung gelenkt. Bei der natürlichen Auslese sah Darwin keine solche überlegene Intelligenz am Werk. Er war überzeugt, dass sich Veränderungen ohne Ziel und ohne eine übernatürliche, steuernde Kraft einstellten – dieser Gedanke, heißt es, habe dazu geführt, dass die Biologie eine Wendung vollzog, weg von einer rationalen und hin zu einer mechanistischen Wissenschaft.

Sechs Jahre nachdem Darwin seine plötzliche Eingebung über den Kampf ums Dasein gehabt hatte, erschien ein Traktat, das große Aufregung verursachte und ihm klarmachte, wie vorsichtig er in der Darlegung seiner Ideen über die Abstammung mit Modifikationen vorgehen musste. Die *Vestiges of the Natural History of Creation* wurden als ein so ketzerisches Werk betrachtet, dass der Autor alle Anstrengungen auf sich nahm, um anonym zu bleiben; bis zu seinem Tod 27 Jahre später blieb seine Identität auch tatsächlich im Dunkeln. Angesichts der besonderen Umstände war es nicht leicht, ein solches Geheimnis zu hüten. Das Buch erfreute sich größter Beliebtheit und verkaufte sich innerhalb der ersten zehn Jahre nach seinem Erscheinen 24 000 Mal. Spekulationen über den Autor der *Vestiges* blieben daher natürlich nicht aus. Die Vermutungen reichten vom Prinzgemahl bis zu dem Geologen Sir Charles Lyell. Zwar war das Buch im Wesentlichen eine Verteidigung der Transmutationslehre, aber es hatte durchaus einen theologischen Gehalt, insofern behauptet wurde, dass der Artenwandel, während er sich vollzieht, einen göttlichen Plan offenbart. Eine hohe Bedeutung maß das Werk dem Walten eines »göttlichen Schöpfers der Natur« bei, der Flora und Fauna im Lauf der Zeit durch ständige Verbesserungen vorwärts bringe, wobei »die höchsten und typischsten Formen immer zuletzt erreicht werden«. Alle Veränderungen erscheinen nach dieser Theorie in einem steten Voranschreiten begriffen, einer Stufenleiter vergleichbar, die unausweichlich zu einem höheren Zustand führt.

In dem Jahr, in dem die *Vestiges* erschienen, fasste Gregor Mendel gerade Fuß in Brünn; er verbrachte viel Zeit mit seinem neuen Freund Matouš Klácel, besuchte Zusammenkünfte der Ackerbau-Gesellschaft und bereitete sich auf den Unterricht in Kirchengeschichte und Archäologie an der Theologischen Lehranstalt in Brünn vor. Wahrscheinlich drang die Kunde von den ketzerischen Ansichten über die Transmutation nicht bis nach Brünn und zu Mendel vor. In England verursachte sie nicht nur unter Theologen, sondern auch unter geachteten Wissenschaftlern großen Aufruhr. Adam Sedgwick von der Universität Cambridge, einer der einflussreichsten Biologen der damaligen Zeit, verfasste gegen den schmalen Band eine fünfundachtzigseitige Schmähschrift (übrigens war es derselbe Sedgwick, der Darwin in dessen Studienzeit mit auf eine geologische Expedition genommen hatte). »Die Welt kann es nicht dulden, wenn das Unterste zuoberst gekehrt wird«, schrieb Sedgwick. »Es ist das oberste Gebot, dass die Dinge ihren angestammten Platz behalten, wenn sie zum Guten zusammenwirken sollen [...], es darf nicht sein, dass die schönen Gedanken und bescheidenen Gefühle unserer wunderbaren Jungfrauen und Eheweiber vergiftet werden, wenn sie den Verführungen dieses Schriftstellers zuhören.«

Bald nach seinem Tod im Jahr 1871 machte man Robert Chambers als Autor der *Vestiges* aus, jenen Essayisten und Naturforscher, der Thomas Henry Huxley in die Auseinandersetzung mit Soapy Sam getrieben hatte. Chambers hatte 15 Jahre vor Erscheinen der *Entstehung der Arten* der englischen Öffentlichkeit die Idee der Transmutation dargelegt und damit zumindest ansatzweise einem Verständnis des Evolutionsgedankens den Weg geebnet, lange bevor Darwin mit seiner Theorie über die Mechanismen, die der Evolution zugrunde liegen, an die Öffentlichkeit trat.

Sein Beispiel veranlasste Darwin, bei der Veröffentlichung seiner Ideen übergroße Vorsicht walten zu lassen. Eingedenk des Sturms, den die *Vestiges* entfesselt hatten, ließ sich Darwin mit der Veröffentlichung seiner Theorie der natürlichen Zuchtwahl Zeit; da sie keinen göttlichen Plan oder letztgültigen Zweck voraussetzte, konnte er noch viel weniger als Chambers mit dem Wohlwollen der Kirche und strenggläubiger Christen rechnen. Für Darwin war Variation rein zufällig; das Gelingen oder das Scheitern einer bestimmten Anpassung waren lediglich zufallsbedingt. Mit sehr viel Bedacht bereitete er der Aufnahme seiner Ideen in der wissenschaftlichen Welt den Boden, indem er 1842 seine Theorie einer Abstammung mit Modifikationen in einem Aufsatz niederlegte. 1844, im Jahr des Erscheinens der *Vestiges*, gab er diesen Aufsatz auf eigene Kosten in Druck und schickte ihn an einige Wissenschaftler, mit denen er bekannt war und von denen er annehmen konnte, dass sie seine Schrift ohne Vorbehalte und mit wohlwollendem Blick lesen würden: Charles Lyell, der Botaniker Joseph Hooker und Asa Gray, ein amerikanischer Botaniker.

Dann machte er sich daran, empirische Daten zur Untermauerung seiner Theorie zu sammeln: Er tauschte sich mit

Pflanzen- und Tierzüchtern aus. Er setzte Samen, Pflanzen und tote Vögel auf dem Wasser aus, um zu zeigen, auf welche Weise Organismen auf entlegene Inseln kommen konnten. Er beauftragte Schulkinder, Reptilieneier zu sammeln. Er züchtete Tauben und sezierte sie dann, um zu sehen, ob sich ihre Organe verändert hatten. Dasselbe machte er mit toten Enten- und Hühnerküken, die ihm seine Nachbarn überlassen hatten. Er sammelte und kategorisierte Renkenfußkrebse – insgesamt 10 000 Stück –, um zu Schlussfolgerungen darüber zu gelangen, welche Beziehung zwischen der Evolution und der linnéschen Kategorisierung bestand, die nach Darwin eine anschauliche Darstellung der verzweigten Muster der allgemeinen Abstammung war. Das alles geschah von seinem Landhaus in Down aus, das er nie mehr länger als ein oder zwei Tage verlassen sollte. Darwin war dort nicht nur durch die Erfordernisse seines Haushalts gebunden, zu dem zu guter Letzt sieben Kinder gehörten – von den verschiedenen Haustieren und nahezu 100 Tauben ganz zu schweigen –, er litt auch seit einigen Jahren an seltsamen degenerativen Erscheinungen, die niemand zu erklären vermochte. Rückblickend hat man die verschiedensten Diagnosen aufgestellt, unter anderem wurde die Vermutung geäußert, er habe an der Chagas-Krankheit gelitten, einer tropischen Krankheit, die er sich in Südamerika zugezogen haben könnte, an psychischen Stresserscheinungen, multiplen Allergien oder einer Vergiftung infolge der vielen Medikamente, die er einnahm.

Darwin stand für die Zusammenstellung seines Opus magnum allerdings keineswegs unbegrenzt Zeit zu Verfügung, wie er vielleicht gemeint haben mag. Ein anderer arbeitete an einer nahezu identischen Theorie und war 1858 so weit, mit ihr an die Öffentlichkeit zu treten.

Alfred Russel Wallace war von Berufs wegen Sammler, der sich seinen Lebensunterhalt mit dem Verkauf von seltenen Tier- und Pflanzenexemplaren verdiente, die er von seinen Weltreisen mitbrachte. Wallace wurde wie Darwin während einer Expedition nach Südamerika das erste Mal auf den Artenreichtum aufmerksam und hatte diese Reise, die von 1848 bis 1852 dauerte, als ähnliche Offenbarung erfahren wie Darwin seine Fahrt auf der *Beagle*. Allerdings endete Wallace' Reise mit einer Katastrophe. Auf der Fahrt zurück nach England fing sein Schiff Feuer, und all seine Aufzeichnungen und Exemplare wurden vernichtet. Er brachte seine Gedanken ein zweites Mal zu Papier, strich das Geld von der Versicherung ein und stach wieder in See, dieses Mal zu den Inseln des Malayischen Archipels, dem heutigen Indonesien. Auf der entlegenen Insel Gilolo (auch Halmahera genannt) zog sich Wallace eine Tropenkrankheit zu, und während er krank darniederlag, entstand in seinem Kopf derselbe Gedanke, den Darwin natürliche Zuchtwahl nannte.

Wallace betrachtete die Transmutation als gegeben. In einem kurzen Aufsatz mit dem Titel *Über die Tendenzen der Varietäten unbegrenzt von dem Originaltypus abzuweichen* skizzierte er die Vorgänge, die, wie er meinte, zur Transmutation führten. »Das Leben wilder Tiere ist ein Kampf ums Dasein«, schrieb er. »Die Möglichkeit, sich während der wenigst günstigen Jahreszeit Nahrung zu verschaffen und den Angriffen ihrer gefährlichsten Feinde zu entgehen, das sind die in erster Linie stehenden Bedingungen, welche die Existenz sowohl der Individuen als auch der ganzen Art bestimmen.« Im Juni 1858 schickte er ein Exemplar seines Aufsatzes an den Mann, der dessen Bedeutung vermutlich am ehesten einzuschätzen wusste: Charles Darwin.

Wallace kannte Darwin seit drei Jahren, auch wenn sich die beiden bislang nicht persönlich getroffen hatten. 1855 hatte er einen Aufsatz veröffentlicht, in dem er behauptete, »jede Art ist sowohl dem Raume als auch der Zeit nach zugleich mit einer vorher existierenden nahe verwandten Art in Erscheinung getreten«. Darwin, der ein leidenschaftlicher Briefeschreiber war, drückte ihm schriftlich seine Zustimmung aus, und damit begann eine lebhafte Korrespondenz zwischen den beiden Männern. Während der ganzen Zeit ließ Darwin allerdings Wallace gegenüber nie durchblicken, dass er an einer Theorie arbeitete, die auf einer ganz ähnlichen Annahme beruhe wie die von Wallace.

Und da hatte er nun eine voll ausgearbeitete Theorie vor sich liegen, die sich kaum von seiner eigenen unterschied. Darwin geriet in Panik. 20 Jahre lang hatte er sich jeden Tag für ein paar Stunden von seinem Krankenlager erhoben, um über die Abstammung mit Modifikationen zu arbeiten. Jetzt erkannte er, dass seine Vorsicht ein Fehler gewesen war. Es war ihm jemand zuvorgekommen – noch dazu ein Tier- und Pflanzensammler!

Die Freunde Darwins beschlossen, in seinem Namen den Anspruch auf Erstveröffentlichung anzumelden, um zu verhindern, dass Wallace dies seinerseits tat. »Anfangs war ich durchaus nicht geneigt, einzuwilligen«, schreibt Darwin in seiner Autobiographie, »da ich meinte, Mr Wallace könne meine Handlungsweise für nicht zu rechtfertigen halten (…).« Schließlich willigte er doch ein, und da sich auch genügend Beweise dafür erbringen ließen, dass er seine Theorie schon 1842 entwickelt hatte – das betraf vor allem den Aufsatz, den er an einige ausgewählte Biologen geschickt hatte –, rechnete er nicht damit, dass es ihm Schwierigkeiten bereiten würde, die wissenschaftliche Gemeinde davon zu überzeugen, dass er und Wallace auf ähnlichem Wege, aber vollkommen unabhängig voneinander zu den gleichen Schlussfolgerungen gekommen waren. (Nichtsdestoweniger werden bis zum heutigen Tag immer wieder Plagiatsvorwürfe gegen Darwin erhoben.) Am 1. Juli 1858 verlasen Darwins Freunde Lyell und Hooker vor einer Versammlung der Linnean Society in London drei Texte: Wallace' Artikel, Auszüge aus Darwins Aufsatz von 1844 und einen Brief, in dem er seine Theorie darlegte und den er am 5. September 1857 an Asa Gray geschrieben hatte – bevor er Wallace' Bericht gelesen hatte.

Aber man schenkte weder Darwins noch Wallace' Beitrag auch nur die geringste Aufmerksamkeit, und das erscheint wie ein Vorgriff darauf, dass ein ähnlich revolutionärer Aufsatz sieben Jahre später genauso wenig zur Kenntnis genommen werden sollte – der von Gregor Mendel. Vielleicht waren sie wie Mendel den konventionellen Denkmodellen ihrer Zeit einfach zu weit voraus. Wie dem auch sei, keiner der Zuhörer auf dieser Versammlung der Linnean Society stellte irgendeine Frage, und niemand maß dem Ereignis besondere Bedeutung bei. Die Aufsätze erschienen nebeneinander in der von der Gesellschaft herausgegebenen Zeitschrift, den *Proceedings*, doch auch die Veröffentlichung rief wie die Mendels kaum mehr als ein Achselzucken hervor. Darwin konnte sich lediglich an eine schriftliche Reaktion auf die Artikel erinnern; sie stammte von einem Professor aus Dublin, der erklärte habe: »dass alles, was neu in ihnen sei, falsch sei und dass das Richtige alt sei«.

Anschließend machte sich Darwin wieder an die Arbeit. Er hatte Berichte von Pflanzen- und Tierzüchtern erhalten, die neue Formen der Arten, mit denen sie arbeiteten, gezüchtet hatten. Aber was genau waren diese Formen eigentlich? Neue Stämme? Hatten sie neue Merkmale? Waren es Varietäten? Oder völlig neue Arten? Und welche Mechanismen lagen diesen Kreuzzüchtungen zugrunde?

Was Darwin am meisten fehlte, war eine Theorie der Vererbung; sein Konzept der natürlichen Zuchtwahl war ohne eine solche Theorie nur eine halbe Sache. Seiner Ansicht nach unterstützten durch die Umwelt einwirkende Kräfte die Entstehung solcher Varietäten, die einen Selektionsvorteil brachten, einen Vorteil, aufgrund dessen Pflanzen oder Tiere mehr Nachkommen als konkurrierende Organismen ohne diese Variation produzieren konnten. Aber wie genau wurde ein solches Merkmal weitergegeben? Und warum blieb es erhalten?

An diesem Punkt hätte Mendel ihm weiterhelfen können – einer von beiden wäre imstande gewesen zu erklären, welche Rolle die zufällige Neuverteilung der Erbfaktoren bei den Variationen spielte, die notwendig waren, um die natürliche Auslese voranzutreiben. Da Darwin Mendels Erkenntnisse nun aber einmal nicht zur Verfügung standen, befand er sich in ernsthaften Nöten. Er hatte keinerlei Gespür für Zahlen, und die meisten Vererbungskonzepte, die damals in Umlauf waren, verwirrten ihn daher. Seine Blindheit gegenüber der Mathematik stellte wiederum die Geduld all jener auf die Probe, die ihm die Vererbung zu erklären versuchten, besonders seinen Sohn George und seinen Cousin Francis Galton. Als Galton, einer der engsten Freunde Darwins, das Gesetz des Ahnenerbes entwickelte, verstand Darwin, der sonst so scharfsichtig war, rein gar nichts mehr. Dieses Gesetz verwendete Brüche, um darzustellen, welchen Anteil an den vererbten Merkmalen von den beiden Eltern, von den vier Großeltern, von den acht Urgroßeltern und so weiter kommt. Nach diesem Gesetz erhält ein Kind von einem Elternteil (als *p* gekennzeichnet) ein Viertel seiner genetischen Ausstattung. Jedes Großelternteil (*pp*) trägt ein Achtel bei, jedes Urgroßelternteil (*ppp*) ein 16tel und so fort. Auf diese Weise geht im Stamm eines Individuums ein Merkmal nie ganz verloren, es wird nur immer weiter abgeschwächt.

Darwin griff aber weder die Theorie Galtons noch die eines anderen auf, sondern entwickelte eine eigene – eine, die keinerlei Zahlenwerk beinhaltete. Er nannte sie Pangenesis, und sie beinhaltete, wie er sagte, das Vorhandensein von Elementen, die er als Keimchen beziehungsweise Gemmulae bezeichnete. Gemmulae werden von den Körperzellen gebildet und wandern mithilfe des Blutes oder, im Fall von Pflanzen, durch die Phloem-Kanäle, ein inneres Leitsystem, zu den Keimzellen. Dort verharren dann diese Keimchen in einer Art Schlafzustand bis zum Augenblick der Befruchtung, bei der sie auf eine neue Generation übertragen werden. Da die Gemmulae in den Körperzellen entstehen, begriff Darwin sie als einen Mechanismus für die Vererbung erworbener Merkmale. Veränderungen in den Gemmulae eines Organismus werden durch Umwelteinflüsse verursacht, und die Gemmulae geben diese Veränderungen über die Gameten an die Nachkommen der Pflanze oder des Tiers weiter.

Die Keimchen stellten für Darwin auch die Mechanismen für die Vermischung dar, eine seiner bevorzugten Theorien der Vererbung. Wenn Merkmale sich aber vermischten, so meinten seine Gegner, würde sich dann eine neue Variation nicht so lange vermischen, bis sie praktisch ausgelöscht war? Der Arzt Fleeming Jenkin, der zu den unerbittlichsten Kritikern Darwins zählte, formulierte es folgendermaßen: Wenn eine der seltenen Mutationen (er nannte sie Abart) auftaucht, würde sie bald wieder verschwinden, weil diese

Mutation, da sie die einzige ihrer Art ist, gezwungen wäre, sich mit einem normalen Individuum zu vereinigen und die Nachkommen »insgesamt eine Mittelform zwischen dem durchschnittlichen Individuum und der Abart sein« würden. Die Folge wäre ein rasches Verdünnen einer zufällig entstandenen Mutation aus der großen Menge der Variationen – wie im Fall des einzelnen Tropfens roter Farbe in einem Eimer weißer Farbe, der sich völlig auflöst, wenn man ein paar Mal kräftig umrührt.

Das Verwässern wäre kein Problem, gab Darwin zurück, wenn sich die Lebensbedingungen ständig weiter änderten. Er hielt die Änderungen der Umwelt immer für die zentrale Ursache der Variation; erhalten bleiben würde demnach das, was sich am besten anpasste. Wenn ein Bär, der in einem kalten Klima lebt, immer mehr Fett ansetzt und daher den Winter mit größerer Wahrscheinlichkeit als die schlankeren Bären überlebt, würden seine Jungen bei der Geburt bereits dicker sein als die meisten anderen. Die Vorstellung von der Vererbung erworbener Merkmale gehörte zu den hartnäckigsten Überzeugungen Darwins und macht ihn blind gegenüber Vorgängen, die die natürliche Auswahl hätten erklären können.

Er ergänzte diese Theorie um eine weitere Überlegung, nämlich dass Merkmale immer mehr an Stärke gewinnen würden; auch sie ist mittlerweile widerlegt worden. Er nannte dieses Prinzip Yarrells Gesetz nach seinem Freund William Yarrell, einem Zeitungsgroßhändler, der seine Freizeit mit »ländlichen Vergnügungen« wie Jagen und dem Sammeln und der Züchtung von Tieren verbrachte. Yarrells Gesetz zufolge waren die ältesten Merkmale auch die stärksten und wurden mit größerer Wahrscheinlichkeit vererbt als Merkmale, die neu bei einer Art auftauchten. Das würde die

Neigung der Natur zur Erhaltung unterstützen: Bei jeder Vermischung einer alten Variante und einer neuen Abart hat das ältere, stärkere Merkmal größeres Gewicht.

Darwins Anhänger waren jahrzehntelang in Auseinandersetzungen mit Leuten wie Fleeming Jenkin verstrickt. Der Streit zwischen Huxley und Soapy Sam wurde ein ums andere Mal in überfüllten Vortragssälen und stickigen Gerichtsgebäuden von neuem ausgefochten; und das Ganze wiederholt sich selbst heute noch in den klimatisierten Räumen amerikanischer Schulbehörden, wenn darüber zu entscheiden ist, ob die Evolution ein für den Biologielehrplan geeignetes Thema ist. Als diese Auseinandersetzungen in den 1860er Jahren begannen, gehörte Francis Galton zu den leidenschaftlichsten Verfechtern von Darwins Theorien.

Galton war ein hervorragender Mathematiker, Biologe und Statistiker; seiner Ansicht nach ließ sich alles quantifizieren: die Wirksamkeit eines Gebets, die relative Schönheit einer Frau und der Umfang der Angehörigen des britischen Adels über drei Generationen hinweg. Galton gehörte zu den letzten Amateurwissenschaftlern der Oberschicht, die rein zum Vergnügen bestimmte Ideen verfolgten, und betrieb seine Studien in dilettantischer Manier. Mit 15 Jahren, als er die Medical School in London besuchte, hatte er beschlossen, sich durch ein pharmazeutisches Lehrbuch zu arbeiten, indem er jedes Mittel, das dort aufgelistet war, ausprobierte. Er ging dabei alphabetisch vor, brachte es aber nur bis zum Buchstaben C, wobei ihn *croton oil*, also Krotonöl, ein starkes Abführmittel, schließlich außer Gefecht setzte. Da ihn der Unterrichtsstoff sonst nur wenig interessierte, gab er die Medizin bald auf.

Galton versuchte sich in nahezu jedem Fach. Er entdeckte

die Einzigartigkeit von Fingerabdrücken. Er war der Erste, der Hochdruckgebiete benannte und beschrieb. Und in den 1890er Jahren verbrachte er schließlich viel Zeit damit, Darwin bei der Lösung von Fragen der Vererbung zu helfen, die ihn sein ganzes Leben lang beschäftigten.

Galton folgte seinem berühmteren Cousin allerdings nicht blind; im Gegenteil, einer seiner ersten Versuche sollte zeigen, warum Darwin mit der Pangenesistheorie irrte. Galton nahm sich eine Reihe von Kaninchenarten mit verschiedenfarbigem Fell vor und übertrug Blut von einem Tier auf das andere: ein weißes Kaninchen erhielt das Blut eines braunen Kaninchens, ein braunes Kaninchen das von einem weißen. Nach Darwins Theorie wurden Gemmulae beziehungsweise Keimchen mit dem Blut weitergegeben, was die weißen Kaninchen in braune verwandeln müsste und umgekehrt. Die Nachkommen dieser Kaninchen zeigten allerdings, dass die Blutübertragungen sich in keiner Weise auf die Fellfarbe auswirkte. Die weißen Kaninchen brachten wieder weiße hervor und die braunen braune.

Galton unternahm auch Expeditionen in die kartographisch noch nicht erfassten Bergregionen des südwestlichen Afrika, wo er seine auf statistischen Konzepten beruhende Regressions- und Korrelationstheorie entwickelte und das Wort Eugenik prägte – damit wird die soziale Anwendung der Genetik auf die Zucht von Menschen bezeichnet, mit der man einige der schrecklichsten Maßnahmen zur Rassenreinhaltung, ethnische Säuberungen und Genozide in der jüngsten Geschichte zu rechtfertigen suchte.

Galton war ein langes Leben beschert – er starb 1911 mit 89 Jahren –, und so wurde er noch Zeuge der Anfänge der Genetik, als sie am stürmischsten diskutiert wurde und vermutlich auch am interessantesten war. Die beiden Lager, die sich im 20. Jahrhundert vor allem in England am erbittertsten befehdeten, nahmen für sich in Anspruch, die Nachfolger Darwins auf der einen Seite beziehungsweise Mendels auf der anderen Seite zu sein. Jedes der beiden Lager erhob aber auch Anspruch auf Galton als Leitfigur und Vorbild.

Galton inspirierte tatsächlich beide Parteien – jene, die sich Darwinisten nannten, und jene, die sich Mendelianer nannten. Galton selbst wusste allerdings nichts von Mendel, als dieser in den frühen 1860er Jahren seine Entdeckungen machte. Gerade zu dieser Zeit verursachte Darwin in Großbritannien, auf dem Kontinent und in Amerika einen heftigen Aufruhr, und Galton war vollauf damit beschäftigt, seinen Kollegen Darwins Sichtweise zu erklären und Darwin die Sichtweise seiner Kollegen. Zu dieser Zeit erzeugte Mendel, der Zeitgenosse Galtons, einen Aufruhr ganz anderer Art. Dieser wütete, während er in dem stillen mährischen Garten zwischen dem wachsenden Gemüse herumwanderte, vor allem in seinem Kopf. Und er würde erst 40 Jahre später nach außen dringen.

10. GARTENREFLEXIONEN

Die Blätter verfärben sich gelb und braun.
Die Blumen tragen Samen. Alles ist weich, groß, reif.
Zwischen den Pflanzen umhergehend,
erkenne ich in ihnen meine Stimmung wieder –
friedlich und selbstgenügsam.
THE UNDAUNTED GARDEN, Lauren Springer

Über den herbstlichen Garten senkte sich bereits die Dämmerung, als Mendel sich anschickte, die letzten Erbsenschoten einzusammeln. Nicht mehr lange und es wäre ganz dunkel; es hieß also, sich beeilen, was Mendel gar nicht schätzte. Ihm lag es mehr, in aller Ruhe durch die Reihen seiner Pflanzen zu wandeln. Er nannte sie oft seine Kinder, um zu sehen, wie Besucher reagierten, die nichts von seinen Versuchen wussten. »Möchten Sie meine Kinder sehen?«, fragte der Priester die Besucher und musste immer über den erstaunten und verlegenen Ausdruck schmunzeln, der dabei auf ihre Gesichter trat.

Wenn man Gregor Mendel die Geschichte erzählen lassen würde, könnte man meinen, dass an diesem Spätnachmittag im Herbst des Jahres 1862 die Vorgänge der Vererbung – und die Beziehungen zwischen Eltern, Geschwistern und Nachkommen – immer noch ein Geheimnis für ihn waren, das seine kleinen Zöglinge so gut zu hüten wussten. Sechs lange Jahre hatte er sie wie ein guter Vater gehegt, hatte die Schoten geerntet, die Erbsen gepult, sie nach Farbe und Form sortiert und die Höhe, die Blütenfarbe und die Blühweise der ausgewachsenen Pflanzen aufgezeichnet. Doch wie alle Eltern verstand auch er die eigenen Kinder nicht ganz. Natürlich hatte er während dieser sechs Jahre in seinen Mußestunden über die Eigentümlichkeiten und Besonderheiten von *Pisum* nachgedacht, so wie sich Eltern über ihre geliebten Sprösslinge ärgern und freuen. Die wissenschaftliche Bedeutung all dieser Beobachtungen begann ihm aber erst jetzt klar zu werden.

So zumindest würde er schließlich in bester Lehrermanier davon berichten, wie er allmählich zu einem Verständnis der Vererbungsgesetze gelangt sei. Seine Gedankengänge verliefen aber sicherlich weniger geradlinig und nüchterner, als er sie darstellte. Wie andere Wissenschaftler vor und nach ihm packte auch Mendel seine Forschungen an *Pisum* in einen Bericht, der nicht erkennen ließ, wie viel Aufregung damit eigentlich verbunden war. Dadurch gewann die ganze Geschichte zwar an Klarheit, als seien seine Gedankengänge so logisch und zielgerichtet gewesen, dass sich alles andere geradezu zwangsläufig ergab. Aber etwas vielleicht Wichtigeres ging dabei verloren: die Gelegenheit, den wahren Reiz der experimentellen Arbeit zu beschreiben, der darin besteht, dass sie geheimnisvoll ist und oft nur auf Umwegen zum Ziel gelangt.

Bei der Rekonstruktion seiner Forschungen nahm es Mendel mit der Wahrheit also wahrscheinlich nicht allzu genau und hat auf diese Weise seine Einsichten und seinen Vorausblick bagatellisiert. In Anbetracht dessen, dass er mit der Physik vertraut und sich darüber im Klaren war, dass hypothetische Annahmen einer Überprüfung bedürfen, kann man kaum glauben, dass er nicht in jedem Versuchsstadium wusste, was er von seinen Erbsen zu erwarten hatte und warum. Zweifellos änderten sich einige seiner Hypothesen im Laufe der Jahre, als er aus seinen Versuchen immer mehr Ergebnisse gewinnen konnte. Aber er war nicht ehrlich, als er behauptete, dass er zuerst die Arbeit im Garten und dann die Arbeit im Kopf leistete. Und es wäre ein Fehler, ihm das zu glauben.

Mendel dachte überall nach: im Garten, während er arbeitete, im Kloster, wenn er es sich in einem Sessel in einer der dunklen Nischen der Bibliothek bequem gemacht hatte, ein aufgeschlagenes Buch auf dem Schoß. Manchmal saß er in der Orangerie und dachte nach. Dann wieder stieg er die steinernen Stufen hinauf, die hinter der Orangerie zu seinem Bienenhaus auf dem höher gelegenen klösterlichen Grund führten. Als Mendel von seinen Erbsenversuchen nicht mehr so sehr im Garten beansprucht war, diese vielmehr vor allem überdacht werden wollten, verbrachte er wieder mehr Zeit mit den Bienen und ging seiner Leidenschaft aus Kindertagen nach – der Bienenzucht und der Honiggewinnung. Jahre später versuchte er die Erkenntnisse aus der Pflanzenzucht auf die Bienen zu übertragen.

Mit zunehmendem Alter erklomm Mendel die Stufen zum Bienenhaus allerdings immer seltener, da ihn der Himmel, wie er sagte, »mit einem Übergewichte gesegnet hat, welches sich bei Fußpartien, namentlich aber beim Bergsteigen, infolge der allgemeinen Gravitation, sehr fühlbar macht«. Doch allein der Ausblick von dort oben war es wert, den beschwerlichen Aufstieg auf sich zu nehmen. Das rote Ziegeldach des Klosters, der Turm der Kirche, der steil aufragende Berg, von dem sich die Spielberg erhob, die von geschäftigem Treiben erfüllten Straßen, die vom Klosterplatz abgingen – diese Aussicht gab Mendel Gelegenheit, nachzudenken, seine schwächer werdenden Augen auszuruhen und sich in den schlimmsten Zeiten von neuem die Bedeutung seiner Aufgabe vor Augen zu führen, sich daran zu erinnern, wie wichtig es war, die Arbeit im Garten fortzuführen, sei sie auch noch so frustrierend oder ermüdend.

Es sollte bis ins Jahr 1862 dauern, bevor Mendel einen weiteren Blick als den vom Klosterberg genießen konnte. Abgesehen von seinen Besuchen zu Hause in Heinzendorf und seinen Aufenthalten in Wien – von denen einige wunderbar und aufregend gewesen waren, andere getrübt von bitteren Enttäuschungen –, hatte Mendel bis zu seinem 40. Lebensjahr das Kloster nicht verlassen. Im Sommer des Jahres 1862 aber brach Mendel zu einer langen Fahrt auf, die ihn ins Ausland führte und ihm die lebenslange Lust am Reisen bescherte. Mendel gehörte neben anderen Lehrern und dem Direktor der Oberrealschule, Josef Auspitz, zu der offiziellen Delegation, die Brünn nach London zur Weltausstellung entsandte – jener pompösen Zurschaustellung technischer Neuheiten, an der sich die Realschule mit einem Exponat zur Kristallographie beteiligte.

Die Ausstellung hatte gigantische Ausmaße. Sie fand elf Jahre nach der großen Londoner Weltausstellung des Jahres 1851 statt, der ersten Weltausstellung überhaupt. Diese Ausstellung hatte der Nachwelt einen prachtvollen Kristallpalast hinterlassen, ein riesiges kuppelförmiges Gebäude aus Glas und Eisen, das ein architektonisches Wunderwerk war und das erste Bauwerk, das aus industriell vorfabrizierten Bauteilen bestand. Die Ausstellung von 1862 konzentrierte sich dagegen stärker auf technische denn auf künstlerische Aspekte, dies aber im größtmöglichen Maßstab. Die Halle war zwar lange nicht so schön wie der Kristallpalast, aber es war die größte bis dahin erbaute Halle; sie maß 360 Meter in der Länge und 170 Meter in der Breite und hatte eine Fläche von gut 60 000 Quadratmetern. Fast 10 000 Bewerber hatten sich um einen Ausstellungsplatz bemüht, mindestens sieben Mal so viel, wie selbst dieses riesige Gebäude fassen konnte. Die kuriosesten Vorschläge stammten von Amateuren: Dazu zählten mehrere Perpetuum mobile; die älteste Brotscheibe der Welt (aus dem Jahr 1801); epische Gedichte, die in der Bildergalerie aufgehängt werden sollten; Stiefel mit eingebauten Sprungfedern; ein Schnurrbartschutz, der das Essen von Suppe erleichtern sollte, und der einbalsamierte Körper von Julia Pastrana, einer bärtigen Mexikanerin – »halb Mensch, halb Orang-Utan« –, die in einer der vielen Freak-Shows ausgestellt worden war, die nach Erscheinen der *Entstehung der Arten* überall veranstaltet wurden. Ein Buchhalter aus der City, wo die seriösesten aller Geschäftsleute Londons zu finden waren, bot drei gar nicht so seriöse Erfindungen an: ein Wasserklosett, das sich selbst in Gang setzte, einen verbesserten Theodoliten (ein Instrument zur Bestimmung von Horizontal- und Vertikalwinkeln) und eine »pantonale Flöte«, die jeden für das menschliche Ohr hörbaren Ton spielen konnte. Ein Buchbinder bewarb sich mit einem Plan für die Aufhängung von Brücken und Viadukten; ein Versicherungsvertreter schlug Verbesserungen für die Weinherstellung vor. Ein Krankenpfleger bot verfeinerte chirurgische Instrumente an, ein Chirurg eine Verrichtung, die die Reifung von Obst beschleunigen sollte.

Die offiziellen Länderausstellungen waren im Vergleich dazu wenig aufregend. Der Mann, der in der knapp 90 Meter hohen Glaskuppel herumfliegen wollte, wurde abgewiesen, aber die Delegationen der verschiedenen Nationen nutzten ihre Ausstellungsräume für die fantasielosesten Vorführungen, um die Produkte ihrer wichtigsten Industrien anzupreisen. Österreich führte Merinowolle, Lederwaren, Stearinkerzen, gefärbte Stoffe, kunstvoll geschnitzte Tabakspfeifen und eine Bergbahn vor. Man demonstrierte ein Verfahren zur Gewinnung von Blech aus ausrangierten Eisenplatten und zeigte eine Palette von Nahrungsmitteln, Stoffen und Papierwaren, die aus Mais hergestellt werden konnten. Die Ausstellungen der zwei Dutzend beteiligten Länder zeichneten sich allesamt durch dieselbe langweilige Eigenwerbung aus.

Es war zwar vorauszusehen, wie diese Weltausstellung in London ablaufen würde, aber die Stadtväter Brünns sahen in ihr eine gute Gelegenheit, sich kundig zu machen. Brünn war ein Zentrum der Industrie (vornehmlich der Textilmanufaktur) mit einer regen Wirtschaft. Die Stadtväter waren überzeugt davon, dass sich diese stetig voranschreitende Entwicklung am besten in Gang halten ließe, wenn man in Projekte investierte, die dem technischen Fortschritt Rechnung tragen. Sie planten die Errichtung eines neuen Technologischen Museums, und auf der Londoner Ausstellung konnten sie beziehungsweise ihre Abgesandten sich darüber informieren, wie man eine solche Einrichtung gestalten konnte.

Mendel war am Entwurf der kleinen Ausstellung der Realschule beteiligt, und möglicherweise stellte er fest, dass er die Logik der Kristallographie nutzbringend auf die Zahlenverhältnisse, die er bei seinen Erbsen entdeckt hatte, anwenden könnte. Führte ihn die Arbeit mit den Kristallen zu dem allgemeinen Schluss, dass der Natur diskrete Merkmale zugrunde lagen? Vielleicht bildeten ja die Kristalle eine Art Schablone, die Mendel half, die Schwindel erregenden Zahlenmengen besser zu verstehen – bei den Erbsen, Schoten und Pflanzen –, für die er irgendeinen algebraischen Ausdruck zur Erklärung der Vererbung zu finden versuchte?

Die Kristalle, die Mendel untersuchte, replizierten sich in der gleichen Weise wie die Elemente der Vererbung. Sowohl bei den Erbsen wie bei den Kristallen vermochten Teilchen, die in vollkommener Trägheit zu verharren schienen, eine der wichtigsten Funktionen von Lebewesen auszuführen. Die Form der bereits vorhandenen Kristalle legt fest, welche Form ein neues Kristall annehmen kann, indem sie wie eine Schablone die Möglichkeiten begrenzt. Auch wenn ihm das vielleicht noch nicht klar gewesen ist, begrenzen in gleicher Weise die Determinanten die Möglichkeiten der Merkmale, welche die von Mendel untersuchten Erbsen aufwiesen. Eine Erbse konnte rund oder kantig sein, aber keine Zwischenform annehmen; sie konnte groß oder kleinwüchsig sein, aber nichts sonst. Auf entscheidende, wenn auch noch nicht erklärbare Weise hielten die Determinanten alles innerhalb fester Grenzen, so wie es auch die Strukturen des Kristalls taten, und schränkten die Möglichkeiten ein, wie stark sich ein Nachkomme von seinen Vorfahren unterscheiden konnte.

»Nach London, nach London, auf Besuch zur Königin«, heißt es in einem alten englischen Kinderreim, und Mendel freute sich über seine Reise nach England vielleicht genauso wie das Ich dieses Reims. Es sind leider nur wenige Dokumente über diese Reise erhalten, darunter ein Gruppenfoto der mehr als 30 Abgesandten aus Mähren, das auf einer der Zwischenstationen vor der Kanalüberquerung nach England vor dem Grand Hotel in Paris aufgenommen worden war. Unweit dieses Hotels würde bald die prachtvolle Pariser Oper gebaut werden. Auf dem Foto sind fast drei Dutzend

Männer und eine einzelne Frau zu sehen, die sich unter Palmwedeln auf den Stufen des Hotels aufgestellt hatten. Von den meisten auf dem Foto Abgelichteten weiß man heute nicht einmal mehr den Namen. Aber genau in der Mitte der Gruppe erkennt man Mendel, der seinen Blick über die Schulter des Fotografen hinweg in die Ferne richtet. Mendel ist der einzige Brillenträger – und einer der wenigen, die keinen buschigen Schnurrbart oder Vollbart haben –, und nichts an ihm verrät den Priester. Wie die anderen Männer trägt er einen gedeckten Anzug mit weißem Hemd und dunkler Krawatte. Kein Lächeln liegt auf seinen Lippen. Einige der Männer stehen eng aneinander gerückt, oder sie haben einen Arm um die Schultern ihres Nachbarn gelegt, doch Mendel steht in aufrechter Haltung ganz allein da.

Die Gruppe hatte in Wien ihren ersten Zwischenstopp eingelegt. Wie viele Erinnerungen muss der Aufenthalt in dieser Stadt, in der er studiert hatte, in Mendel geweckt haben? Sowohl an die schönen Zeiten, in denen er alles, was er über die verschiedensten wissenschaftlichen Gegenstände in Erfahrung bringen konnte, förmlich aufgesogen hatte, aber auch an die Momente der Verzweiflung, als er in der einzigen Prüfung, die ihm jemals wichtig gewesen war, versagt hatte, und das gleich zwei Mal.

Die Reise dauerte etwa drei Wochen, und zwar vom 24. Juli bis Mitte August 1862, und führte die Delegation noch durch eine Reihe weiterer Städte, Salzburg, München, Stuttgart, Karlsruhe und Straßburg. Gelegentlich wurde schon die Vermutung geäußert, dass Mendel und seine Landsleute während des Aufenthalts in England Charles Darwin getroffen hätten. Man stelle sich diese Begegnung vor! »Ich verstehe die Mechanismen der natürlichen Auslese einfach nicht«, könnte Darwin in seinem holprigen Deutsch oder mithilfe eines Dolmetschers eingestanden haben. (Mendel sprach den schlesischen Dialekt seiner Heimat, schrieb Hochdeutsch und unterrichtete auf Tschechisch, sprach aber kein Wort Englisch.)

»Ja, das ist mir bei der Lektüre Ihres Buchs aufgefallen«, könnte Mendel geantwortet haben. Er hatte *Die Entstehung der Arten* 1860, gleich nach Erscheinen der deutschen Übersetzung, gelesen, geradezu verschlungen, und in den Gesprächen im Kloster und bei den Vorträgen vor dem Naturforschenden Verein viel von dem Streit gehört, den es ausgelöst hatte. Die Anmerkungen, die Mendel in seiner feinen und sorgfältigen Handschrift am Rand seines Exemplars gemacht hatte und die Unterstreichungen und Ausrufezeichen zeigen seine große innere Beteiligung während der Lektüre. Mendel stimmte mit Darwin zwar in vielerlei Hinsicht überein, aber mit dessen grundlegendem logischen Prinzip der Evolution war er nicht einverstanden. Wie die meisten seiner Zeitgenossen begriff Darwin die Evolution als linearen Prozess, der stets zu irgendeiner Form von Verbesserung führte. Diese verstand er nicht im religiösen Sinne – ein weiter entwickeltes Tier schien ihm Gott nicht näher zu sein als ein weniger weit entwickeltes, ein Affe in moralischer Hinsicht nicht höher zu stehen als ein Eichhörnchen –, sondern ausschließlich in Bezug auf den Grad der Anpassung. Die Stufenleiter, welche die Lebewesen im Laufe dieser Entwicklung hochkletterten, führte zu einer höheren Anpassung an eine in ständiger Veränderung begriffene Welt.

Wenn Mendel an die Evolution glaubte – und ob er das tat, ist strittig –, dann nur an eine solche, die innerhalb eines geschlossenen Systems stattfand. Allein die Feststellung, dass ein bestimmtes Merkmal in zwei verschiedenen sich gegenseitig ausschließenden Formen in Erscheinung treten konnte – rund im Gegensatz zu kantig, hoher Wuchs im Gegensatz zu zwergenhaftem Wuchs –, machte deutlich, dass es eine Einschränkung gab. Darwins Evolution war ein ewig fortdauernder Prozess, Mendels Evolution dagegen, wie ihm jeder gute Gärtner der damaligen Zeit bestätigt hätte, war endlich. Bezeichnenderweise konnte aber keiner von beiden bei diesem Vorgang des Artenwandels die Hand Gottes erkennen.

Wie die Genetiker, die schließlich in seine Fußstapfen treten sollten, äußerte Mendel Zweifel an Darwins Überzeugung von der Vermischung des Erbguts. »Ich glaube nicht, dass diese Vermischung als Erklärung dienen kann«, könnte er im Verlauf unseres imaginierten Treffens der beiden Wissenschaftler in London gesagt haben. »Den Regeln zufolge, die ich entdeckt habe, zumindest den Regeln zufolge, wie sie bei *Pisum* zum Tragen kommen, gehen die Merkmale nicht ineinander über. Sie bleiben getrennt und werden unabhängig voneinander weitergegeben.«

»Ich bin fast erleichtert, dass Sie eine andere Erklärung haben«, könnte Darwin bekannt haben. »Ich bin es leid, meine Kritiker vom Verdünnungseffekt reden zu hören. Sagt mir also – was wisst Ihr darüber, wie Anpassungen erhalten bleiben?«

Nun hat allerdings mit ziemlicher Sicherheit niemals ein solches Treffen stattgefunden. Selbst wenn man von der unwahrscheinlichen Möglichkeit ausgeht, dass Mendel den Mut aufgebracht hätte, den berühmtesten Biologen seiner Zeit um ein Treffen zu ersuchen, so hätten andere, dringlichere Angelegenheiten einer solche Begegnung im Weg gestanden. Darwins zwölfjähriger Sohn Leonard war zu dem Zeitpunkt, als die Brünner Delegation in London weilte, schwer an Scharlach erkrankt, und die Eltern verließen weder das Haus in Down, noch empfingen sie Besucher. Es muss für die Darwins schrecklich gewesen sein, am Krankenbett des Sohnes zu wachen, hatten sie doch schon drei Kinder verloren, zwei im Kleinkindalter, das dritte, die zehnjährige Annie, erst ein Jahr zuvor. Leonard wurde zum Glück wieder gesund und erreichte schließlich das hohe Alter von 93 Jahren; er war das einzige von den zehn Kindern Darwins, das noch erlebte, wie das Werk des Vaters zur Grundlage einer vollkommen neuen Denkweise wurde, und zwar nicht nur in der Biologie, sondern in allen modernen Wissenschaften.

Nach seiner Rückkehr aus London wandte sich Mendel Mitte August 1862 wieder seinem Garten und seinen Pflanzen zu und ging seine Berechnungen durch – es waren, wie er sagte, die bis dahin schwierigsten bei seinen Versuchen.

Die Mono- und Dihybridkreuzungen Mendels waren inzwischen mindestens bei der dritten Generation (also derjenigen, die wir heute die F4-Generation nennen) angelangt; aber im Garten wuchsen auch noch einige der frühen Kreuzungen, mittlerweile in der sechsten Generation. In der Dämmerung dieses Nachmittags des Jahres 1862 legte Mendel letzte Hand an die vierte Generation seiner ehrgeizigsten Kreuzung, die Trihybriden. Es handelte sich um eine Kreuzung zwischen dominanten und rezessiven Eltern, die sich nicht wie seine früheren Monohybrid- und Dihybridkreuzungen nur in einem oder zwei Merkmalen unterschieden. Die Pflanzen, die er jetzt kreuzte, unterschieden sich in drei Merkmalen: in Form und Farbe der Erbsen und Farbe der Samenschalen.

Warum hatte Mendel ausgerechnet dieses Merkmal, die Farbe der Samenschale, zur Ergänzung der beiden anderen gewählt? Das ist wirklich ein Rätsel, da die Entscheidung mehrere neue Probleme mit sich brachte. Zum einen war die Samenschale kein Merkmal der Erbse – also des Abkömmlings der Pflanze, auf der sie wuchs –, sondern ein Merkmal der Pflanze und zeigte sich erst in dem auf den Herbst, in dem die Erbse gewachsen war, folgenden Frühjahr. Daraus ergab sich eine Verzögerung für Mendels Ergebnisse: Die ersten beiden Elemente seiner Trihybridkreuzung (Erbsenform und -farbe) konnte er, neun Monate bevor sich das dritte zeigte, in Augenschein nehmen.

Darüber hinaus konnte man die Farbe der Erbse nur feststellen, wenn man ihre Hülle aufbrach. Das bedeutete, Mendel musste sehr sorgfältig Bericht führen und seine Erkenntnisse aufschreiben, noch während er seine Eingriffe an den Erbsen vornahm, die Mendel mit seinen etwas plumpen Fingern und seiner Kurzsichtigkeit schon schwer genug fielen, auch ohne die Arbeit ständig unterbrechen zu müssen, um die gefundenen Daten niederzuschreiben. Vielleicht nahm er dazu aber auch die Hilfe seines Mitbruders Alipius Winkelmayer in Anspruch, der von Zeit zu Zeit im Garten oder in der Orangerie auftauchte und freundlich seine Dienste anbot.

Nach den komplizierten Trihybridkreuzungen blieb Mendel noch die Durchführung eines weiteren Versuchs. Diese abschließende Überprüfung all seiner Theorien und Ableitungen bedurfte großer Umsicht und würde sich vielleicht als noch schwieriger als die Trihybridkreuzungen erweisen. Aber er konnte seinen früheren Ergebnissen nicht trauen, wenn er diese Überprüfung nicht vornahm. Schon andere Züchter hatten denselben Weg beschritten, aber keine schlüssigen Beweise gefunden. Mendel war überzeugt, dass er zu anderen Ergebnissen kommen würde.

Dieses Verfahren wurde als Rückkreuzung oder Kontroll-kreuzung bezeichnet und erforderte es, einige der F1-Hybriden mit reinerbigen Erbsen zu kreuzen, und zwar entweder mit rein dominanten oder rein rezessiven. Da Mendel für seine Rückzüchtungen Dihybriden verwendete, waren die Reinerbigen entweder doppelt dominant (*AB*) oder doppelt rezessiv (*ab*). In diesem Fall wählte er Erbsen, die sich in der Form und in der Farbe unterschieden. Die doppelt dominanten Erbsen waren rund und gelb, die doppelt rezessiven kantig und grün.

Die doppelt hybriden Erbsen der F1-Generation (*AaBb*), die Mendel als erste für seine Rückkreuzungen nahm, waren rund (Aa) und gelb (*Bb*), genau wie die doppelt dominanten. Mendels Hypothese ging nun dahin, dass sie trotz ihres Erscheinungsbildes Determinanten ihres rezessiven Elter in sich trugen, nämlich die Determinanten für kantig und grün. Das Vorhandensein dieser rezessiven Merkmale leitete er aus dem 3:1-Verhältnis zwischen dominanten und rezessiven Merkmalen unter den Nachkommen der F2-Hybriden ab. Dass auf drei gelbe und runde Erbsen jeweils eine grüne und kantige Erbse kam, schien Mendels Hypothese von Dominanz und Rezessivität und die beständige, zufällige und unabhängige Weitergabe der Merkmale zu bestätigen. Aber erst eine Rückkreuzung würde den sicheren Beweis liefern.

Mendel hatte im Frühjahr 1862 vor seiner Reise nach London mit den Rückkreuzungen begonnen. Er bestäubte die eine Hälfte seiner doppelten Hybriden (die von uns mit *AaBb* gekennzeichnete so genannte F1-Generation) mit Pollen von doppelt Dominanten (*AABB* beziehungsweise in der mendelschen Kurzschrift *AB*) und die andere Hälfte mit Pollen von doppelt Rezessiven (*ab* beziehungsweise in moderner Kurzschreibung: *aabb*). Dann verschloss er die Blüte, schützte die rückgekreuzten Hybridembryos wieder mit Kappen, wie er es seit sechs Jahren immer gemacht hatte, und wartete.

Nun, im Spätsommer, war es Zeit, die F1-Schoten zu ernten und zu sehen, was ihm die Form und die Farbe der Erbsen über die nächste Generation verrieten.

Nach Mendels Hypothese müssten die Dihybriden im gleichen Verhältnis vier verschiedene Keimzellen hervorbringen: *AB*, *Ab*, *aB* und *ab*. Die Nachkommen der mit den doppelt dominanten Eltern gekreuzten Erbsen sollten alle gleich aussehen, unabhängig von den Hybrid-Keimzellen, da die *AB*-Keimzelle der doppelt Dominanten – und nur eine solche konnte hervorgebracht werden – jedes rezessive Merkmal, das ein Hybrid in sich tragen würde, überdeckte.

Im Gegensatz dazu sollte eine doppelt rezessive Rückkreuzung zu vier Nachkommentypen führen, die sich in ihrem Aussehen alle voneinander unterschieden. Darüber hinaus müsste aufgrund des Aussehens sofort zu erkennen sein, welche Hybrid-Keimzelle daran beteiligt war, da die reinerbigen Eltern über keine der dominanten Gameten verfügten, welche die wahre Natur der F2-Hybriden verdecken konnten.

Mendel kam zu dem Schluss, dass in den rezessiven Rückkreuzungen jeder der vier hybriden Keimzellentypen eine Erbse hervorbringen müsste, die sich von allen anderen Typen unterschied. Und jeder dieser Typen sollte mit gleicher Wahrscheinlichkeit in Erscheinung treten können. Wenn die *ab*-Gamete der doppelt Rezessiven mit der *AB*-Gamete der Hybride verschmilzt, erhält man eine *AaBb*, also eine gelbe und runde Erbse. Wenn eine *ab* mit einer *Ab* verschmilzt, erhält man eine *aAbb*, also eine gelbe und kantige Erbse. Kreuzt man aber eine *ab* mit einer *aB*, erhält man eine *aabB*,

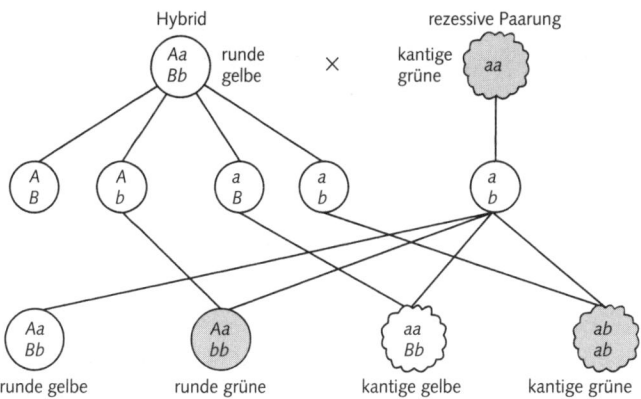

*Doppeltrezessive Rückkreuzung von runden gelben
und kantigen grünen Erbsen*

also eine grüne und runde Erbse. Und kreuzt man schließlich eine *ab* mit einer *ab*, dann erhält man wiederum eine doppelt rezessive Erbse, eine *aabb*, die grün und kantig ist.

Und genau so war es auch. Von den 203 Erbsen, die aus der doppelt rezessiven Rückkreuzung hervorgegangen waren, waren 55 Erbsen rund und gelb, 44 gelb und kantig, 51 grün und rund und 53 grün und kantig. Das Verhältnis zwischen den vier Typen entsprach in etwa 1:1:1:1.

Danach hatte Mendel gesucht. Die Ernte habe seine Erwartungen in vollem Umfang erfüllt, sagte Mendel, wobei er seine Erregung kaum verbergen konnte. »An einem günstigen Erfolg war nun kaum mehr zu zweifeln, die nächste Generation musste die endgültige Entscheidung bringen.«

Mendel legte mit dieser Erklärung den Grundstein für die moderne Genetik, indem er zeigte – zumindest lässt sich das zwischen den Zeilen lesen –, dass er den Unterschied zwischen dem Erscheinungsbild einer Pflanze und dem ihr zugrunde liegenden Bauplan begriff. Ihm fehlte lediglich das entsprechende Vokabular; dieses sollte erst nahezu 50 Jahre später zur Verfügung stehen, als man mehr über die Zelle, den Zellkern und die Gene wusste. Aber nichtsdestoweniger zeigte er den Unterschied zwischen Phänotyp und Genotyp, wie wir es heute nennen, auf. Für Mendel war das die logische Erweiterung des Dominanzgesetzes: Da die dominanten Merkmale die rezessiven in den Hintergrund drängen können, sind unter der Oberfläche ihres Erscheinungsbildes nicht alle runden und gelben Erbsen gleich.

Mendel nahm seine Rückkreuzung noch für eine weitere Generation vor, damit er sich der Bestätigung seiner Hypothese wirklich sicher sein konnte. Er hatte vor, die Samen, die er jetzt sammelte und zählte, im folgenden Frühjahr zu säen und sie sich zu gegebener Zeit selbst befruchten zu lassen. Im Herbst 1863 würde er dann die F3-Generation der beiden Typen von Rückkreuzungen, der doppelt dominanten und der doppelt rezessiven, vor sich haben. Er erwartete, dass sich bei der Hälfte der Erbsen, die echte Hybriden waren, das 3 : 1-Verhältnis ergeben würde. Die anderen, die doppelt Dominanten und die doppelt Rezessiven, würden reinerbig sein, und zwar im nächsten Jahr und in allen folgenden Jahren. Weitere zwölf Monate später würde sich zeigen, dass seine Vorhersagen über die F3-Generation zutreffend waren.

Im Frühjahr 1864 vernichtete der Erbsenkäfer, *Bruchus pisi,* fast die gesamte Erbsenernte. Doch zu diesem Zeitpunkt war Mendel schon nicht mehr mit der Erbsenzucht beschäftigt, da er die Versuchsreihen 1863 abgeschlossen hatte. Seither galt sein Interesse anderen Arten, unter anderem Bohnen, Löwenmaul, Bartnelken und Mais – alles Pflanzen, die, wie er meinte, seine Schlussfolgerungen über die Erbsen generell bestätigen konnten. Diese Versuche waren von der Frage geleitet, »ob das für die Pisum gefundene Entwicklungsgesetz auch bei den Hybriden anderer Pflanzen Geltung habe«.

Es lassen sich nur Vermutungen darüber anstellen, wie Mendel bei seinen Versuchen tatsächlich vorgegangen ist. Man weiß nicht genau, in welcher Reihenfolge Mendel sie durchgeführt hat, zu welchen Jahreszeiten und nicht einmal, an welcher Stelle des großen Klosterhofes des Altbrünner Stiftes. Es lässt sich auch nicht mit Sicherheit sagen, wie viele Generationen er in einer einzelnen Wachstumsperiode ziehen konnte und wie viele Pflanzen er jeweils im Gewächshaus und im Garten gezogen hat. Genauso wenig weiß man, wie viele Erbsenpflanzen er insgesamt verwendet hat oder ob ihm jemand bei seiner Arbeit half und wo er sich an den einzelnen Tagen während der intensivsten Phasen seiner Versuche aufhielt.

Mendel scheint kein Tagebuch über seine Versuche geführt zu haben und wenn doch, so ist es verloren gegangen oder wurde vernichtet. Das Einzige, was wir wissen, ist, in welcher Form er in den beiden öffentlichen Vorträgen und einer Hand voll Briefe an einen deutschen Botaniker seine Arbeit beschrieben hat.

Was aber, wenn er seine Forschungen ganz anders betrieben hat, als er sie dann beschrieb? Was, wenn er nicht mit Monohybridkreuzungen begann und diesen Vorgang für die zweite Generation, die dritte, vierte und teilweise auch für die fünfte, sechste und siebte Generation haarklein wiederholte, seine Erbsen hinsichtlich ihrer grünen oder gelben Farbe und runden oder kantigen Form untersuchte und das Ganze über einen Zeitraum von sechs Jahren, bis ihn die Augen so schmerzten, dass er fast nichts mehr sehen konnte, und sich in seinem Kopf alles gedreht haben muss? Was, wenn er zu Beginn alles auf einmal gemacht hat und erst später, möglicherweise 1860, seine Befunde getrennt voneinander auswertete, um herauszufinden, was mit jedem einzelnen Merkmal geschah? Was, wenn er seine Versuche später so rekonstruiert hatte, dass es aussah, als hätten sie genau in der umgekehrten Reihenfolge stattgefunden, um den Eindruck zu erwecken, er wäre von der einfachsten zur schwierigsten Kreuzung vorangeschritten und nicht andersherum, um seinem Publikum die Logik deutlicher vor Augen führen zu können?

Mendel könnte genauso gut mit einer komplizierten, mehrschichtigen Anordnung begonnen haben. Aus einer Reihe von Gründen, die erst 40 Jahre nach Wiederentdeckung seines Aufsatzes zum Gegenstand der Diskussion geworden sind, erscheint auch eine umgekehrte Vorgehensweise in wissenschaftlicher Hinsicht sinnvoll, ein Vorgehen, bei dem die einzelnen Merkmale mittels der sogenannten Gabelung voneinander geschieden werden. Dadurch ließe sich auch einigen der Vorwürfe begegnen, die Mendels Ruf bis zum heutigen Tage beflecken: dass er seine Versuchswerte manipuliert habe, um sein 3 : 1-Verhältnis überzeugender darstellen zu können, dass es verdächtig sei, wenn er sich nie mit der Koppelung und anderen verwirrenden genetischen Phänomenen auseinander gesetzt hat, die einen Zweifel auf seine frühesten Beobachtungen geworfen hätten. Bei Anwendung des Gabelungsverfahrens dagegen sind exakte Zahlenverhältnisse eher die Regel als die Ausnahme, und es ist wesentlich unwahrscheinlicher, dass merkwürdige Erscheinungen wie die Kopplung auftreten, die das Gesamtbild beeinträchtigen.

Doch es ist schwierig, anderthalb Jahrhunderte nachdem die Ereignisse stattgefunden haben noch eine Antwort zu finden, sei es auch nur auf so grundlegende Fragen wie die, was als Erstes und was als Zweites geschah. Zur Rekonstruktion von Mendels Lebenswerk steht uns nicht mehr als eine einzelne Publikation zur Verfügung, die Mendel selbst als Zusammenfassung seiner öffentlichen Vorträge bezeichnete und die möglicherweise zu dem Zweck niedergeschrieben wurde, die Dinge klar und nicht unbedingt exakt darzustellen. Wie hätte er auch wissen können, dass noch heute sein schmaler, 44 Seiten umfassender Aufsatz in seine sämtlichen Einzelteile zerlegt und mit talmudischer Gründlichkeit analysiert wird. Er dachte, er würde einer Gruppe von 40 Naturforschern, die zwar nur Amateure waren, aber viel Begeisterung mitbrachten, eine Art Lehrstunde in Biologie erteilen. Und dann sollte sich herausstellen, dass er sich einen Weg direkt in die Zukunft gebahnt und vollkommen neue Begriffe geschaffen hatte, um einen Einblick in die Anfänge der revolutionärsten Wissenschaft unserer Tage zu vermitteln.

Wie dem auch sei, seine Darlegungen jedenfalls ließen es offensichtlich an Klarheit fehlen. Geht man von den Reaktionen seiner Zuhörerschaft aus und fast aller seiner Zeitgenossen, die in der Folge die veröffentlichten Vorträge lasen, dann hat wohl keiner wirklich verstanden, was Gregor Mendel zu sagen versuchte.

11. Vollmond im Februar

Nichts hier ist in Eile.
Nichts strebt seiner Vervollkommnung entgegen,
keine Trompeten erschallen. Hier findet
das große Mysterium des Lebens und Wachsens statt.
Alles wandelt sich, wächst und strebt, aber im Stillen,
ohne sich zu rühmen, ohne Eile.
How to Have a Green Thumb
Without an Aching Back
Ruth Stout, 1884–1980

Der Winter war immer eine schwierige Jahreszeit für Mendel. Er hatte einen Hang zur Melancholie, und dieser verstärkte sich noch während der langen Nächte und grauen Tage, an denen er sich nach dem wohltuenden Licht, der Wärme und der Sonne sehnte. Er war empfindlich gegenüber der Kälte, und das raue Klima in Brünn war für ihn nicht nur unangenehm, sondern auch gefährlich. Wäre es möglich gewesen, dann hätte er diese Jahreszeit sicherlich im Winterschlaf verbracht.

Nun, die Zeit in der Orangerie zu verbringen mit den tropischen Pflanzen, die sich dort ihrerseits in gewisser Weise im Winterschlaf befanden, war die zweitbeste Möglichkeit. Dort saß er dann und las und spielte an den Sonntagnachmittagen Schach mit seinen Neffen, die das Gymnasium in Brünn besuchten. Aber selbst in der warmen, süß duftenden

Orangerie und umgeben von Pflanzen und Bäumen verdüsterte sich Mendels Stimmung. Er verbrachte so viel Zeit wie möglich in der Klosterbibliothek, vertrieb sich die Zeit mit Lesen und Essen und rauchte auf Empfehlung seines Arztes bis zu 20 Zigarren am Tag, um Gewicht zu verlieren. Keine dieser Zerstreuungen aber tat seiner Seele und seinem rasch alternden Körper so wohl wie die Tage, die er in den anderen Jahreszeiten in seinem Garten mit seinen Schützlingen verbrachte – jenen zarten und doch widerstandsfähigen Pflanzen, die er so sehr liebte.

Vielleicht war es also kein Zufall, dass Mendel mitten im Winter begann, die Ergebnisse seiner nun abgeschlossenen Versuchsreihen zusammenzufassen und sie seinen Zeitgenossen zu präsentieren. Seine Versuche mit den Erbsen waren zu einem Ende gebracht, er war zu der Überzeugung gelangt, dass seine Arbeit mit anderen Pflanzenarten seine Erkenntnisse im Großen und Ganzen bestätigt hatte, und er war bereit, den nächsten Schritt in seinen wissenschaftlichen Unternehmungen zu wagen und andere dazu anzuregen, eigene Versuche vorzunehmen.

Während der langen dunklen Nachmittage des Winters 1864 jedenfalls hielt ihn die Niederschrift seiner Vorträge bei Laune. All die anstrengende, sorgfältige Arbeit. All die Stunden, die er damit verbracht hatte, über Erbsen nachzudenken – Erbsen im Garten, Erbsen im Treibhaus, Erbsen in der Bibliothek und in der Orangerie. All die Zeit, die er für Arbeiten aufgewendet hatte, die manchmal spannend waren, aber meist doch nur ermüdend. Acht Jahre Mühe und harte Arbeit schienen sich schließlich auszuzahlen.

Am 8. Februar 1865, einem Freitag, machte er sich bereit, den ersten Vortrag zu halten. Es war zwar noch immer kalt, aber glücklicherweise hatten sich die Wolken verzogen. Unter dem sternenklaren Himmel gingen Mendel und einige seiner Mitbrüder die gewundene Bäckergasse zur Realschule hoch, an der er seit elf Jahren Physik und Naturwissenschaften unterrichtete. Die Schule war in einem prachtvollen Bauwerk im Stil eines florentinischen Palastes untergebracht, das vor noch nicht allzu langer Zeit errichtet worden war. Es lag gerade noch innerhalb der Stadtmauern, ein paar Häuserzüge hinter dem Kohlmarkt im Zentrum der Stadt. Wie es da im Schein der Gaslaternen der Johannesgasse und des Februar-Vollmonds, des Hungermondes, stand, hoben sich seine Bogenfenster und der hohe Glockenturm in einem schauerlichen Glanz gegen die Nacht ab.

Trotz seines großen Leibesumfangs war Mendel in seinem langen schwarzen Rock, den hohen Stiefeln und dem großen schwarzen Hut eine fast elegante Erscheinung. Er trug sein Manuskript unter dem Arm und hatte auch einige Exemplare der Erbsenpflanzen, über die er an diesem Abend sprechen wollte, bei sich. Als sie die Halle betraten, wurde Mendel von seinem Freund Gustav von Niessl begrüßt, Professor für Astronomie und Botanik, der Sekretär des Naturforschenden Vereins in Brünn war und zu dem abendlichen Vortrag eingeladen hatte. Wie Hunderte ähnlicher Vereinigungen in ganz Europa setzte sich auch der Brünner Verein aus Wissenschaftlern wie Niessl zusammen, die an den Lehranstalten unterrichteten, und Amateurforschern wie Mendel, die zwar keine fachliche Ausbildung, dafür aber ein lebhaftes Interesse am weiteren Erwerb von Wissen und am Debattieren hatten.

An diesem Abend hatten sich ungefähr 40 Zuhörer in der Realschule eingefunden. Die meisten Gesichter waren Mendel vertraut. Da war der bekannte Botaniker Alexander Makowsky, der mit ihm an der Realschule unterrichtete, genauso wie der Chemiker Franz Czermak. Der Arzt Jakob Kalmus war anwesend und Mendels Mitbruder Antonin Alt. Unter der Zuhörerschaft befanden sich auch einige Männer, die Mendel noch aus seiner Studienzeit in Wien kannte: der Geologe Karl Schwippel, der inzwischen am Brünner Gymnasium unterrichtete, und der Mineraloge Joseph Sapetza.

Nur Johann Nave fehlte, der bereits in Wien und später in Brünn einer der engsten Freunde Mendels gewesen war. 1854 war der Jurist nach Brünn gezogen und auch hier seiner Neigung für die Naturwissenschaften nachgegangen. Die beiden Männer sprachen oft über ihre botanischen Interessen, die in Mendels Fall den Erbsen, im Fall Naves den Algen galten. Nave war 1864 im Alter von erst 34 Jahren gestorben, und es war Mendel zugefallen, ihm den letzten Segen zu geben. Hätte Nave diesen Abend noch miterlebt, wäre er vielleicht einer der wenigen Männer unter der Zuhörerschaft gewesen, die die Bedeutung dessen, wovon Mendel sprach, verstanden.

Als sich die Männer unter leisem Gemurmel auf ihre Plätze begeben hatten, erhob sich der Botaniker Karl Theimer und betrat das Podium. Auch Theimer, ein gelernter Apotheker, war ein Freund Mendels aus Universitätszeiten. Als Vizepräsident des Vereins war es seine Aufgabe, dem Treffen an diesem kalten Februarabend vorzusitzen. Nachdem er einige den Verein betreffende Angelegenheiten vorgetragen hatte, stellte er Mendel vor, und unter den Zuhörern trat Stille ein.

Der Mönch holte tief Luft und begann mit seinem Vortrag. Er war zweifellos nervös; Mendel war ein schüchterner Mann mit einer leisen Stimme, der es nicht gewohnt war, öffentlich zu sprechen, selbst wenn es sich um eine kleine Gruppe von Menschen handelte, die er gut kannte. Der Vortrag, den er hielt, war zurückhaltend im Ton, aber gespickt mit mathematischen Ableitungen; er dauerte etwa eine Stunde. Es gab keine Fragen. Wieder wurden Stühle gerückt, und die Versammlung war beendet. Auf den Tag genau vier Wochen später hielt Mendel den zweiten Teil seines Vortrags; wieder waren die Reaktionen höflich, aber verhalten. Keine einzige Frage wurde gestellt, da wohl niemand die Bedeutung von Mendels Entdeckungen ermessen konnte. Die meisten Zuhörer gingen wohl in dem Bewusstsein nach Hause, gerade den zweiten von zwei langweiligen Abenden damit verbracht zu haben, einem Mönch aus dem Kloster zuzuhören, wie er seine Gartenarbeit beschrieb.

So zumindest stellt man sich gemeinhin den Verlauf der beiden Abende vor. Die Artikel in der Brünner Tageszeitung, dem *Tagesboten*, lassen aber auch einen anderen Eindruck zu. Josef Auspitz, Direktor der Brünner Realschule und damit Mendels Vorgesetzter, gehörte zu den Herausgebern des *Tagesboten,* und vielleicht boten deshalb die beiden Berichte über die Vorträge vom 8. Februar und 8. März einen besseren Überblick, als sie es andernfalls getan hätten. Glücklicherweise verstand der Berichterstatter – vielleicht war es Auspitz oder Niessl – so viel von dem Thema, dass er eine angemessene Zusammenfassung zustande brachte. Dem Artikel nach war die Zuhörerschaft alles andere als gelangweilt. »Die numerischen Daten über die Verteilung der unterscheidenden Merkmale bei den Hybriden und ihr Verhältnis zu den Stammarten verdienten Beachtung«, schrieb der Berichterstatter. »Dass der Gegenstand der Vorträge wohl gewählt und die Ausführung ganz und gar gelungen waren, zeigte sich an der lebhaften Beteiligung der Zuhörer.«

Möglicherweise aber war der Verfasser dieser Artikel im *Tagesboten* Mendel selbst. Es kann sein, dass Auspitz seinen

Kollegen um eine Zusammenfassung seines Vortrags gebeten hat, was zu der damaligen Zeit durchaus den Gepflogenheiten entsprach, und dann schrieb Mendel den Zeitungsartikel so, als hätten die Vorträge und die Reaktionen darauf schon stattgefunden. Das wiederum könnte bedeuten, dass Mendel niemals eine »lebhafte Beteiligung« von Seiten seiner Zuhörer erfuhr, sich diese vielmehr einfach nur erhofft hatte.

Zwei Jahre später schrieb Mendel einen Brief, in dem er sich auf die geteilte Meinung bezog, die er mit seinem ersten Vortrag hervorgerufen hatte. Diese Formulierung deutet zwar darauf hin, dass zumindest irgendeine Diskussion stattgefunden hatte, heißt aber nicht unbedingt, dass einer der Zuhörer seinen Vortrag so weit verstanden hatte, um eine Frage stellen zu können. Niessl beispielsweise hatte Mendel durchaus wohlwollend zugehört, wusste aber trotz seiner Position und seiner umfassenden Bildung so wenig wie die anderen zu sagen.

Während des einstündigen Vortrags im Februar hatte Mendel die Ergebnisse seiner Versuche der vorangegangenen acht Jahre dargestellt. Er beschrieb das daraus gewonnene 3 : 1-Verhältnis und die Selbstbefruchtung der folgenden Generationen, die zu einer Verfeinerung des Verhältnisses auf 1 : 2 : 1 geführt hatte (eine rein Dominante auf zwei Hybriden auf jede rein Rezessive). Er erläuterte, inwiefern dieses Verhältnis algebraisch als Kombinationsreihe ausgedrückt werden konnte, das heißt als Ausdruck von Termen, die durch Pluszeichen miteinander verbunden werden. Der Beitrag jeden Elters wird durch Buchstaben dargestellt, die miteinander multipliziert werden, sodass sich daraus eine Kombinationsreihe zur Beschreibung der Nachkommen (oder, algebraisch ausgedrückt, des Produkts) ableiten ließ. Wenn beide Elternteile *Aa* sind – anders gesagt, hybrid hinsichtlich des durch *A* symbolisierten Merkmals –, dann ist das Produkt von (*Aa*) × (*Aa*) die Kombinationsreihe *A* + 2*Aa* + *a*; das heißt, dass ein dominanter Nachkomme auf je zwei Hybride auf je einen rezessiven Nachkommen kommt.

Die mathematische Einfachheit täuscht über die Mühseligkeit des Verfahrens hinweg, das zu diesem Ausdruck geführt hat. Die meiste Arbeit fand während der langen Abende in einem der zurückliegenden Winter statt. Höchstwahrscheinlich gelangte Mendel irgendwann zwischen 1859, als die ersten runden F3-Hybriden ihre Samen hervorbrachten, und 1862, als der Großteil der Züchtungen abgeschlossen war, ganz unvermittelt zu diesen mathematischen Einsichten. Während dieser Monate hatte der Priester Blatt um Blatt mit Berechnungen voll geschrieben, in welcher Weise ein einzelnes Merkmal, das in nur einer von zwei möglichen Formen in Erscheinung treten konnte, von den Eltern auf die Kinder auf die Enkel und so fort weitergegeben wurde.

Mendel konzentrierte sich in seinem Vortrag zunächst auf ein einzelnes Merkmal. Er führte aus, mit welcher Wahrscheinlichkeit die runde oder die kantige Erbsenform weitergegeben wurde. Dann sprach er darüber, mit welcher Wahrscheinlichkeit die gelbe und die grüne Erbsenfarbe weitergegeben wurde, dann über die Färbung der Samenschale (graubraun oder weiß), dann über die Höhe (hoch oder zwergartig). Und so fuhr er fort, Merkmal für Merkmal, insgesamt sieben Mal.

Mendel beschrieb, dass jede folgende Generation der Monohybridkreuzungen immer komplizierte Überlegungen nach sich zog und inwiefern ihn dies dazu zwang, immer komplexere mathematische Berechnungen anzustellen. Spätestens an diesem Punkt wird er die Aufmerksamkeit seiner

Zuhörer verloren haben, und er beendete seinen Vortrag klugerweise.

Mendel machte es allerdings spannend. Im März würde er wieder kommen, so sagte er, mit einer Erklärung der »bestimmten und gesetzmäßigen Weise«, in der sich diese differierenden Merkmale, die in der ersten Hybridgeneration in einem Verhältnis von 3:1 auftraten, in den folgenden Generationen wieder voneinander schieden.

Der 8. März 1865 fiel wieder auf einen Freitag und war auch sonst, außer dass es weniger kalt war, im Großen und Ganzen eine Wiederholung des 8. Februar. Mendel, wieder in schwarzem Rock und Röhrenstiefel gekleidet, sprach eine Stunde lang und ließ dabei einen solchen Hagel von Zahlen und Berechnungen auf seine Zuhörer niederprasseln, dass sie wahrscheinlich kaum noch wussten, wo ihnen der Kopf stand. Es war nicht klar, ob er meinte, Schlussfolgerungen hinsichtlich der Erblichkeit ziehen zu können (ein Begriff übrigens, den er so wenig wie Vererbung jemals gebrauchte). Im späten 19. Jahrhundert meinte Erblichkeit so etwas wie Konstanz – die Neigung, dass Ähnliches Ähnliches hervorbringt, Erbsenpflanzen immer Erbsenpflanzen, Nachtigallen immer Nachtigallen und blonde Menschen immer blonde Menschen. Erblichkeit war ein Synonym für Stabilität, Dauerhaftigkeit, Treue. Mendel beschrieb aber nicht einfach nur Konstanz. Seine Gesetze ließen sich nicht nur auf Merkmalsgruppen anwenden, die von den Elternpflanzen vollständig weitergegeben werden, sondern auch auf Merkmalsgruppen, die sich von einer Generation zur nächsten unterschieden. Er zeigte, warum nicht alle Welpen eines Wurfs gleich aussahen, warum die Kinder einer blonden Mutter und eines dunkelhaarigen Vaters nicht blond sein mussten. Die Vererbungsgesetze beschränkten sich laut Mendel nicht darauf, Konstanz zu beschreiben, sie erfassten genauso Variabilität.

Als Mendel sich bei seinem zweiten Vortrag auf einige komplizierte Berechnungen konzentrierte, eine Art botanische Mathematik, verloren wohl die meisten seiner Zuhörer das Interesse. Möglicherweise erinnerte sie das Ganze an die mystischen Zahlen der Pythagoreer, jener Anhänger des Mathematikers Pythagoras von Samos, der im fünften Jahrhundert vor Christus gelebt hatte. Von ihm stammt der bekannte Lehrsatz $a^2 + b^2 = c^2$, der die beiden Katheten und die Hypotenuse eines rechtwinkligen Dreiecks in Beziehung zueinander setzt. Alle Dinge sind Zahlen, erklären die Pythagoreer, und zu ihren liebsten Zahlen gehörten die ganzen Zahlen, die Trigonalzahlen und die Zahl Zehn. Ihr bevorzugtes Symbol war das Pentagramm, ihre Lieblingspflanze die Bohne, deren embryoähnliche Form sie zu der Überzeugung brachte, dass Bohnen wieder geborene Embryos seien. Pythagoras sah in vielen Pflanzen und Tieren wieder geborene Menschen. Es heißt, er habe einmal einen Mann daran gehindert, einen Hund zu schlagen, weil er in dem Hund einen Freund wiedererkannt zu haben meinte.

In dem Vortrag vom März wagte sich Mendel über die Monohybridkreuzungen hinaus und behandelte die Dihybrid- und Trihybridkreuzungen. Und hier wurden die Gleichungen wirklich kompliziert. Nachdem er schon drei, vier Jahre an seinen Versuchen gearbeitet hatte – also um 1860, 1861 herum –, hatte er sich Kreuzungen vorgenommen, bei denen er zwei Merkmale auf einmal beobachten wollte. Sobald er die nötigen Daten gesammelt hatte, wandte er sich der Algebra zu, um die möglichen Kombinationen zu berechnen und deren wahrscheinliche Verteilung abzuleiten. Die mathematischen Berechnungen selbst waren einfach, aber die Gleichungen waren lang, ermüdend und für die Zuhörer schwer nachzuvollziehen.

Zunächst griff er auf seine ursprüngliche Kombinationsreihe zurück, die er aus der Monohybridkreuzung abgeleitet hatte, $(Aa) \times (Aa)$. Das Produkt dieser Kreuzung, $A + 2Aa + a$, ließ sich dann mit dem Produkt einer Kreuzung mit einem anderen Merkmal multiplizieren, das als B: $B + 2Bb + b$ dargestellt war. Es stellte einfachste Algebra dar, durch Nutzung der distributiven Eigenschaft der Multiplikation zu einem Ausdruck zu gelangen, der eine Dihybridkreuzung zwischen Pflanzen repräsentierte, die in Bezug auf zwei Merkmale hybrid waren. Dieser Ausdruck, abgeleitet von $(A + 2Aa + a) \times (B + 2Bb + b)$, hieß: $AB + Ab + aB + ab + 2Abb + 2aBb + 2AaB + 2Aab + 4AaBb$. Sehr viel später würde man diesen Ausdruck zu einem Verhältnis von $9:3:3:1$ vereinfachen, das fast so bekannt wurde wie Mendels ursprüngliches $3:1$-Verhältnis. Ausschließlich von der Erscheinung ausgehend, bedeutet dieses Zahlenverhältnis: Für jeweils neun Nachkommen, die sowohl für A als auch für B dominante Merkmale zeigen, erhält man drei, die für A dominant und für b rezessiv sind, drei, die für B dominant und für a rezessiv sind, und einen, der sowohl rezessiv für a als auch für b ist. Dieses $9:3:3:1$-Verhältnis hat allerdings nicht Mendel selbst ausgearbeitet, sondern einer seiner Wiederentdecker zu Beginn des 20. Jahrhunderts.

An diesem Punkt in seinem Vortrag angelangt, beschrieb Mendel zwei grundlegende Prinzipien, die schließlich als Mendels Gesetze bekannt werden sollten. Er selbst war viel zu bescheiden, um sie Gesetze zu nennen, geschweige denn sie mit seinem Namen zu belegen. Aus seinen Vorträgen wird auch nicht klar, wie sicher er sich war, dass sich diese Gesetze auf andere Pflanzen übertragen ließen.

Zunächst sprach er über den später als Spaltung bezeichneten Vorgang und skizzierte seine Idee, dass einige noch nicht identifizierte Faktoren in den Keimzellen Merkmale von den Eltern auf die Nachkommen weitergeben konnten. Wie auch immer sie aussähen, so folgerte er, sie trennten sich, während sie sich anschickten, über die Gameten der Eltern auf die nächste Generation überzugehen. Mendel erklärte auch, die Geschlechtszellen würden eine Veränderung durchlaufen, bei der sich ein doppelter Satz von Vererbungsfaktoren auf einen einfachen Satz halbieren würde. Auf welche Weise das vor sich ging, konnte man erst 25 Jahre später im Zusammenhang des Vorgangs der Reifeteilung (Meiose) erklären. Mendel wusste nur, dass diese Veränderung notwendig war, wenn seine Berechnungen zutreffen sollten.

Damit verbunden war die Beobachtung, die später als Unabhängigkeitsgesetz bezeichnet werden sollte, dass jeder von den Eltern auf die Nachkommen weitergegebene Faktor, für sich und unabhängig von allen anderen Faktoren weitergegeben wird.

Mendel sprach während dieses zweiten Vortrags auch kurz über die zwei Jahre, in denen er neben *Pisum* Kreuzungen mit anderen Pflanzen, vor allem verschiedene Bohnenarten (*Phaseolus*), durchgeführt hatte, zu denen auch solche zwischen der Gartenbohne (*P. vulgaris*) und der Buschbohne (*P. nanus*) gehörten. Einige dieser Kreuzungen bestätigten das 1:2:1-Verhältnis, das er bei *Pisum* festgestellt hatte, andere nicht.

Die Farbe der Blüten haben ihn in besonderem Maße verwirrt, sagte er. Als er die weißen Buschbohnen mit den roten Kletterbohnen (*P. multiflorus*) kreuzte, entsprachen die Ergebnisse in keiner Weise seinen Erwartungen. »Abgesehen davon, dass aus der Verbindung einer weißen und purpurroten Färbung eine ganze Reihe von Farben hervorgeht, von Purpur bis Blassviolett und Weiß, muss auch der Umstand auffallen«, erklärte er, »dass unter 31 blühenden Pflanzen nur eine den rezessiven Charakter der weißen Färbung erhielt, während das bei *Pisum* durchschnittlich schon bei jeder vierten Pflanze der Fall ist.« Mendels Vorträge dienten in erster Linie dem Zweck, eine Erklärung für solche Abweichungen zu finden, er hoffte, dass einer seiner Kollegen ähnliche Versuche durchführen und seine Ergebnisse bestätigen oder auch widerlegen würde.

Gegen Ende des Vortrags und möglicherweise ahnend, dass einige seiner Zuhörer den roten Faden seiner Argumentation verloren hatten, formulierte Mendel ein paar Gedanken über die Speziation beziehungsweise Artbildung, die noch immer einer der umstrittensten wissenschaftlichen Gegenstände sowohl auf dem Kontinent als auch in England war. Damit wagte er sich in die undurchsichtigen Gefilde des Lamarckismus, der damals ebenso heftig diskutiert wurde wie die Evolution. »Niemand wird im Ernste behaupten wollen, dass die Entwicklung der Pflanze im freien Lande durch andere Gesetze geleitet wird als im Gartenbeete«, erklärte Mendel. »Hier wie dort müssen typische Abänderungen auftreten, wenn die Lebensbedingungen für eine Art geändert werden und diese die Fähigkeit besitzt, sich den neuen Verhältnissen anzupassen.« Aber, so fuhr er fort, »sich anzupassen« bedeutet, dass die Arten in ihren Keimzellen eine Veränderung durchlaufen, die durch die Elemente hervorgerufen würde, die dominierende und rezessive Merkmale in unbeeinflusster, zufälliger Weise weitergeben.

Wenn Anpassungen unter dem Einfluss der Umgebung erfolgten, sagte er, blieben sie oftmals erhalten und würden an die folgenden Generationen weitergegeben. Mendels Versuche lieferten nun eine Theorie, die diese Erhaltung erklären konnte. Dabei, so sagte er, »berechtigt uns [nichts] zu der Annahme, dass die Neigung zur Varietätenbildung so außerordentlich gesteigert werde, dass die Arten bald alle Selbständigkeit verlieren und ihre Nachkommen in einer endlosen Reihe höchst veränderlicher Formen auseinander gehen.« Im Gegenteil, die Tendenz gehe Richtung Selbständigkeit und Stabilität, und die Variation sei demnach die Ausnahme und nicht die Regel.

Mit anderen Worten, Mendel entdeckte in seinen Kreuzungsversuchen den Mechanismus der Beständigkeit der Arten. Und genau das war es vielleicht, wonach er überhaupt suchte, und nicht der Mechanismus der Variation, der die Arbeit so vieler früherer Züchter vorangetrieben hatte.

Man stelle sich nun Gregor Mendel vor, inzwischen 44 Jahre alt, wie er sich voller Eifer daranmacht, Sonderdrucke seines ersten Aufsatzes zu verschicken. Der Brünner Verein veröffentlichte, wie es bei den während der monatlichen Treffen gehaltenen Vorträgen üblich war, den vollständigen Text in seinen offiziellen *Verhandlungen*. Diese Veröffentlichung bot Mendel die Gelegenheit für einen zweiten Versuch, die Aufmerksamkeit wissenschaftlicher Kreise auf sich zu ziehen, da der Inhalt seiner Vorträge bis dahin nicht über die Grenzen der Stadt hinaus gedrungen war. Mendel erbat sich also 40 Sonderdrucke vom Herausgeber der Zeitschrift, was damals eine große Anzahl war, und schickte sich an, die Ergebnisse seiner Arbeit, so weit es ihm die eigene Zurückhaltung überhaupt erlaubte, bekannt zu machen.

Mendel, dessen lockiges braunes Haar damals bereits schütter zu werden begann, während sein Gesicht immer rundlicher wurde, setzte sich an seinen eichenen Schreibtisch in der Orangerie, wo die Luft warm war und intensiv duftete. Seiner methodischen Art entsprechend versah er zunächst die Umschläge mit Adressen, nachdem er sich mutig dazu entschlossen hatte, den Sonderdruck seines Vortrags an mindestens ein Dutzend anerkannte Wissenschaftler in ganz Europa zu schicken. Vielleicht hat er auch alle 40 verschickt, aber Gewissheit haben wir nur über das Schicksal jener zwölf.

Einer ging an Kerner von Marilaun, einen Botaniker aus Innsbruck, der zur gleichen Zeit wie Mendel die Vorlesung von Franz Unger über Pflanzenphysiologie an der Wiener Universität gehört hatte. 1875 sollte Kerner seinerseits mit einer später berühmt gewordenen Versuchsreihe beginnen. Er versetzte Pflanzen aus dem Flachland in eine alpine Umgebung und vermochte dadurch zu beweisen, dass bei den Pflanzen auftretende Veränderungen, die auf die Höhenlage zurückzuführen sind, nicht an jene Nachkommen weitergegeben werden, die wieder im Flachland ausgesetzt werden. Kerner konzentrierte sich bei seiner Suche nach der Ursache der Artbildung auf stark veränderliche Pflanzen und maß der Arbeit des Mönchs mit den beständigen Gartenerbsen offenbar wenig Bedeutung bei. Genauso wenig zeigte er Interesse an Mendels weiterem Werdegang, auch wenn sich die Wege der beiden in Wien mehrere Male gekreuzt hatten. Nach Kerners Tod entdeckte man in seiner Bibliothek einen Sonderdruck von Mendels Vortrag, die Seiten waren jedoch nicht aufgeschnitten. Der Professor hatte sich also nicht einmal die Mühe gemacht, sie durchzublättern.

Auch in der Bibliothek von Charles Darwin hat man einen solchen nicht aufgeschnittenen Sonderdruck gefunden, den Mendel ihm geschickt haben muss. Aber selbst wenn Darwin sich die Zeit genommen hätte, die Seiten aufzuschneiden und den Aufsatz zu lesen, so wäre er ihm wahrscheinlich unverständlich geblieben. Immerhin hatte sich Darwin bereits mit der Arbeit Charles Naudins auseinander gesetzt, der in vielen Fällen zu denselben Schlussfolgerungen wie Mendel gekommen war – wenn auch ohne dessen statistische Belege –, und war davon nicht besonders beeindruckt gewesen. »Er kann, denke ich, nicht viel über den Gegenstand nachgedacht haben«, bemerkte er einmal über Naudin. Warum hätte er Mendel gegenüber wohlwollender sein sollen?

Tatsächlich war Darwin zu ähnlichen Zahlenverhältnissen wie Mendels 3:1-Verhältnis gekommen – nur wusste er nichts damit anzufangen. 1868, also nur ein Jahr nachdem er Mendels Sonderdruck erhalten hatte, veröffentlichte er einen Aufsatz, in dem er die Häufigkeit eines Merkmals erwähnte. Er kreuzte damals rot und weiß blühendes Löwenmaul miteinander. In der ersten Hybridgeneration, so stellte Darwin wie schon so viele Züchter vor ihm fest, gab es nur weiße Hybriden. Aber in der zweiten Generation zeigte eine Minderheit des Löwenmauls die rote Farbe einer der Großelternpflanzen. Darwin hätte zwar niemals quantitative Experimente vorgenommen, aber immerhin zählte er die verschiedenen Blumen und kam auf 88 weiße Pflanzen und 37 rote Pflanzen. Das entspricht einem Verhältnis von 2:4:1, das Darwin allerdings nicht errechnete, und selbst wenn er es getan hätte, so hätte er ohne Mendels Erkenntnisse doch nichts damit anzufangen gewusst. Und da lag also der Aufsatz des Mönchs, unaufgeschnitten und ganz bestimmt ungelesen, auf einem Regal unter all den anderen beiseite gelegten Schriften.

Ein drittes Exemplar landete in der Privatbibliothek des bekannten holländischen Biologen Martinus Beijerinck.

Auch dieser sollte später einmal Probleme mit dem Anspruch auf Erstentdeckung haben. Als Beijerinck 1898 bekannt gab, er habe einen Erreger von Infektionskrankheiten entdeckt, den er Virus nannte, meldete sich sofort ein russischer Biologe und beanspruchte diese Entdeckung für sich. Dmitry Ivanovsky hatte sechs Jahre vor Beijerinck einen Aufsatz zum gleichen Gegenstand veröffentlicht. Als Beijerinck Kenntnis von diesem Aufsatz erhielt, trat er seinen Anspruch ohne weiteres an den Russen ab. Ivanovskys Aufsatz war wie der von Mendel in einer Zeitschrift erschienen, die keine breitere Leserschaft erreichte und niemals in eine andere Sprache übersetzt worden war. Anders als Mendel erlebte Ivanovsky allerdings noch, dass seine Erkenntnisse von einem berühmteren Wissenschaftler neu entdeckt wurden – und er war energisch genug, sich die Anerkennung zu erkämpfen, auf die er ein Recht zu haben glaubte.

Der Aufsatz Mendels gelangte über einen Dritten in Beijerincks Hände. Als Beijerinck erfuhr, dass de Vries, ein Landsmann von ihm, einen Aufsatz über Züchtungen von *Oenothera lamarckiana* (die Nachtkerze) und *Zea mays* (Mais) veröffentlichen wollte, suchte er den *Pisum*-Aufsatz heraus und schickte ihn an seinen jüngeren Kollegen. »Mir ist zu Ohren gekommen, dass Sie Hybride untersuchen«, schrieb er, »und daher ist vielleicht der beiliegende Aufsatz eines gewissen Mendel aus dem Jahr 1865, der sich zufällig in meinem Besitz befindet, von Interesse für Sie.« Diese Weitergabe muss irgendwann zwischen 1898 und 1900 stattgefunden haben; Näheres ist nicht bekannt. Allerdings ist das exakte Datum von einiger historischer Bedeutung, da de Vries, der 1900 zu einem der drei Wiederentdecker von Mendels Aufsatz ausgerufen wurde, denselben Weg wie Mendel eingeschlagen hatte. Die Frage, wann er Kenntnis von Mendels Aufsatz bekam, spielt also eine entscheidende Rolle in der anschließenden Diskussion, ob de Vries unabhängig von Mendel zu seinen Schlussfolgerungen gekommen war oder ob er Mendel einfach gefolgt war.

Ein viertes Exemplar gelangte über einige Umwege an das Max-Planck-Institut in Tübingen. Den ursprünglichen Adressaten dieses Exemplars kennt man nicht; man weiß nur so viel, dass dieser es an Theodor Boveri weitergeleitet hat, einen der Entdecker der Chromosomentheorie der Zellen. Nach dessen Tod im Jahr 1915 ging der Aufsatz an das Kaiser-Wilhelm-Institut für Biologie in Berlin. Zufällig zählte auch Karl Correns, der erste Leiter des Instituts, zum Kreis der Wiederentdecker Mendels.

Hat Mendel auch an Franz Unger, seinen Botanik-Professor in Wien, ein Exemplar geschickt? In der Bibliothek des Instituts für Botanik an der Grazer Universität, an dem Unger vor seinem Weggang nach Wien im Jahr 1849 unterrichtete, liegt jedenfalls einer der Sonderdrucke. Möglicherweise war er eine Schenkung Ungers, der ihn seinerseits von Mendel bekommen haben kann. Als Mendel 1867 die Sonderdrucke verschickte, war Unger schon emeritiert. Es ist nicht bekannt, dass er jemals an Mendel geschrieben und ihm Anerkennung für seine Arbeit gezollt hat – oder auch nur den Sonderdruck gelesen hat, der wie so viele andere nicht aufgeschnitten war, als man ihn entdeckte. Aber warum sollte sich Unger von seinem ehemaligen Studenten abwenden? Hätte er denn nicht die Tragweite dieses Aufsatzes erkannt und Mendel seine Unterstützung dabei angeboten, die Ergebnisse in Zeitschriften mit einer größeren Leserschaft zu veröffentlichen?

Offensichtlich nicht. Welche Motive Unger für seine Handlungsweise gehabt haben mag, wird man nie mehr erfahren.

Nach allem, was er von Mendels Arbeit wusste, mag er ihn für einen Anti-Darwinisten gehalten haben, da Mendel die Konstanz gegenüber der Variabilität hervorhebt und die Idee einer Vermischung des Erbguts verwarf. Wenn dem so war, dann war ihm wohl kaum daran gelegen, die Verbreitung von Erkenntnissen zu fördern, die als Gegenbeweise zu einer Theorie herangezogen werden konnten, für die er seine eigene Laufbahn aufs Spiel gesetzt hatte. Vielleicht fehlte Unger drei Jahre vor seinem Tod aber auch die Kraft, sich mit dieser Sache auseinander zu setzen und mit seinem brillanten ehemaligen Studenten eine Korrespondenz aufzunehmen, die ihn sowohl persönlich wie intellektuell zu sehr beansprucht hätte.

Der sechste Sonderdruck ging möglicherweise an einen Botaniker, von dem Mendel das erste Mal in Ungers Vorlesungen gehört hatte. Dieser Mann, M. J. Schleiden, gehörte zu den Entdeckern der Zelltheorie und war Autor des Werks *Grundzüge der wissenschaftlichen Botanik*, das dazu beitrug, dass die Botanik als deduktive Wissenschaft Geltung erlangte. Er hatte ein nahezu grenzenloses Vertrauen in die Macht der Zahlen und hätte mehr als jeder andere Botaniker dieser Zeit das methodische Vorgehen Mendels zu schätzen gewusst. In der Botanik, so schrieb Schleiden, könne man ohne Mathematik keine umfassende Theorie zu irgendeinem Gegenstand entwickeln.

In den vergangenen 40 Jahren wurden noch fünf weitere Sonderdrucke gefunden, aber die Wege, auf denen sie vom Kloster St. Thomas an ihren heutigen Aufbewahrungsort in einer Bibliothek oder Sammlung gelangten, liegen im Dunkeln. Ein Exemplar befindet sich in der University of Indiana in den USA. Zwei weitere gehören mittlerweile zu englischen Privatsammlungen, nachdem sie in den 1980er

Jahren für 4 400 beziehungsweise 13 500 Mark auf Auktionen versteigert wurden. Eines befindet sich in der Klosterbibliothek von Brünn und ein weiteres im Nationalinstitut für Genetik im japanischen Mishima.

Das letzte Exemplar, über dessen Schicksal wir etwas wissen, landete auf dem Schreibtisch von Professor Karl von Nägeli an der Universität von München. Mendel schickte es am letzten Tag des Jahres 1866 zusammen mit einem langen Brief, in dem er seine acht Jahre dauernden *Pisum*-Versuche zusammenfasste. »Das Vorkommen von konstanten Zwischenformen, das ich bei jedem Versuch bestätigt fand, scheint eine besondere Aufmerksamkeit zu verdienen«, bemerkte er in diesem Schreiben trocken, das sicherlich beispielhaft für alle Begleitbriefe war, die er seinen Sendungen beigelegt hatte. Er schrieb, dass er mit der Arbeit Gärtners und der anderer früher Züchter vertraut sei, und berichtete über die Ergebnisse seiner vorausgegangenen Forschungen über Hybriden von *Hieracium* (dem Habichtskraut also, eine von Nägeli häufig für seine Versuche verwendete Pflanze), *Cirsium* (der Kratzdistel) und *Geum* (einem Mitglied der Familie der Rosen). »Mir fehlt diese Erfahrung größtenteils« für die Beobachtung der Natur, schrieb Mendel, »durch anstrengenden Schuldienst bin ich gehindert, öfter ins Freie zu kommen, und in der Ferienzeit ist es für vieles schon zu spät« (da dann die Wachstumsphase vieler Wildpflanzen beendet ist). Aus diesem Grund ersuchte er Männer, die sowohl über die erforderliche Ausbildung als auch die angemessene Stellung verfügten, um Rat und Hilfe bei künftigen Versuchen.

Nachdem er seinen Aufsatz verschickt hatte, war Mendels Arbeit getan – zumindest bis er mit Beginn des nächsten Frühjahrs wieder zu seinen Kindern zurückkehren konnte.

Nun blieb ihm nichts anderes zu tun, als sich zurückzulehnen und der Antworten der Wissenschaftler, die er angeschrieben hatte, zu harren. Zu dieser Zeit lag Brünn wieder fest im Griff des Winters, des Winters des Jahres 1867.

ZWISCHENSPIEL

12. DIE STILLE

Der Besucher eines Gartens sieht meist nur die Erfolge.
Der Gärtner dagegen erinnert sich an die Fehler
und Verluste, an manche sogar sehr lange,
und stellt sich den Garten in einem Jahr
und in einer unvorstellbaren Zukunft vor.
A SHAPE OF WATER, W. S. Merwin

Das Eintreffen der Post war im Thomaskloster immer ein Ereignis. Die etwa ein Dutzend Mönche, aus denen die klösterliche Gemeinschaft bestand, waren allesamt gebildete Männer. Abt Napp hatte mit seiner Auswahl dafür gesorgt, dass die Bruderschaft des Klosters einer kleinen Gelehrtenrepublik glich, in der den Mönchen der Luxus einer großen Bibliothek, Gespräche mit Gleichgesinnten und viele Stunden zum Nachdenken und zum Dilettieren, wann immer sie Lust dazu verspürten, vergönnt war. In den sechziger Jahren des 19. Jahrhunderts wurde der Geist vornehmlich durch Korrespondenz beflügelt, und Entdeckungen wurden in Briefen vorbereitet und verbreitet.

Zwischen dem Neujahrstag des Jahres 1867, als er seine ersten Briefe auf den Weg gebracht hatte, und Ende Februar, als er die erste Antwort erhielt, muss Gregor Mendel jeden Morgen zunächst freudige Erregung verspürt haben, die dann leiser Enttäuschung und schließlich dumpfer Verzweiflung wich – und diesem Auf und Ab der Gefühle war er immer wieder ausgesetzt: beim Eintreffen der Nachmittagspost und erneut nach einer langen Nacht voller Zweifel beim Eintreffen der Morgenpost. Nahezu 100 Mal durchlebte er diese Skala der Empfindungen von freudiger Erwartung bis zu schierer Verzweiflung, und sie wurden ihm in dieser Jahreszeit, in der keine Erbsen mehr zu zählen und keine Rätsel mehr zu lösen waren, zu vertrauten Begleitern.

Von all den Wissenschaftlern, die Mendel in der Hoffnung, Hilfe und Bestätigung zu finden, angeschrieben hatte, reagierte nur Nägeli. Und selbst dieser ließ sich mit seinem Antwortschreiben zwei Monate Zeit. Wie aufgeregt muss Mendel gewesen sein, als er am 27. Februar 1867 diesen ersten Brief in Händen hielt! Vermutlich führte er im Geiste bereits angeregte Diskussionen mit einem der klügsten Köpfe Europas. Nägeli war schließlich das Vorbild des von ihm so sehr verehrten Professor Unger gewesen. Wie schmeichelhaft, dass er sich die Zeit genommen hatte, dem armen unbedeutenden Mendel zu schreiben. Nun war die Verzagtheit, die Mendel jeden Morgen und jeden Nachmittag beim Durchsehen der Post befallen hatte, wie weggeblasen. Vergessen waren die 100 kleinen Enttäuschungen, die sich in der Zeit ansammelten, als Mendel auf eine Bestätigung wartete, dass die Mühen seiner achtjährigen Arbeit nicht umsonst gewesen waren.

Nägelis Brief war natürlich handschriftlich verfasst; die Schreibmaschine war gerade erfunden worden und sollte erst in sieben Jahren auf den Markt kommen. Nägeli hatte den Brief mit großer Sorgfalt geschrieben und verschiedene Entwürfe gemacht, um die richtige Wortwahl zu treffen. Er gab eine »misstrauende Vorsicht« bezüglich der Forschungsergebnisse des Priesters zu erkennen. Seinem Brief legte er Sonderdrucke einiger kürzlich erschienener, eigener Zeitschriftenartikel bei. Der Ton seines Briefes war zwar höflich, enthielt aber auch eine gehörige Portion Skepsis, wie die früheren Entwürfe, die alles sind, was von Nägelis Brief erhalten ist, vermuten lassen. In den Notizen, die er sich machte, als er seinen Antwortbrief verfasst hatte, stellte Nägeli sich die Frage, woher Mendel wisse, dass die Hybriden, die er *Aa* nannte, eine konstante Form seien. »Die konstanten Formen sind noch weiter zu prüfen [...], ich vermute, dass sie früher oder später (bei Inzucht) wieder variieren werden. A hat z. B. das halbe a im Leib [da sie von Aa stammen], welcher Anteil sich bei Inzucht nicht verlieren kann.« Diese Bemerkungen legen nahe, dass Nägeli die eigentliche Entdeckung Mendels missverstanden hat – dass nämlich die rezessive *a*-Determinante im Hybriden keineswegs verloren geht, sondern sehr wohl erhalten bleibt und schließlich, die entsprechende Kombination von Keimzellen vorausgesetzt, in einer der nachfolgenden Generationen wieder in Erscheinung tritt.

Darüber hinaus wies Nägeli darauf hin, dass Mendels Datenmaterial keine solche Deutung der Zahlenverhältnisse wie die von ihm vorgenommene erlaube. Mendel solle die abgeleiteten Formeln als rein empirisch betrachten, schrieb er, da sie »rationell« nicht zu halten seien. Anders gesagt, Mendels Zahlenverhältnisse genügten, um seine experimentell gewonnenen Ergebnisse zu beschreiben, aber sie reichten nicht aus, um die Grundlage einer allgemeinen Theorie der Vererbung, der Hybridisierung oder der Artenbildung zu bilden.

Was hatte Nägeli zu seiner Antwort bewegt? War es Böswilligkeit, eine gewisse Kurzsichtigkeit oder Missgunst? Zweifellos erkannte er, dass er sich irren musste, wenn Mendel Recht hatte. Nägeli verfocht die Idee, dass die Nach-

kommen einen Teil der ererbten Informationen (die er Idioplasma nannte) von der Mutter erhielt und einen Teil vom
Vater und dass diese beiden Teile in einer Art Mittelform zutage traten. Nägeli muss klar gewesen sein, dass Mendels
Beweismaterial als Widerlegung einer solchen Theorie der
Vermischung verstanden werden konnten. Mendels Überlegungen zufolge tauchten in der nächsten Generation die
Merkmale, die verschwunden zu sein schienen – sich möglicherweise vermischt hatten, möglicherweise aber auch
nicht –, in völlig unvermischter Form wieder auf. Wenn
Mendels Daten bekannt wurden – musste dann nicht Nägelis beachtliche Reputation leiden?

Vielleicht war Nägeli aber auch einfach nur müde. Er war
schon als Kind von zarter Konstitution gewesen, und mittlerweile war er häufig ans Bett gefesselt, er litt unter den
Langzeitfolgen der Cholera, die er sich zehn Jahre zuvor in
St. Petersburg zugezogen hatte. Diese Reise hatte er unternommen, um sich Anregungen für die Einrichtung eines
neuen Forschungsinstituts an der Universität von München
zu holen. Die chronische Erkrankung mag einer der Gründe
für seine verspätete und unfreundliche Antwort auf Mendels
ersten Brief und für die Antworten, die er ihm auf seine späteren Briefe gab, gewesen sein.

Vielleicht hat Nägelis Brief Mendel enttäuscht, der sich
für die kurze Zeit zwischen dem Erhalt des Briefes und dem
Öffnen des Umschlags wahrscheinlich größeren Hoffnungen hingegeben hatte. Vielleicht hat er ihn aber auch ent-
mutigt, und zwar weniger wegen der Worte selbst, sondern
wegen ihres Absenders. Seine Reaktion auf Nägelis Brief
lässt sich nur aus seinem Antwortschreiben erschließen. In
seinem zweiten Brief an Nägeli, den er am 18. April 1867 verfasste, beschrieb Mendel die *Pisum*-Versuche ausführlicher;

möglicherweise nahm er an, dass Nägeli den Aufsatz entweder nicht gelesen oder nicht verstanden hatte. Er bekräftigte seine Überzeugung, dass zumindest einige seiner Hybriden immer reinerbig seien; »stufenweise Übergänge zu den Stamm-Merkmalen oder eine sukzessive Annäherung an dieselben habe ich nicht beobachtet«, schrieb er. »Der Entwicklungsgang besteht einfach darin, dass in jeder Generation unmittelbar aus der Hybridform die beiden Stamm-Merkmale getrennt und ungeändert hervorgehen, und nichts verrät an ihnen, dass eines von dem anderen etwas geerbt oder mitgenommen hätte.« Schließlich verteidigte er seine statistisch gewonnenen Ergebnisse mit der schlichten Erklärung, dass er es für »erlaubt« halte, von der Beobachtung zur Theorie überzugehen, »weil ich in den vorausgegangenen Experimenten den Beweis finde, dass die Entwicklung hinsichtlich je zweier differierender Merkmale unabhängig von den übrigen Differenzen erfolgt«.

Der schriftliche Austausch zwischen Mendel und Nägeli sollte die nächsten sieben Jahre andauern, wobei es zwischen den einzelnen Briefen immer wieder lange Pausen gab, die wohl Zweifeln und Enttäuschungen geschuldet waren. Auf Mendels langen zweiten Brief antwortete Nägeli überhaupt nicht. Aber selbst das konnte Mendel nicht abhalten, und er schrieb dem Professor am 6. November 1897 ein drittes Mal.

In diesem Brief verlor Mendel kein einziges Wort über *Pisum*, da er wahrscheinlich aus dem Schweigen Nägelis schloss, dass dieser kein besonderes Interesse an den Erbsen hatte. Stattdessen ließ er sich ausführlich über einige Arten aus, von denen er wusste, dass Nägeli mit ihnen arbeitete, insbesondere die Hybriden von *Hieracium*. In diesem Schreiben gibt Mendel auch Einblick in sein sanftmütiges und selbstironisches Wesen. Er machte sich über sein »Übergewichte« lustig und bekannte seine fast kindliche Freude am Sommer. »Dem künftigen Sommer«, so schreibt er, »sehe ich mit Ungeduld entgegen, da mir zum ersten Male mehrere fruchtbare Hybriden ihre Nachkommen in der Blüte vorführen werden. Es ist dafür gesorgt, dass sie recht zahlreich erscheinen können, und ich wünsche nur, dass sie die Sehnsucht, mit welcher ich sie erwarte, durch zahlreiche Mitteilungen aus ihrer Lebensgeschichte lohnen mögen.«

Trotz seines Charmes blieb auch der dritte Brief Mendels unbeantwortet. Welche Beharrlichkeit und welches Selbstvertrauen – vielleicht auch welche Verzweiflung – waren nötig, damit Mendel am 9. Februar 1868, drei Jahre und einen Tag nachdem er seinen Aufsatz zum ersten Mal vorgelegt hatte, einen weiteren Brief an Nägeli losschickte? Diese Mal versuchte er es auf anderem Wege. Sein Brief war kurz gehalten und bestand im Grunde nur aus der Bitte, Nägeli möge ihm für Züchtungsversuche den Samen oder die Pflanzen von 15 *Hieracicum*-Arten schicken, und dem Versprechen, ihm im Falle des Gelingens »von den Bastarden getrocknete oder lebende Exemplare einsenden zu wollen«. Das war ein kluger Schachzug. Mendel war ein äußerst geschickter Züchter, und *Hieracium* waren bekanntermaßen schwer zu kreuzen, weil ihre Blüten so zart und klein sind. Jede Blüte hat fünf Staubgefäße, die eine Röhre bilden, durch die der Griffel, der Träger der Blütennarbe, geht. Diese Röhre ist so fein, dass nur jemand mit einer vollkommen ruhigen Hand die Blume kastrieren kann, ohne den Griffel zu verletzen. Da die Blüte des Habichtskrauts darüber hinaus auch noch sehr klein ist, muss man diese schwierige Arbeit unter einem Mikroskop vornehmen, was wiederum zu starken Rückenschmerzen und einer Überanstrengung der Augen führen kann.

Mendel hatte Nägeli mit diesem vierten Brief seine unbezahlten Dienste angeboten – und einem solchen Angebot konnte damals wie heute wohl kaum ein Wissenschaftler widerstehen. Das Angebot war umso willkommener, da es sich auf eine so prekäre Arbeit wie die Kreuzzüchtung von *Hieracium* bezog.

Dieser Brief Mendels veranlasste Nägeli schließlich, sein Schweigen zu brechen. Im April 1868 erreichte Nägelis zweites Schreiben das Kloster. Es war kaum ermutigender als das erste, das er 14 Monate zuvor verfasst hatte. Der Brief war knapp gehalten und enthielt die Zusage, Mendel so bald wie möglich einige Pflanzen und Samen zu schicken.

Einige Wochen später, am 4. Mai 1868, schickte Mendel seinen fünften Brief an Nägeli los. Aber da hatte sich schon eine entscheidende Wendung in seinem Leben begeben, und Mendel sollte niemals mehr die Zeit und Muße haben, sich wie bislang auf seine Forschungen zu konzentrieren.

Am 30. März 1868 war Mendel zum Abt des Altbrünner Stifts gewählt worden. Napp war im letzten Winter im Alter von 75 Jahren gestorben, und Mendel hatte in der Wahl zur Nachfolge für dieses Amt seinen Mitbruder Anselm Rambousek knapp geschlagen. »Aus meiner bisherigen ganz bescheidenen Stellung als Lehrer der Experimentalphysik sehe ich mich mit einem Male in eine Sphäre versetzt, in welcher mir so einiges fremd erscheint, und es wird wohl noch einige Zeit und Mühe kosten, bis ich mich darin heimisch fühle.«

Zwar vermochte er hier und da noch ein wenig Zeit für seine Pflanzenversuche zu erübrigen, vor allem für das von Nägeli geschickte Habichtskraut, aber im Grunde war sein Schicksal mit dieser Wahl besiegelt. Die letzten 16 Jahre seines Lebens war Mendel in erster Linie mit Verwaltungsaufgaben beschäftigt und konnte erst in zweiter Linie den Pflichten nachkommen, die ihm der Garten auferlegte. Jener Ruhm aber, der mit der Anerkennung, ein echter Wissenschaftler zu sein, verbunden war, war ihm auch weiterhin nicht beschieden. Nach den Worten eines Zeitgenossen würde er nie etwas anderes sein als »ein harmloser Tüftler«.

Mendel hatte die Vorstellung, Abt zu werden, verlockend gefunden, auch wenn ihn Bescheidenheit und Anstand davon abhielten, für sich selbst zu stimmen. (Er gewann im zweiten Wahlgang, und die einzige Stimme, die gegen ihn abgegeben wurde, stammte von ihm selbst.) Er fühlte sich durch die Wahl seiner Brüder geschmeichelt und bezeichnete, in einem der wenigen Augenblicke, in denen er seine Zurückhaltung aufgab, seinen Sieg als etwas, das er »kaum zu hoffen gewagt hatte«. Dieser Wahlsieg lässt sich nicht unbedingt auf Mendels angeborene Führungsqualitäten zurückführen und auch nicht auf das große Vertrauen von Seiten seiner Mitbrüder, dass gerade Mendel das Altbrünner Stift durch die, wie sich erweisen sollte, kommenden schweren Zeiten führen könnte. Zweifellos spielten dabei auch andere Gründe eine Rolle. Zum einen hatte Mendel das richtige Alter: Jedes Mal, wenn ein neuer Abt gewählt wurde, musste das Kloster hohe Steuerabgaben zahlen, und daher bevorzugte man Männer, die noch viele Jahre vor sich hatten, da auf dieselbe Weise die Wechsel in der Führung seltener vonstatten gehen würden. (Mendel war 1868 erst 46 Jahre alt; Napp wurde mit 42 Jahren zum Abt gewählt.) Zum anderen hatte er die richtige Abstammung. Zu dieser Zeit tobte ein Kampf zwischen der deutschsprachigen Minderheit, die die Zügel in den Zeiten der Habsburgermonarchie in der Hand behalten wollte, und der tschechischsprachigen Mehrheit, deren nationalistische Bestrebungen mittlerweile ihren Höhepunkt erreicht hatten. St. Thomas war traditionellerweise ein deutsch geprägtes Kloster, und Mendel war deutscher Abstammung. Sein Wahlgegner Rambousek war Tscheche.

Bald nach seiner Wahl nahm sich Mendel Darwins zweites Werk vor, *Variation of Animals and Plants Under Domestication*. Die englische Originalausgabe bestand aus zwei Bänden, die zusammen 1000 Seiten umfassten; allein sie hochzuheben war eine Leistung. Die deutsche Ausgabe war zwar weniger umfangreich, aber nicht weniger beeindruckend. Schon kurze Zeit, nachdem sich Mendel das klostereigene Exemplar von *Das Variieren der Tiere und Pflanzen im Zustande der Domestication* aus der Bibliothek geholt hatte, war es mit Bleistiftanstreichungen und Bemerkungen voll gekritzelt, die Mendels verzweigte Gedankengänge dokumentieren. So wie Wissenschaftler heute mithilfe des Computers verfolgen, wie oft ihre Arbeiten zitiert werden, merkte Mendel an, wenn Darwin auf einen seiner Bekannten oder Landsleute verwies. Aber trotz der Tatsache, dass Darwin ausführlich mit der Gartenerbse gearbeitet hatte und über vier Seiten ihre Besonderheiten und Wachstumsmuster beschrieb, erwähnte er nicht ein einziges Mal Gregor Mendels Versuche mit *Pisum*.

Wahrscheinlich hatte Darwin nie von Mendel gehört. Aber das hatte außer Nägeli auch sonst keiner – und es änderte sich erst, als *Die Pflanzen-Mischlinge* von Wilhelm Olbers Focke erschien. Dieses Buch, auch einfach kurz *Der Focke* genannt, bietet eine Zusammenfassung der weltweit wichtigsten Pflanzenversuche und verweist insgesamt 15 Mal auf Mendels Arbeit. Mendel sei überzeugt, dass er konstante Zahlenverhältnisse zwischen den Hybridtypen gefunden habe, schrieb Focke und fügte hinzu, dass die

Arbeit Mendels der früherer Züchter folge. Wie diese habe Mendel entdeckt, dass Hybriden dazu neigen, wieder die Parental-Form anzunehmen und dass alte, scheinbar verloren gegangene Merkmale in späteren Generationen wieder auftauchen können.

Als George John Romanes 1881 einen Beitrag zum Thema Hybridzüchtung für die *Encyclopaedia Britannica* vorbereitete, lieh er sich ein Exemplar des *Focke* von seinem Freund Charles Darwin. Romanes fügte Mendels Namen seiner Liste von Pflanzenzüchtern hinzu, obschon er niemals Mendels Aufsatz oder auch nur dessen kurze Beschreibung im *Focke* gelesen hatte; Darwin übrigens genauso wenig – die entsprechenden Seiten in dem Band, den er Romanes lieh, wurden nie aufgeschnitten.

Mendel blieb zu Lebzeiten nicht vollkommen unbeachtet. Das Problem bestand nur darin, dass diejenigen Leute, die seinen Aufsatz gelesen und seine Bedeutung erkannt hatten, selbst so unbekannt waren, dass niemand, auch Mendel nicht, jemals von ihnen gehört hatte. I. F. Schmalhausen zum Beispiel war Doktorand in St. Petersburg und stieß in den 1870er Jahren auf Mendels Aufsatz, als er an seiner Doktorarbeit schrieb. Mendels Plan, so erklärte Schmalhausen in einer Fußnote der deutschen Übersetzung seiner Doktorarbeit, sei es gewesen, »mit mathematischer Genauigkeit die Zahl der Formen, die durch die Hybrid-Pollination entstanden, und das zahlenmäßige Verhältnis der Individuen der jeweiligen Form zu bestimmen«. Als Mendel diesen Plan ausführte, schrieb er, »hielt er vollständige Reihen, deren Zahl sich als Ergebnis der Kombination verschiedener Reihen darstellen lässt [und er entdeckte, dass] man immer konstante Glieder mit neuen Merkmalskombinationen erhalte«. Schmalhausens Erwähnung von Mendels Arbeit hatte

keine Folgen – so wenig wie Schmalhausens eigene Arbeit.
Die wichtigsten Zitationen blieben die 15 im *Focke*, der von
vielen Forschern und Züchtern konsultiert wurde, aber diese
Erwähnungen scheinen für niemanden Anreiz gewesen zu
sein, sich mit Mendels eigener Veröffentlichung zu beschäftigen.

In seinem sechsten Brief an Nägeli vom 12. Juni 1868 fühlte
sich Mendel mit dem Professor bereits vertraut genug, um
ihn mit »Hochverehrter Freund« anzusprechen statt mit
dem förmlichen »Hochverehrter Herr«. Vielleicht hatte ihm
auch seine neue Stellung als Abt neues Selbstvertrauen gegeben, sodass er mehr das Gefühl hatte, von Gleich zu
Gleich zu sprechen – selbst einem Universitätsprofessor aus
München gegenüber. Oder das lange und kollegiale Antwortschreiben Nägelis, das ihn weniger als eine Woche nach
seinem fünften Brief erreichte, hatte ihm neuen Mut gemacht. In seinem dritten Brief an Mendel schlug Nägeli zwei
Klassifikationen für die von ihm untersuchten *Hieracium*-
Hybriden vor, und er schickte Mendel für seine Versuche 19
lebende Habichtskrautpflanzen. Von nun an ging es in der
Korrespondenz der beiden nur mehr um *Hieracium* – die
sich allerdings als völlig falsche Wahl für Mendels Arbeit
erweisen sollten.

Vor allem, weil Mendel mit Linsen, Spiegeln, feinen Na-
deln und künstlichem Licht arbeiten musste, um überhaupt
sehen zu können, was er tat. Darüber hinaus erforderte die
Manipulation der Pflanzen eine präzise Hand. »Vor dem
Eintritte der Pollenreife sind nämlich die noch sehr zarten
Griffel und Narbe gegen Druck und Verletzungen äußerst
empfindlich, und wenn sie auch nicht beschädigt wurden,
welken und trocknen sie doch gewöhnlich nach kurzer Zeit

ab, sobald sie ihrer schützenden Hüllen beraubt sind.« Er suchte sein Habichtskrautbeet jeden Morgen zwischen sieben und neun Uhr auf, in der Hoffnung, die Pflanzen gerade zum rechten Zeitpunkt für die Fremdbestäubung anzutreffen. Er schrieb, dass er nie die Zeit versäumt habe, »wo täglich eine neue Serie von Blütchen vom Rande aus gegen die Mitte der Scheibe sich öffnet«. Er machte sich dieses Muster zunutze, indem er die Narbe der Blüten mit dem frischen Pollen einer anderen *Hieracium*-Art bestäubte, »sobald sie nur zum Vorschein kam«.

Bedeutsamer noch als das handwerkliche Geschick, das die Arbeit verlangte, war eine ganz bestimmte Eigenart des Pflanzengeschlechts. Zur damaligen Zeit wusste niemand – auch wenn einige Leute meinen, dass Nägeli es aufgrund seiner jahrzehntelangen *Hieracium*-Untersuchungen eigentlich gewusst haben müsste –, dass das Habichtskraut sich normalerweise auf eine solch unübliche Art fortpflanzte, dass Mendel überhaupt nicht zu sinnvollen Ergebnissen gelangen konnte. Außer unter selten vorkommenden Bedingungen pflanzt sich das Habichtskraut ungeschlechtlich fort, ein Vorgang, der als Apomixis bezeichnet wird. Bei Tieren wird dieses Phänomen als Parthenogenese bezeichnet, abgeleitet von dem griechischen Wort für Jungfernzeugung. In den Nachkommen des Habichtskrauts mischen sich die Merkmale der beiden Eltern also nicht, die Nachkommen sind vielmehr die genauen Nachbildungen – Klone – der Mutterpflanze. All die Stunden, die Mendel im Garten verbrachte, all die Stunden, die er über seinem Mikroskop saß und dabei fast seine Sehkraft einbüßte, verschwendete er an ein von vornherein zum Scheitern verurteiltes Unterfangen.

13. »Meine Zeit wird kommen«

Was für kleine Kartoffeln wir doch alle sind,
verglichen mit dem, was wir sein könnten!
My Summer in a Garden,
Charles Dudley Warner, 1829–1900

Der Abt konnte nicht genau sagen, ob es sein Rücken, seine Schultern oder seine Augen waren, die ihm Probleme bereiteten – oder sein Kopf. Auf jeden Fall hatte er kein Vergnügen mehr daran, Stunden über das Mikroskop gebeugt zu verbringen. Im Mai und Juni 1869 musste er sich zwingen, die Orangerie aufzusuchen, ihm fehlte die Begeisterung, die ihn in anderen Jahren in diesen Monaten hierher getrieben hatte. Brütete er vielleicht eine Krankheit aus? Hatte er sich an einem der regnerischen Frühlingstage, an denen er seine *Hieracium*-Samen aussäte, eine Erkältung geholt? Ließen ihn seine Pflichten als Abt einen winzigen Augenblick zu lange zögern, bevor er wieder zurück zu seinen wissenschaftlichen Studien eilte? Fühlte er sich irgendwie schuldig, weil er überhaupt hier in der Orangerie war?

Mendels Arbeiten am Mikroskop wurden jetzt von häufigen Pausen unterbrochen. Oft stand er auf, um seinen Rücken zu strecken, sich den Nacken zu reiben und seinen Augen eine Ruhepause zu gönnen. Die Augen waren am schlimmsten: Manchmal taten sie ihm so weh, dass er kaum noch etwas sehen konnte.

Wochenlang machte er noch so weiter – er schaute durch sein Messingmikroskop, stand auf und streckte sich und versuchte, zwischendurch seine Augen auszuruhen. Das Mikroskop war notwendig, um die *Hieracium*-Pflanzen zu untersuchen, da die Blüten mit bloßem Auge nicht leicht zu erkennen waren. Doch schließlich stellte sich heraus, dass das Mikroskop die Ursache des Problems war und Mendel fast sein Augenlicht kostete.

»Da mir nämlich für die Arbeit an den kleinen Hieracienblüten das zerstreute Tageslicht nicht ganz ausreichte, nahm ich einen Beleuchtungsapparat (Spiegel mit Sammellinse) zu Hilfe, ohne zu ahnen, welches Unglück ich damit hätte anstellen können«, schrieb Mendel ein Jahr später, am 3. Juli 1870, an Nägeli, um die sechsmonatige Pause zu erklären, die er sich bei seinen Züchtungsversuchen selbst verordnet hatte. »Nachdem ich mich im Mai und Juni viel mit *H. auricula* und *praealtum* beschäftigt hatte, stellte sich eine eigentümliche Ermüdung und Abspannung in den Augen ein, welche trotz aller sogleich angewendeten Schonung einen bedenklichen Grad erreichte und mich bis in den Winter hinein für jedwede Anstrengung unfähig machte. Seitdem hat sich glücklicherweise das Übel fast vollständig behoben, sodass ich wieder anhaltend lesen und auch die Befruchtungsversuche an *Hieracia,* so gut es eben ohne künstliche Beleuchtung möglich ist, vornehmen kann.«

Mendel konnte also seine Arbeit mit dem Habichtskraut wieder aufnehmen. Aber es wäre vielleicht besser gewesen, wenn er es nicht getan hätte. Wegen der Apomixis, der ungeschlechtlichen Vermehrung der Pflanzen, erhielt Mendel bei seinen *Hieracia*-Versuchen Ergebnisse, die sein Vertrauen in seine sämtlichen vorherigen Entdeckungen erschütterten. Am 9. Juni 1869 beschrieb er seine Forschungsergebnisse in einem Vortrag, den er vor dem Naturforschenden Verein zu Brünn hielt, und im darauf folgenden Jahr veröffentlichte er sie in der gleichen Zeitschrift, in der sein Aufsatz über *Pisum* erschienen war. Aber damit war er am Ende seiner Weisheit angelangt. Verstört durch das merkwürdige Verhalten von *Hieracium*, verzichtete Mendel auf Sonderdrucke seines zweiten Aufsatzes, er schrieb keine Briefe und ersuchte niemanden um Rat. Seine früheren Ergebnisse mussten falsch gewesen sein, wenn er sie nicht wiederholen konnte. Mendel zog nun all seine früheren Annahmen über Dominanz, Spaltung und das Verhältnis von 3:1 in Zweifel. Der große Nägeli hatte ihn, ob unwillentlich oder mit Absicht, in die falsche Richtung gelenkt, und Mendel verlor das Vertrauen in seine Ergebnisse. Und es fehlte ihm an Mut, jemals wieder öffentlich für sie einzutreten – nicht einmal, soweit bekannt ist, in Gesprächen mit seinen Neffen oder den anderen Mönchen.

Mendel und Nägeli setzten ihren Briefwechsel noch ein paar Jahre lang fort, doch Mendel war nicht mehr mit ganzem Herzen dabei. Er kränkelte nicht nur, er war auch sehr beschäftigt. Weit davon entfernt, ihm mehr Zeit für die Erforschung der Hybridzüchtung zu lassen, beanspruchte seine Stellung als Abt einen erheblichen Teil seiner Aufmerksamkeit. Mendel war nicht nur für die Leitung des Klosters verantwortlich, er hatte auch Ämter in zahlreichen Brünner Institutionen inne. Dem Abt von St. Thomas fielen automatisch Aufgaben in der örtlichen Schulbehörde, den Banken und den wissenschaftlichen Einrichtungen zu – und all das erforderte Zeit. Zudem erwartete man vom Abt als einem prominenten Bürger der Stadt, dass er einer ganzen Reihe gesellschaftlicher Verpflichtungen nachkam. Jeden Sonntagnachmittag fand sich bei gutem Wetter um drei Uhr eine Gruppe der Würdenträger Brünns im Kloster ein, um zu kegeln. Mendel hatte zu diesem Zweck eigens eine Kegelbahn auf der der Brauerei zugewandten Seite des Klosterhofs anlegen lassen. Bis zum frühen Abend waren die Rasenflächen erfüllt von dem Geplauder einiger der einflussreichsten Männer der Stadt: Landeshauptmann Graf Vetter von der Lilie; die Statthaltereiräte Januschka, Klimesch und Ruber; Landesgerichtspräsident Dr. Scharrer; die Landesgerichtsräte Schilda und Strobach; der Lottoamtsdirektor Pieta und Professor Rost von der Staatsrealschule in Brünn.

Trotzdem aber ging Mendel die Gartenarbeit nie ganz aus dem Sinn. Für sein Abts- und Prälatenwappen wählte er Symbole, in denen sich seine Liebe zu Blumen mit seinem Wissensdurst und seiner Menschenliebe verband. Wie all diese Wappen enthielt auch das seine vier Symbole, eines in jedem Feld. Mendels Wappen zeigte eine Lilie als Symbol für Beständigkeit, einen Pflug und ein Kreuz als Symbole für seine bäuerliche Herkunft und den augustinischen Glaubenssatz der Nächstenliebe, die durch ein Gleichheitszeichen verbundenen griechischen Buchstaben Alpha und Omega für die wissenschaftliche Forschung sowie zwei ineinander verschlungene Hände als Symbol für Freundschaft und Gemeinschaft. Die Symbole wurden bald darauf als Teil der Trompe-l'Œil-Bemalung der Decke in der Bibliothek übernommen. Mendel ordnete an, jede der vier Ecken mit verschiedenen Blumen auszuschmücken, darunter Rosen, Vergissmeinnicht und Fuchsien – seine Lieblingsblumen.

Am 13. Oktober 1870, zweieinhalb Jahre nachdem Mendel Abt geworden war, tobte ein heftiger Wirbelsturm über Brünn hinweg. Als Mendel sah, wie der Sturm durch den

Klosterhof fegte, Möbelstücke in die Luft wirbelte, Bäume entwurzelte und Außengebäude zerstörte, erwachte der Meteorologe in ihm. Wie es jeder gute Wissenschaftler getan hätte, beobachtete er aufmerksam jede noch so kleine Einzelheit des wütenden Treibens der Natur.

Die Luft war erfüllt vom Tosen einer »infernalischen Symphonie«, schrieb Mendel einen knappen Monat später, »begleitet vom Geklirr der Fensterscheiben, dem Gepolter von Dachziegeln und Schieferplatten, welche durch die zerschmetterten Fenster zum Teil bis an die gegenüberliegenden Zimmerwände geschleudert wurden.« Während er in der Nähe des Fensters in seinem Arbeitszimmer saß, flog einer der Dachziegel durch die offene Tür, wirbelte über seinen Schreibtisch und landete im angrenzenden Zimmer. Doch trotz des »Höllenspektakels« des kurzen Unwetters – Mendel ging davon aus, dass es nicht länger als vier oder fünf Sekunden in seiner unmittelbaren Umgebung gewütet hatte – vermochte er, genaue Beobachtungen zu machen und mit der für ihn typischen Sorgfalt aufzuzeichnen.

»Sie [die Trombensäule] bestand aus zwei riesigen Kegeln«, berichtete er dem Naturforschenden Verein zu Brünn in einem Vortrag, den er am 9. November 1870 hielt, »von denen der obere mit seiner Spitze nach abwärts gekehrt war und an einer isolierten rundlichen Haufenwolke von geringer Ausdehnung zu hängen schien, in welcher sich eine große Unruhe, ein heftiges Hin- und Herwogen bemerkbar machte.« Er beschrieb den oberen und den unteren Kegel, ihre Form und ihre Färbung – und er stellte fest, dass sich der Wirbelsturm, entgegen jeder Erwartung, ganz offensichtlich im Uhrzeigersinn gedreht hatte.

»Damit sei die Besprechung unseres gefährlichen Gastes vom 13. Oktober abgeschlossen«, sagte Mendel zum Schluss.

»Wir haben uns in mancherlei Mutmaßungen über denselben erschöpft; müssen jedoch schließlich gestehen, dass wir es bei dem besten Willen nicht weiterbringen konnten als zu einer Lufthypothese, die aus luftigem Material und auf sehr luftigem Grunde aufgebaut ist.«

Der Abt schlug einen leichten Ton an, der typisch für seine formlosen Ansprachen war. Bei seinen früheren wissenschaftlichen Vorträgen hatte dieser Ton jedoch gefehlt, und vielleicht zeigt sich darin, dass er diesen Bericht über die Windhose nicht ganz so ernst nahm wie seine Vorträge über Kreuzzüchtungen und die Regeln der Vererbung. Vielleicht ist er aber auch nur ein Hinweis darauf, dass Mendel älter und weiser geworden war und er zu guter Letzt erkannt hatte, ganz gleich wie aufrichtig und gewissenhaft man ist, ganz gleich wie sehr man sich an die Regeln hält, entwickeln sich die Dinge eben manchmal anders als erwartet, und es stellt sich heraus, dass man für seine Zeitgenossen praktisch unsichtbar ist.

Am meisten überraschte die Treffsicherheit, mit der der Wirbelsturm sein Zerstörungswerk vollbracht hatte und in der fast so etwas wie Ironie lag. Als hätten die beiden großen Leidenschaften Mendels, der Gartenbau und die Meteorologie, Krieg gegeneinander geführt, hatte der Sturm an einem Gebäude auf dem Besitz des Klosters den größten Schaden angerichtet: Mendels Gewächshaus. Brach es ihm das Herz, als er sah, dass der Wirbelsturm – den zu jener Zeit viele für ein Werk des Teufels hielten – sein geliebtes Gewächshaus, in das er immer noch zurückzukehren hoffte, in ein Trümmerfeld verwandelt hatte? Oder erkannte er, dass sein Idyll im Gewächshaus bereits der Vergangenheit angehörte, dass es Jahre zuvor aufgehört hatte zu existieren, als widrige Umstände und Enttäuschungen dem emsigen

Treiben, das die feuchte Luft mit Leben erfüllt hatte, ein Ende bereiteten?

Doch auch wenn es Mendel das Herz gebrochen hat, so konnte es ihn nicht daran hindern, jede Einzelheit des Wirbelsturms mit der gleichen Sorgfalt zu beschreiben, mit der er fünf Jahre zuvor seine Erbsen beschrieben hatte. Beide Berichte stützten sich auf genaue Beobachtung und den nahezu naiven Glauben, dass es in der Macht des beschreibenden Wortes lag, das entscheidende Detail zu enthüllen, jenes Mosaikstückchen, das auf irgendeine Art und Weise bewirkte, dass alle anderen Stückchen sich zu einem Bild fügten. Und in keinem der beiden Berichte wurde auch nicht die kleinste Bewegung oder der verwirrendste Widerspruch dem Wirken Gottes zugeschrieben. Das ist bemerkenswert, wenn man bedenkt, dass diese Berichte von einem Geistlichen verfasst wurden, einem Abt, der nach dem Bischof der zweithöchste Vertreter der Kirche in der Stadt war. Wenn man in einem dieser Aufsätze einen göttlichen Geist zu erkennen meint, dann nur den göttlichen Geist der wissenschaftlichen Beobachtung, die Gegenwart Gottes, die sich in der Fähigkeit zu deduktivem Denken offenbart.

Im Jahr 1874 wurde allen Klöstern in Brünn eine neue Steuer auferlegt. Das Kloster St. Thomas wurde angewiesen, in den nächsten fünf Jahren die Summe von 36 680 Gulden an die Regierung zu zahlen. Allein der Gedanke daran weckte in Mendel Zorn. Der Abt kehrte nun der botanischen Forschung ein für alle Mal den Rücken und nahm, ganz auf sich gestellt, den mit Briefen geführten Kampf gegen die Klostersteuer auf, was bedeutete, sich gleichzeitig mit der Landesregierung, dem Unterrichtsministerium in Wien und der liberalen Regierung von Mähren – der er zum Wahlsieg verholfen hatte, obwohl die Augustiner traditionellerweise konservativ wählten – anzulegen. Seine Schreiben an die Steuerbehörden wurden im Lauf der Jahre immer ausführlicher und leidenschaftlicher und nahmen einen immer schärferen Ton an. Der Streit sollte beinahe zehn Jahre dauern – fast bis zu dem Tag, an dem Mendel starb. Der eigensinnige Abt wich niemals von seiner Überzeugung ab und beharrte darauf, dass die Besteuerung von kirchlichem Eigentum dem Staatsgrundgesetz widersprach. Sein Gegner, Freiherr von Possinger, der Statthalter von Mähren, war der Ansicht, Mendels Widerstand sei auf eine »bedauerliche geistige Überspanntheit« zurückzuführen. Mendel erwiderte, er gäbe »gern die Erklärung ab, dass er jeden Widerstand gegen die Verfügung der Hochlöblichen Statthalterei fallen lassen sollte, wenn ihm die Überzeugung und Beruhigung zuteil werden könnte, dass dieselbe eine Verletzung des Artikels 15 des Staatsgrundgesetzes [...] nicht in sich schließe«. Leider habe er diese Überzeugung bis jetzt aber nicht zu erlangen vermocht. Wahrscheinlich hatten beide Männer Recht.

Mendel scheint ganz bewusst einen donquichottischen Kampf gegen die Kirchensteuer geführt zu haben. Vielleicht glaubte er, die Äbte der anderen Klöster würden ihm in diesem Kampf beistehen. Vielleicht war er wirklich der Meinung, die Steuer werde zu Unrecht erhoben, und fühlte sich verpflichtet, bis zum letzten Atemzug dagegen zu kämpfen. Vielleicht lagen die Gründe dafür aber auch tiefer. Hier haben wir Gregor Mendel, einen Mann, dessen Vorfahren Bauern waren, einen Mann, der es nie weiter als bis zum Hilfslehrer bringt, einen Mann, der bei jeder wichtigen Prüfung, der er sich unterzieht, versagt, einen Mann, dessen Hoffnungen auf wissenschaftliche Anerkennung immer wieder zunichte gemacht werden. Wir nehmen diesen verunsicherten Mann und wählen ihn zum Abt – eine Wahl, die ihn selbst in Erstaunen darüber versetzte, dass seine Wenigkeit einen solchen Status erreichen konnte. Dann beziehen wir noch den ganzen Prunk mit ein, der mit dieser Stellung verbunden ist: den Sitz im Vorstand der Mährischen Hypothekenbank, das Komturkreuz des Franz-Joseph-Ordens, das Amt des Kustos des mährischen Taubstummeninstituts, die Einladungen zu den Abendgesellschaften einiger der prominentesten Bürger der Stadt.

Erinnern wir uns, dieser Mann ist so schüchtern, dass er auf fast jedem offiziellen Foto, das im Kloster aufgenommen wurde, eine Blume, für gewöhnlich eine Fuchsie, als eine Art Talisman in der Hand hält – oder vielleicht auch, um sich wenigstens auf einem Foto von der gewöhnlichen Masse abzuheben. Dieser Mann ist so sehr gegen jede Selbstdarstellung, dass er niemals ein offizielles Porträt von sich anfertigen lässt; bei dem Porträt, das heute in seinem ehemaligen Kloster hängt, handelt es sich um ein Bild, das nach verschiedenen Fotografien gemalt wurde. Und erinnern wir uns auch daran, dass dieser Mann nichts für Zeremonien übrig hat und dass es seine Lieblingsbeschäftigung ist, im Garten zu knien und mit bloßen Händen in der Erde zu graben.

Übertragen wir ihm nun das Amt eines Abts, geben wir ihm einen Sitz in all diesen Vorständen und Ausschüssen, lassen wir ihn an den Sonntagnachmittagen wichtige Persönlichkeiten im Klostergarten empfangen. Nach wenigen Jahren könnte das alles einem Mann wie Mendel über den Kopf gewachsen sein. Wie verlockend war es da, für eine Sache einzutreten, die mit einiger Sicherheit dazu führen würde, dass die wichtigen Ämter und die wichtigtuerischen Männer nicht mehr lange Teil seines Lebens wären.

Schließlich kam es auch so, und Mendel blieben nur einige

wenige treue Besucher. Abgesehen von seinem Diener Josef und seiner Haushälterin Frau Doupovec, die auch an seinem Sterbebett wachen sollte, begegnete Mendel jedem Menschen mit Misstrauen, selbst seinen Mitbrüdern. Er beklagte sich mehrmals, dass man ihn verfolge und ihn ins Irrenhaus bringen wolle, sogar sein Leben bedrohe. Am Ende konnte er sich nur noch auf drei junge Männer verlassen: seine Neffen, die Söhne seiner geliebten Schwester Theresia.

Johann, Alois und Ferdinand Schindler besuchten auf Mendels Kosten das Gymnasium in Brünn und wohnten am Klosterplatz, direkt gegenüber dem Kloster. Unter der Woche verbrachten sie die Nachmittage oft mit ihrem Onkel Gregor im Kloster, entweder in seiner Wohnung oder im Garten, und am Sonntag nahmen sie am Kegelspiel teil oder saßen mit ihm zusammen und betrachteten Bilder, unterhielten sich oder spielten Schach. Der jüngste, Ferdinand, war ein besonders ernst zu nehmender Schachgegner, der sich später immer wieder Schachaufgaben ausdenken und sie veröffentlichen sollte.

In Mendels letzten Lebensjahren waren seine Neffen seine einzigen Besucher. Er hatte sich mit seinem hartnäckigen Widerstand gegen die Klostersteuer viele Feinde gemacht, von denen einige seine eigenen Gäste gewesen waren. War es eine Erleichterung für ihn, keine Rolle mehr im öffentlichen Leben spielen zu müssen? »Man kann nicht sagen, dass unser Onkel ein Misanthrop war«, erinnerte sich Alois Schindler, der mittlere Neffe, nach Mendels Tod. »Doch in seinen letzten Jahren, nachdem er viele Enttäuschungen hatte hinnehmen müssen, wurde er scheu und hielt sich von der Gesellschaft fern.« Wie viel ihn sein einsamer Kampf gekostet hat, zeigt die Veränderung, die er in den letzten Jahren seines Lebens an einem der Symbole seines Abts- und Prälatenwappens vornehmen ließ. Er ersetzte die ineinander verschlungenen Hände durch eine Hand, die ein Kreuz hält, ein traditionelles Symbol der Frömmigkeit, das er aus dem Wappen seines Vorgängers, Abt Napp, übernahm. Nach einem einsamen, schmerzvollen Kampf fühlte sich Mendel offenbar nicht mehr der Gemeinschaft von Mönchen, Kollegen oder Freunden zugehörig.

Doch bis zum Ende seines Lebens, mochte er aufgrund persönlicher und beruflicher Enttäuschungen auch verzagt gewesen sein, hat sich Mendel seinen feinen, gelegentlich etwas boshaften Humor bewahrt. Er sammelte gute Witze, wie Darwin Krebse gesammelt hatte, und unterstrich die besten in der satirischen Zeitschrift *Die Fliegenden Blätter*, um sie beim Abendessen seinen Mitbrüdern vorzulesen.

Ein ausgeprägter Sinn für Humor wird häufig als Zeichen von Genialität gewertet. Große Denker haben über die fließende Grenze zwischen Entdeckertum und Komödiantentum gesprochen; der Narr wurde lange als Bruder des Weisen betrachtet. Das Wort Witz bedeutet sowohl Verstand als auch Reichtum an lustigen Einfällen.

Mendel war für seinen Witz weithin bekannt. Er liebte es, den anderen Mönchen Streiche zu spielen, so auch Clemens, einem Mönch, der ihn häufig auf seinen Spaziergängen durch die Klosteranlagen begleitete. Eines Tages Anfang März, als der Garten noch unter einer Schneedecke lag, aber die Sonne bereits den Frühling verhieß, standen Clemens und Mendel vor den Bienenstöcken. Von der warmen Sonne hervorgelockt, schwärmten bereits Dutzende seiner »lieben kleinen Tiere«, wie er die Bienen nannte, aus den Bienenstöcken aus, wo sie überwintert hatten. Mendel kannte die Gewohnheiten der Bienen, Clemens leider nicht. Mit einem verschmitzten Lächeln sagte Mendel zu Clemens, er solle sein Tonsurkäppchen vor die Bienenstöcke legen. Als die beiden Männer auf die runde schwarze Kopfbedeckung blickten, die sich deutlich vom weißen Schnee abhob, sah der junge Mönch mit Erstaunen, dass sie nach einer Weile gelb statt schwarz gefärbt zu sein schien, da »die Bienen«, wie Clemens sich Jahre später erinnerte, im Rückblick vielleicht amüsiert über den Streich des Abts, »ihn dazu benützen, sich dessen zu entledigen, was sie aus Gründen der Reinlichkeit den Winter über in sich behalten hatten«.

Doch Mendels Schalkhaftigkeit hielt sich für gewöhnlich in Grenzen. Typischer für ihn war eine freundliche Zurückhaltung, eine Warmherzigkeit gegen jedermann, die durch sein verhaltenes Wesen gemäßigt wurde. Auf diese Weise empfing er Fremde wie auch Freunde. Im Jahr 1878 beispielsweise stattete ihm ein junger Handelsvertreter für Sämereien aus Frankreich einen unangemeldeten Besuch ab. Mendel empfing ihn liebenswürdig, führte seinen Besucher durch die Gärten und lud ihn zum Mittagessen ein. Über bestimmte Themen aber wollte er partout nicht sprechen.

Man sehe sich nur dieses wundervolle Beet mit grünen Erbsen an, sagte Eichling, der junge Franzose aus Nancy. Was stelle er, Mendel, nur an, dass sie so ertragreich seien?

Das sei nur ein kleiner Trick, sagte Mendel ausweichend. Aber es sei eine lange Geschichte damit verbunden, und es würde zu lange dauern, sie zu erzählen.

Mendel begann, ein paar Dinge zu erklären – er sprach über die 25 Sorten Erbsen, die er sich hatte schicken lassen, darüber dass die Ernte enttäuschend gewesen war, da so viele davon zwergwüchsige Buscherbsen statt der hoch wachsenden Pflanzen waren, die mehr Ertrag brachten, dass er diese Buscherbsen mit hoch wachsenden Zuckererbsen aus der

Gegend gekreuzt hatte. Aber plötzlich unterbrach er sich und wechselte abrupt das Thema.

Mendel war »einer der beliebtesten Kirchenmänner in Brno«, erinnerte sich Eichling mehr als 60 Jahre später, als er selbst schon ein alter Mann war und der Abt die weltweite Anerkennung gefunden hatte, die ihm zu Lebzeiten versagt geblieben war. »Aber keine Menschenseele glaubte, dass seine Experimente viel mehr als ein Zeitvertreib waren und seine Theorien viel mehr als die Spinnereien eines harmlosen Tüftlers.«

Obwohl Mendel den wissenschaftlichen Gartenbau aufgeben musste, nachdem er zum Abt gewählt worden war – eine Entscheidung, die ihn bis an sein Lebensende schmerzte –, beschäftigte er sich weiterhin aus reiner Freude mit der Ziergärtnerei. Seine Kreuzungsversuche nahm er am liebsten an der Fuchsie vor, der Blume, die er auf so vielen Fotografien in der Hand hält. Ein ortsansässiger Pflanzenzüchter, J. N. Twrdy, benannte eine Sorte nach ihm. Die Züchtung Prälat Mendel, aus der Spezies *Fuchsia monstrosa*, war nach der Beschreibung des Saatkatalogs eine große, stark gefüllte, früh blühende und ungewöhnlich schöne Blume; ihre Blütenblätter waren hellblau und »ins Violette übergehend«.

Darüber hinaus beschäftigte sich Mendel aus Liebhaberei mit wissenschaftlichen und mathematischen Ideen, die nichts mit Pflanzen zu tun hatten. Auf der Rückseite des Entwurfs für eines seiner Dutzende von Sendschreiben gegen die Kirchensteuer notierte er Listen, die erkennen lassen, dass er sich trotz der administrativen Aufgaben, die ihn in Anspruch nahmen, neue intellektuelle Herausforderungen suchte. Eine der interessantesten Listen enthielt verbreitete Nachnamen. Aus verschiedenen Verzeichnissen – dem

Militärjahrbuch von 1877, dem Register der Fuhrunternehmer, dem Register der Bankleute, einem Jahrbuch der Rechtsanwälte – sammelte Mendel mehr als 700 Namen, die er auf verschiedene Weise ordnete, wohl um eine Art Muster herauszufinden. Zuerst führte er sie alphabetisch auf, dann ordnete er sie nach ihrer Bedeutung. Er betrachtete die Namen als eine Art nichtbotanische Hybriden, wobei die drei gebräuchlichen Namensbestandteile »mann«, »bauer« und »mayer« an verschiedene Begriffe angehängt wurden.

Die Hybriden von »mann« machten den größten Teil seiner Liste aus. Er stellte fast 300 dieser Namen nach Kategorien geordnet zusammen: Handwerker (Baumann, Zimmermann), Beamte (Amtmann, Zollmann), Mediziner (Arztmann, Heilmann). Außerdem fasste er Namen zusammen, die auf Wohlstand hinwiesen (Goldmann, Schatzmann), auf Größe (Langmann, Hochmann), körperliche Merkmale (Brustmann, Kehlmann) oder Eigenschaften (Lachmann, Frohmann).

Vielleicht vertrieb sich Mendel einfach nur die Zeit im Arbeitszimmer der Bibliothek, in der Orangerie oder in einem der halben Dutzend Zimmer, die ihm jetzt, da er Abt war, im separaten Prälatenflügel des Klosters zur Verfügung standen. Vielleicht hoffte er, mit seinen Spekulationen über die Klassifizierung von Namen eine Abendgesellschaft zu unterhalten. Vielleicht steckte hinter dieser müßigen Beschäftigung aber auch die Überzeugung, zu der er mehr als 25 Jahre zuvor gelangt war, dass nämlich die nummerischen Beziehungen der Kombinationstheorie auf jedes beliebige aus einzelnen Elementen bestehende Gefüge in der natürlichen oder der künstlich geschaffenen Welt angewandt werden konnten.

Gregor Mendel starb am 6. Januar 1884, einem Sonntag, um zwei Uhr morgens. Seine Haushälterin, Frau Doupovec, war bis zuletzt bei ihm. Er hatte seit Monaten unter Ödemen gelitten, die von der Bright-Krankheit, einer Nierenerkrankung, verursacht wurden, und seine Beine mussten ständig in Verbände eingewickelt werden, die nach kurzer Zeit von der Flüssigkeit, die seine Nieren nicht mehr ausscheiden konnten, durchweicht waren. »Euer Gnaden, heute ist es schon viel weniger Wasser«, sagte Frau Doupovec spät in der Nacht zum Abt. »Ja, es ist schon besser«, erwiderte er. Als sie das nächste Mal nach Mendel sah, war er tot. Er war 61 Jahre alt geworden.

Die Nachrufe waren respektvoll. Nur wenige erwähnten den Steuerstreit, der ihm in den letzten Jahren das Leben schwer gemacht hatte, stattdessen stellten sie seine Gartenarbeit, seine Wetterbeobachtungen und seine Bienenzucht in den Mittelpunkt. Sie schlugen denselben Ton an, der sich in allen Nachrufen auf hochrangige Kirchenvertreter findet. »An dem Verblichenen verliert die Armut einen großen Wohltäter und die Menschheit überhaupt einen der edelsten Charaktere«, hieß es in der Meldung im *Tagesboten,* »einen warmen Freund und Förderer der Naturwissenschaften und einen mustergültigen Priester.« Seine Experimente wurden, wenn überhaupt, nur am Rande erwähnt. Die Gedenkrede, die Gustav von Niessl vor dem Naturforschenden Verein zu Brünn hielt, dessen Januartreffen zufällig am gleichen Abend stattfand, an dem Mendel starb, enthielt einen Hinweis – ohne jedoch viel Verständnis erkennen zu lassen – auf das »unabhängige und besondere Urteilsvermögen« des Abts.

Niessl versäumte es damals, etwas zu erwähnen, von dem er erst viele Jahre später berichtete, nachdem Mendel schon zum Begründer der Genetik ausgerufen worden war. In den

Jahren der Anonymität, so erzählte Niessl dem Biographen Mendels, pflegte der Priester gerne zu seinen Freunden zu sagen: »Meine Zeit wird kommen.«

Kurz nach Mendels Tod wurden seine sämtlichen persönlichen und wissenschaftlichen Aufzeichnungen im Innenhof des Klosters verbrannt, an derselben Stelle, an der einst sein Gewächshaus gestanden hatte. Dazu hat vielleicht die Eifersucht von Mendels Amtsnachfolger, Anselm Rambousek, beigetragen, der ihn niemals gemocht hatte, vor allem nachdem Mendel ihn bei der Wahl von 1868 geschlagen hatte. Rambousek beendete schließlich mit einer überraschenden Wendung den Streit um die Klostersteuer auf eine Art und Weise, die St. Thomas mehr Nutzen brachte, als sich sein Vorgänger jemals hätte vorstellen können, indem er Bereitschaft zur Zusammenarbeit mit den Behörden zeigte. Mit einigen wenigen Briefen überzeugte Rambousek die Regierung nicht nur, dass das Kloster von den Beiträgen zu dem verhassten Religionsfonds befreit werden sollte, sondern auch, dass die Regierung dem Kloster die Rückzahlung von Steuern in Höhe von 19 876 Florin schuldete. Er erhielt einen Scheck.

Die Verbrennung von Mendels Büchern war vielleicht aber auch nichts weiter als der übliche Haushaltsputz. Keiner der beiden noch lebenden Neffen Mendels hatte Anspruch auf seine Papiere erhoben, auch wenn Alois später behauptete, er habe darauf gewartet, dass Rambousek ihm den schriftlichen Nachlass anbot, den Onkel Gregor ihm einst versprochen hatte. Möglicherweise war es also nichts Außergewöhnliches, dass der neue Abt die Aufzeichnungen seines Vorgängers, an denen niemand ein besonderes Interesse zeigte, loswerden wollte, um Platz für seine eigene umfangreiche Sammlung zu schaffen.

Eines der wenigen sichtbaren Zeichen, die heute an das irdische Dasein Mendels erinnern, ist sein Grab auf dem Stadtfriedhof, fünf Straßenbahnminuten vom Mendelplatz entfernt auf der gegenüberliegenden Seite des Flusses Svratka. Der Friedhof liegt an der Kreuzung von zwei sechsspurigen Straßen, und der Verkehrslärm ist selbst hinter den Friedhofsmauern noch zu hören. Zwischen den Grabsteinen laufen Besucher herum, Blumen in den Händen.

In der nordöstlichen Ecke, wo der Verkehrslärm besonders laut ist, ist ein großes Grabfeld für die Angehörigen des Augustinerklosters St. Thomas reserviert. Neun Priester sind hier beerdigt, die Jahre und das Wetter haben an ihren Grabsteinen Spuren hinterlassen. In der Mitte des Grabfelds steht ein großer Gedenkstein aus Marmor, umgeben von einem hohen schmiedeeisernen Zaun. Die Inschrift dieses Denkmals ist dem Römerbrief entnommen: *Sive vivimus, sive morimur, domini sumus* – »Sei es dass wir leben oder dass wir sterben, wir gehören dem Herrn«. Und hier, ganz am Rand, steht auf dem Grab Mendels der älteste Stein, die nahezu unleserlichen Buchstaben bedeckt von Moos. Es ist nicht gerade die Art Stein, die man auf der Grabstätte des Mannes erwarten würde, der eine der wichtigsten Wissenschaften unserer Zeit begründet hat.

Mendel wäre es vielleicht unangenehm gewesen, dass man aus ihm, dem stillen, im Verborgenen wirkenden und herausragenden Mann, die überlebensgroße Heldenfigur gemacht hat, die er heute ist. Die Geschichte dieser Verwandlung, die ihren Höhepunkt in den heftigen Auseinandersetzungen in der Zeit zwischen 1900 und 1906 fand, sollte die Biologie in den darauf folgenden 100 Jahren von Grund auf verändern. Und ihr Ende mutet geradezu ironisch an: Indem Mendels Schüler des 20. Jahrhunderts ihn als von seinen Zeitgenossen verkanntes schöpferisches Genie wieder auferstehen ließen, schmälerten sie das Wesentliche des Beitrags, den er tatsächlich geleistet hat. Mendel war ein zäher Arbeiter, kein Heroe – und gerade dieses nicht Heldenhafte ermöglichte es ihm, die anstrengende, zeitraubende und gründliche Arbeit zu leisten, in der sein Genius zutage trat.

Aber vielleicht wäre es Mendel auch nicht unangenehm gewesen. Er war trotz allem ein Mensch und nicht vollkommen frei von Eitelkeit; erinnern wir uns, dass er in der Hoffnung, Anerkennung für seine Leistungen zu finden, Sonderdrucke seines Aufsatzes über *Pisum* verschickte. Deshalb würde er möglicherweise mit Freude feststellen, dass die Wissenschaft, die ihm zu Ehren die Bezeichnung Mendelsche Vererbungslehre erhielt, eine Revolution in Gang brachte, die nicht nur das biologische Denken, sondern das Denken schlechthin erfasst hat. So scheint auch ihm zu guter Letzt doch noch der Lohn zuteil zu werden, den er als Schuljunge in einem Gedicht zu Ehren Gutenbergs beschrieb: »Der Erdenfreude größte Wonne, / Der Erdenwonne höchstes Ziel / Verliehe mir des Schicksals Macht / Wenn ich, den Hallen meines Grabes / Entstiegen, meiner Kunst Gedeihen / In Enkelsmitte freudig sähe!« Wie unerwartet, wie glanzvoll würde dieser posthume Ruhm einem Mann vorkommen, der von einem Schweigen gequält wurde, das auf verhängnisvolle Weise noch fast 20 Jahre über seinen Tod hinaus anhielt.

Im Drama des Lebens Gregor Mendels sollte es, was auf dieser Welt nur selten vorkommt, einen zweiten Akt geben.

Zweiter Akt

14. Synchronismus

Und dann kam der Tag, an dem der Schmerz,
in der Knospe eingeschlossen zu bleiben,
größer war, als die Gefahr zu blühen.
Anaïs Nin, 1903–1977

Die Nachtkerze ist ein struppiges Gewächs. Die eher kleinen, hellgelben Blüten mit ihren runden Blättern sind nicht sehr hübsch, und sie verströmen tagsüber auch keinen besonderen Geruch. Aber wenn sie in der Zeit vor und nach der Sommersonnenwende erblühen, erfüllen sie bei Sonnenuntergang die Luft mit einem ganz eigenen Zauber.

Im Juni und im Juli öffnet die Nachtkerze jeden Abend bei Einbruch der Dämmerung ihre Blüten. Das geschieht ganz plötzlich, in einer geradezu unheimlichen gleichzeitigen Bewegung, und man fragt sich, welchen Einfluss Zeit, Licht und Umgebung selbst auf etwas scheinbar so Empfindungsloses wie eine Blume ausüben. Jeden Abend ist ein Feuerwerk von Blüten zu beobachten, bei dem eine Blüte nach der anderen innerhalb eines Augenblicks eine erstaunliche Verwandlung erfährt. Kaum geht die erste Blüte auf, öffnet sich schon die nächste, und das Ganze läuft so rasch ab, als würde sie von einer Sprungfeder ausgelöst. Die Blütenblätter sind zuerst noch ineinander gedreht wie eine locker gewickelte Zigarre, aber mit einem Schlag entfalten sie sich wie zu einem Windrad, formen einen offenen vierblättrigen Kelch. Jede neue Blüte lebt genau eine Nacht lang, bis sie am nächsten Morgen in sich zusammenfällt und verwelkt.

Angeblich brachte Demeter, die griechische Göttin des Ackerbaus, die Nachtkerze dazu, in der Nacht zu blühen. »Die Göttin Demeter bestellte das Land wie einen Garten«, erzählt die Sage. Jeden Frühling setzte Demeter Samen, wässerte die Erde und veranlasste die Bäume, zu blühen und Früchte zu tragen. Während Demeter arbeitete, spielte in der Nähe ihre schöne Tochter Persephone, pflückte Blumen und sang im lauen Frühlingswind. Dann senkte sich die Dämmerung herab, und »wenn Mutter und Kind am Abend eines sonnigen Tages Hand in Hand nach Hause gingen und sich unterhielten, miteinander sangen und lachten, öffneten sich die Nachtkerzen, um sie vorübergehen zu sehen«.

Die Nachtkerze mit dem ihr eigenen geheimnisvollen Zeitgefühl zog die Aufmerksamkeit einiger der bekanntesten Botaniker des ausgehenden 19. Jahrhunderts auf sich. Zu ihnen gehörte auch Hugo de Vries aus Amsterdam, der sich zum Experten für *Oenothera lamarckiana* entwickelte. Diesen Namen trägt die Nachtkerze zu Ehren des mittlerweile in Misskredit geratenen Biologen Lamarck, der die Ansicht vertrat, dass die Evolution auf die Vererbung erworbener Eigenschaften zurückzuführen sei. Irgendwann vor der Jahrhundertwende, als de Vries seine Aufmerksamkeit bereits von *Oenothera* abgewandt hatte und sich stattdessen mit *Zea mays* beschäftigte, stieß er auf einen 35 Jahre alten Zeitschriftenartikel, in dem die Schlussfolgerungen, zu denen er gelangt war, vorausgenommen zu sein schienen. Die überraschende Entdeckung und das, was de Vries und zwei seiner Kollegen, die nahezu zur selben Zeit auf diesen Artikel gestoßen waren, daraus machten, führte dazu, dass Gregor

Mendel eine zweite Chance bekam. Andererseits wurde dadurch jedoch verhindert, dass De Vries die ihm gebührende Anerkennung als ein hervorragender Forscher und Begründer der Mutationstheorie fand. Wenn wir uns heute an ihn erinnern, dann in erster Linie wegen der Rolle, die er in jenem aufregenden Frühling des Jahres 1900 spielte, als ein neues Jahrhundert seinen Anfang nahm und drei Biologen in jener unheimlichen Gleichzeitigkeit, in der sich auch die Blüten der Nachtkerze öffnen, zu ein und derselben Entdeckung gelangten.

15. Mendels Wiederkehr

Ein Garten besteht wie das Leben
aus der Aneinanderreihung einzelner Augenblicke.
Ich wünschte, mein Garten würde immer so bleiben,
wie er in diesem Moment ist,
an diesem Spätnachmittag Ende März.
A Full Life in a Small Place, Jane Emily Bowers

Wenn Carl Correns später an den Augenblick zurückdachte, als er den Artikel seines holländischen Widersachers las, würde er sich vor allem an die ungeheure Wut erinnern, die er empfand, auch wenn er es niemals so ausgedrückt hätte. Mit dem ihm eigenen Gleichmut würde er lediglich sagen, er habe in den vorausgegangenen sechs Monaten an einem Aufsatz gearbeitet, in dem er die komplizierten Verhältnisse zwischen den Hybriden von Maispflanzen beschrieb, und es habe ihn sehr überrascht, als er feststellte, dass ihm der Botaniker aus Amsterdam zuvorgekommen war. Hugo de Vries stellte in seinem Artikel dieselben Hybridbeziehungen bei mehr als einem Dutzend Arten dar, unter anderem bei der Nachtkerze, dem Mohn mit schwarzen oder weißen Blüten und, eher am Rande, derselben Art, der Correns einen Großteil seiner Forschungsarbeit widmete, *Zea mays*. »Ich wusste natürlich nicht, dass andere Forscher dieselbe Frage verfolgten wie ich, sonst hätte ich mich mit den Vorbereitungen zur Veröffentlichung etwas mehr beeilt«, erinnerte er sich Jahre später, und in dieser Bemerkung schwingt wohl ein ähnliches Gefühl mit, wie es Charles Darwin empfunden haben musste, als ihm Alfred Russel Wallace seinen Aufsatz über die natürliche Zuchtwahl zusandte.

Diese Untertreibung bemäntelt den heftigen Ärger, mit dem Correns den Artikel las, den er am Samstag, dem 21. April 1900, mit der Morgenpost erhalten hatte. Der Frühling hatte gerade begonnen, und an den Bäumen und Pflanzen in Correns' Garten in Tübingen zeigte sich das erste Grün. Correns, der damals an der Tübinger Universität lehrte, hatte bei einigen der führenden Botaniker seiner Zeit studiert, darunter bei Karl von Nägeli in München. Noch Jahrzehnte später stand Correns unter dem Einfluss des Denkens von Nägeli – nicht nur, weil er bald den Briefwechsel zwischen seinem ehemaligen Professor und Gregor Mendel zusammenstellen und veröffentlichen würde, sondern auch, weil er seit acht Jahren mit Elisabeth Widmer, der Nichte Nägelis, verheiratet war.

Correns war ein inspirierter und hart arbeitender Forscher, der mit seinen 35 Jahren bereits internationale Anerkennung genoss. Insgeheim aber machte er sich Sorgen darüber, dass seine Karriere zum Stillstand gekommen war. Als er an diesem Aprilmorgen den Artikel von de Vries las, bekamen seine Selbstzweifel neue Nahrung. Der kurze Aufsatz war einen Monat zuvor in *Comptes Rendus de L'Academie des Sciences*, der offiziellen Zeitschrift der französischen Akademie der Wissenschaften, veröffentlicht worden, nachdem ihn G. Bonnier (der zweifellos besser Französisch sprach als de Vries) am Montag, dem 26. März 1900, vor der Akademie verlesen hatte. Correns las den wenige Seiten umfassenden Artikel in einem Zug und wagte es kaum, Atem zu holen. Er war außer sich, dass ihm ausgerechnet de Vries mit seiner Veröffentlichung zuvorgekommen war. Die beiden Männer waren schon früher mehrmals in einen Wettstreit miteinander geraten, und jedes Mal hatte de Vries den Sieg davongetragen. Correns' Wut steigerte sich nur noch, als er erkannte, dass sich de Vries über die Bedeutung der von ihm gewonnenen Zahlenverhältnisse nicht im Klaren war. Hinzu kam, dass de Vries mit keinem Wort jenen Forscher erwähnte, der schon vor ihm und Correns zu diesem Ergebnis gelangt war – Gregor Mendel.

Wie Correns meinte, hatte de Vries die wichtigsten Faktoren, die bei der Vererbung eine Rolle spielen, übersehen. Er griff einige der von Mendel vorgebrachten Argumente auf, so zum Beispiel die Forderung, dass man bei aufeinander folgenden Hybridgenerationen die individuellen Merkmale anstelle der arteigenen Merkmale untersuchen sollte. Mit einigen seiner Ideen ging er noch einen Schritt weiter als Mendel und vertrat mit Nachdruck eine Ansicht, von der wir bis heute nicht sicher wissen, ob Mendel sie teilte: dass Merkmale durch stoffliche Teilchen weitergegeben werden. Offensichtlich entging ihm jedoch die Bedeutung des von Mendel gefundenen Verhältnisses von 3:1, und genauso offensichtlich hatte er kein Interesse daran, näher zu untersuchen, wie häufig dieses Verhältnis auftrat und ob es sich dabei um die grundlegende Regel der Vererbung handelte oder lediglich um eine Ausnahme von der Regel.

Wie ärgerlich muss es für Correns gewesen sein, bei der Veröffentlichung seiner Forschungsergebnisse von einem Mann überrundet worden zu sein, der das Wichtigste nicht erfasst hatte. Und wie ärgerlich musste es sein, dass er ausgerechnet von de Vries geschlagen worden war, der nur ein Jahr zuvor einen Aufsatz zu einem anderen Thema vor ihm veröffentlicht hatte. 1899 hatten sich beide Männer mit dem so genannten Xenien-Problem beschäftigt. Bei den Xenien handelte es um ein unerklärliches Phänomen, das am Endosperm einer Pflanze, der plazentaähnlichen Zellschicht, die den heranwachsenden Embryo ernährt, zu beobachten war. Man nahm an, dass das Endosperm ausschließlich aus mütterlichem Gewebe gebildet wurde, musste jedoch feststellen, dass sich das Endosperm veränderte, wenn man bei der Kreuzbefruchtung Pollen, also männliche Keimzellen, einer anderen Pflanze verwendete. Dieses Phänomen, bei dem fremder Pollen Einfluss auf das Endosperm einer Pflanze nimmt, wurde als Xenien bezeichnet. Die Wissenschaftler standen vor einem Rätsel: Wie konnte der Pollen einen Teil der Pflanze beeinflussen, der eigentlich ausschließlich weiblicher Ausstattung war?

In den späten neunziger Jahren des 19. Jahrhunderts gehörte das Xenien-Problem zu jenen offenen Fragen auf dem Gebiet der Botanik, die am ausführlichsten untersucht wurden; allein 1899 war es Gegenstand sieben wichtiger Veröffentlichungen und Vorträge. Das Interesse an den Xenien wurde in diesem Jahr noch durch zwei Vorträge verstärkt, die unabhängig voneinander im August 1899 und im März 1899 im Rahmen wissenschaftlicher Veranstaltungen gehalten wurden; den ersten Vortrag hielt ein Russe, den zweiten ein Franzose. Beide stellten eine Theorie vor, der zufolge bei blühenden Pflanzen eine Doppelbefruchtung stattfinde – bei der ersten Befruchtung werde der Embryo gezeugt, bei der zweiten entstehe das Endosperm.

Sowohl de Vries als auch Correns waren an dem Wettlauf um die Veröffentlichung von Aufsätzen über das Xenien-Problem und die Doppelbefruchtung beteiligt gewesen. De Vries hatte Correns kurz vor der Ziellinie geschlagen, und wie es aussah, hatte er ihn jetzt erneut geschlagen. Doch dieses Mal nahm sich Correns vor, das nicht auf sich sitzen zu lassen.

Die Ereignisse im Frühling 1900, als Mendels 35 Jahre alter Aufsatz wieder entdeckt wurde, nahmen einen Lauf, als wären sie inszeniert worden. Drei Männer, drei Länder, drei Denkweisen, wobei jeder der drei Männer unabhängig von den anderen beiden einen eigenen Weg ging, und doch kamen alle drei praktisch zur selben Zeit am selben Ort an. Von diesem Augenblick an würden ihre Namen in den Geschichtsbüchern für immer miteinander verbunden sein – und mit dem Namen Mendel. Die Übereinstimmung war zu auffällig, um übersehen zu werden.

Die Geschichten über diese dramatische Wiederentdeckung leiden allerdings allesamt darunter, dass sie viele Fragen offen lassen. Wann genau hat de Vries Mendels Aufsatz gelesen? War es, wie er behauptete, nachdem er durch seine Versuche grundlegende Erkenntnisse über Merkmale und Determinanten gewonnen hatte? Oder hatte er ihn nicht doch schon vorher gelesen, als er gerade erst mit dem Entwurf für seine Forschungsarbeiten beschäftigt war (und, wenn man Correns' Andeutungen glauben will, dabei Mendel einfach nachmachte)? Und was ist mit Correns? Hatte es sein Lehrer Nägeli tatsächlich versäumt, ihm von Mendel zu erzählen, obwohl er und Mendel über Jahre hinweg in Korrespondenz miteinander standen und Correns Untersuchungen an *Pisum sativum* durchführte? Und warum unternahm der dritte und jüngste Entdecker, Erich von Tschermak, so große Anstrengungen, als Wiederentdecker anerkannt zu werden? War ihm, als er im Juni 1900 seinen Aufsatz veröffentlichte, überhaupt klar, wie sich seine Ergebnisse neben Mendels Theorien ausnahmen? Oder glaubte er, dass er die Unsterblichkeit erlangen könne, wenn er sich einen Platz im Kreis der Wiederentdecker erkämpfte?

Bei solchen Fragen geht es nicht nur um Mysterien der Geschichte. Wenn wir verstehen wollen, wie Wissen fortschreitet, müssen wir zuerst einmal verstehen, in welcher Weise Wissenschaftler die Ergebnisse ihrer Vorgänger nutzen. Wenn er einen weiteren Blick habe, soll Isaac Newton gesagt haben, dann deswegen, weil er auf den Schultern von Riesen gestanden sei. Das kann man von den meisten großen Wissenschaftlern sagen. Nur weil ihre Vorgänger etwas erkannt haben, können sie andere Dinge erkennen, die ihre Vorgänger nicht erkannt haben. Die Nachfolger versuchen den Erkenntnissen ihrer Vorgänger die Wahrheit abzuringen. Dann verbreiten sie neue Wahrheiten, in der Hoffnung, dass jemand anderes auf ihren Schultern stehen wird und die Aufgabe fortführt. Üblicherweise nennt man diese Form des wissenschaftlichen Fortschritts allerdings nicht Wiederentdeckung. Man nennt sie ganz einfach Entdeckung.

Die Geschichte des Frühlings 1900 nahm jedoch eine andere Entwicklung. Der Vergleich mit den Schultern eines Riesen trifft in diesem Fall nicht zu, denn womit wir es hier zu tun haben, ist ein versprengtes Häuflein von Wissenschaftlern, die, jeder für sich, ein ähnliches Ziel verfolgten. Mendel stand eine Zeit lang auf den Schultern großer Vorgänger wie Gärtner und Kölreuter, aber für seine Vorgehensweise – die quantitativen Methoden der Mathematik und der Statistik auf botanische Forschungsergebnisse anzuwenden – gab es kein Vorbild, und er war ganz allein auf sich gestellt, als er seine Schlussfolgerungen zog. Auf Mendel wiederum konnten sich die Forscher, die nach ihm kamen, nicht stützen, weil er mit seinen Ideen seiner Zeit so weit voraus war – und weil praktisch kein Mensch von den Forschungsergebnissen Mendels Kenntnis hatte.

Dieses Versäumnis versuchten seine Wiederentdecker rasch wieder gutzumachen. Die Ereignisse des Jahres 1900 – die hitzigen Debatten über die Evolution, der Wettlauf um die Erklärung der Vererbung, die erbitterten Auseinandersetzungen darüber, wem der Vorrang gebühre – all das veranlasste Mendels Nachfolger, ihm posthume Größe zu verleihen. Man errichtete ihm das Denkmal des verkannten, zu früh geborenen Genies, des lenkenden Geistes, der hinter der damals noch in der Entstehung begriffenen (und noch namenlosen) Wissenschaft der Genetik stand. Diejenigen aber, die in seine Fußstapfen traten, mussten es hinnehmen, dass man ihnen die apostolische Rolle von Wiederentdeckern zuwies, anstatt sie als selbständige Entdecker anzuerkennen. Es war eine Rolle, gegen die de Vries sich wütend verwahrte, nach der Tschermak sich sehnte und die Correns geradezu erfand, um für sich und seine Widersacher einen würdevollen Ausweg aus einem Kampf zu finden, der nichts mit Mendel zu tun hatte und der ihn sonst nicht mehr losließ.

Im Jahr 1900 war Hugo de Vries 52 Jahre alt und genoss in den Niederlanden ein hohes Ansehen als Botaniker. Er war Professor an der Universität von Amsterdam und Direktor des Botanischen Instituts, das direkt neben dem ausgedehnten Hortus Botanicus (dem botanischen Garten) von Amsterdam an der Nieuwe Heerengracht lag. Seine Kollegen respektierten und fürchteten ihn, aber keiner konnte ihn besonders leiden. Sie erzählten sich, welches Unbehagen ihn in Gegenwart von Frauen befiel, und behaupteten, wenn er nachts allein im Labor sei, spucke er in die von seinen Assistentinnen angelegten Kulturen, um ihre Ergebnisse zunichte zu machen. Ob diese Gerüchte nun auf der Wahrheit beruhen oder nicht, sie zeigen jedenfalls, dass zwischen dem berühmten Forscher mit dem buschigen Bart und seinen Mitarbeitern kein sehr gutes Verhältnis bestanden haben kann.

Einer der wenigen, die für de Vries eintraten, war sein gesetzmäßiger Erbe, Theo J. Stomps. Stomps war vaterlos, und de Vries, der keine eigenen Kinder hatte, sorgte sich um den jungen Mann wie um einen Sohn, er finanzierte ihm seine Ausbildung und verschaffte ihm eine gesicherte Anstellung.

1889 stellte de Vries eine Theorie zur Vererbung vor, die er als intrazellulare Pangenesis bezeichnete – eine sorgfältige Rekapitulation und Fortführung der Thesen, die Darwin über Pangenesis aufgestellt hatte und die noch unzureichend waren. Er rückte wie Mendel die individuellen Merkmale in den Vordergrund und nicht die Merkmale der Art, wie es damals die meisten Botaniker taten, und erklärte, sie würden durch stoffliche Teilchen übertragen, die er in Fortführung von Darwins Überlegungen zu den Gemmulae oder Keimchen zu Ehren des großen britischen Naturforschers als Pangene bezeichnete.

Die intrazellulare Pangenesis war damals eine Aufsehen erregende Theorie und wurde in vielen Punkten durch neu gewonnene Erkenntnisse auf dem Gebiet der Genetik bestätigt. In seinen späteren Veröffentlichungen vertrat de Vries die Ansicht, dass jeweils ein spezielles Pangen für ein bestimmtes Merkmal verantwortlich war, und zwar unabhängig von der Art, bei der es auftrat. Auf dieser Vorstellung – dass beispielsweise das haarige Pangen auf die gleiche Art und Weise bei Disteln wie bei Windhunden zum Tragen kommt – beruht ein Großteil der heutigen Forschung, die sich an Pflanzen- oder Tiermodellen orientiert, um Rückschlüsse auf Gesundheit und Krankheit beim Menschen zu ziehen. De Vries untermauerte seine Theorie durch seine Versuche mit *Lychnis* (Lichtnelke), bei der er das Merkmal für Haarlosigkeit von einer Art (*L. vespertina glabra*) auf eine normalerweise behaarte Art (*L. diurna*) übertrug. Dass dies möglich sei, so erklärte er, bestätige die Hauptthese der Pangenesis, dass bei den verschiedenen Arten die gleichen erblichen Eigenschaften an die gleichen stofflichen Träger gebunden seien.

Doch bei all seiner Scharfsicht war de Vries in mancher Hinsicht blind. Insbesondere weigerte er sich zu glauben, dass irgendein Vorgang, der für die Vererbung von Bedeutung war, im Inneren des Zellkerns stattfand – wie sich später herausstellen sollte, befinden sich aber gerade im Zellkern die Gene und Chromosomen. Er räumte zwar ein, dass die Pangene im Zellkern gebildet werden, anschließend aber, so behauptete er, würden sie sich im Wesentlichen außerhalb des Zellkerns bewegen und ihre Wirkung entfalten.

Ende der neunziger Jahre nahm de Vries ein noch größeres Projekt in Angriff: die Mutationstheorie. Er war der Meinung, dass Mutationen – oder, wie er sie nannte, Monstrositäten – zufällig und aus unbekannten Gründen aufträten und die treibende Kraft der Evolution seien. Er hatte Monstrositäten zu untersuchen begonnen, um die Pangenesistheorie zu bestätigen und nachzuweisen, dass diskrete Teilchen für die Monstrositäten, die er bei *Lychnis*, *Linaria* und anderen Spezies fand, verantwortlich sind. In dieser Zeit stieß er jedoch auf einem Feld in der Nähe von Amsterdam auf eine Reihe wild wachsender Pflanzen, bei denen es vor Monstrositäten nur so wimmelte: Es handelte sich um Nachtkerzen, *Oenothera*, genauer gesagt um *O. larmackiana*. An dieser Pflanze fand de Vries die Beweise für den Zusammenhang zwischen der Mutation und der Entstehung neuer Arten.

Er plante, verschiedene Schriften zu diesem Thema zu veröffentlichen, deren Höhepunkt mit dem Beginn des 20. Jahrhunderts zusammenfallen sollte. Der erste Teil seines auf zwei Bände angelegten Werkes mit dem Titel *Die Mutationstheorie* sollte genau im Jahr 1900 erscheinen.

In Verfolgung dieses Vorhabens reiste de Vries im Juli 1899 nach London, um seine Forschungsergebnisse unter dem Titel *Hybridizing Monstrosities* der Royal Horticultural Society zu präsentieren, die zu diesem Zeitpunkt die erste internationale Konferenz über Hybridisierung und Pflanzenzucht abhielt. Er berichtete über die ersten Ergebnisse, die er aus den Kreuzungen mit *Oenothera*, Opiummohn (*Papaver somniferum*) und *Lychnis* gewonnen hatte. Sein Vortrag verlief sehr gut, seine Folgerungen jedoch waren manchmal etwas verwirrend, und dies nicht nur, weil er Englisch mit einem starken Akzent sprach. Man betrachte zum Beispiel seine Analyse der Kreuzungen mit *Lychnis*: Als er Anfang der neunziger Jahre die behaarte Spezies (*L. diurna*) mit der unbehaarten (*L. vespertina glabra*) gekreuzt hatte, so berichtete er, erhielt er wie erwartet die F1-Generation behaarter Hybriden. Im darauf folgenden Jahr, nachdem sich diese Pflanzen selbst befruchtet hatten, waren 99 der 153 Pflanzen der F2-Generation behaart und 54 unbehaart.

Zwei Jahre vor der Londoner Konferenz hatte er das Verhältnis bei der F2-Generation richtig angegeben: zwei Drittel behaart, ein Drittel glatt. Aber 1899 behauptete er, dass diese Zahlen, 99 zu 54, in etwa ein Verhältnis von 3:1 ergeben – obwohl sie viel eher einem Verhältnis von 2:1 entsprechen. Hatte er in der Zwischenzeit Mendels Aufzeich-

nungen gelesen und anschließend seine Ergebnisse uminter-
pretiert?

Auf jeden Fall räumte de Vries gegenüber seiner Zuhörerschaft in London ein, dass noch viel Forschungsarbeit geleistet werden müsse. »Wir wissen nur sehr wenig darüber«,
sagte er, »auf welche Weise die Weitergabe von Merkmalen
erfolgt.«

An der Konferenz nahm auch William Bateson, Dozent
für Zoologie an der Universität von Cambridge, teil, der
einer der führenden Vertreter einer damals in England herr-
schenden Theorie war, die auf dem Gedanken der so genannten diskontinuierlichen Variation des Rohmaterials der Evolution gründete. Er befand sich in einer hitzige Kontroverse
mit einer Gruppe von Wissenschaftlern, zu denen auch
Francis Galton gehörte. Dieser behauptete, Darwin selbst
sei von einer kontinuierlichen Variation ausgegangen, die in
kleinen Schritten stattfinde, und diese kleinen, nahezu un-
merklichen Anpassungen stellten das Rohmaterial dar, das
unter dem Druck der natürlichen Auslese im Kampf ums
Überleben geformt werde.

Bateson dagegen erklärte, die Evolution erfolge in Sprün-
gen und nehme keineswegs einen stufenlosen und allmähli-
chen Verlauf. Er hatte sich der Aufgabe verschrieben, Belege
für diskontinuierliche Variationen zu finden, also atypische
Eltern, die atypische Nachkommen hervorbrachten, und
zwar mit einer Geschwindigkeit, die nicht der Bewegung
eines Gletschers, sondern einer Lawine entspricht, keinem
gemächlichen Trab, sondern einem Galopp.

Bateson war sofort von de Vries eingenommen, da er in
dessen Monstrositäten den Beweis für die diskontinuierliche
Variation sah. De Vries sei ein »leidenschaftlicher Verfechter
der Diskontinuität«, schrieb er seiner Frau, als ihm der hol-

ländische Botaniker auf dem Weg nach London einen Besuch in Cambridge abstattete. Batesons Charakterisierung von de Vries, der in vielerlei Hinsicht seiner Weltsicht entsprach, war kurz und prägnant: klug, gebildet, vornehm, einer von uns. Jeder, der nicht von der Diskontinuität überzeugt war, musste einer von denen sein. Und Bateson, für den nur die Elite zählte, hatte für die nichts als Verachtung übrig.

Was de Vries betraf, so konnte er gar nicht anders, als von der Kraft des Vortrags, den Bateson am Dienstag, dem 11. Juli 1899, vor den anwesenden Botanikern hielt, beeindruckt zu sein. Wenn man zu erklären versuche, wie neue Arten bei der Bastardierung entstehen, sagte Bateson, stellten sich zwei Fragen: Welcher Mechanismus liegt der Entstehung neuer Arten zugrunde? Und welcher Mechanismus ist dafür verantwortlich, dass sie fortbestehen und sich nicht in ihre ursprüngliche Form oder in eine Mittelform zwischen der ursprünglichen Form und der neuen Form zurückentwickeln?

»Zum gegenwärtigen Zeitpunkt«, sagte Bateson, »ist es nicht mehr damit getan, weitere *allgemeine* Vorstellungen über die Evolution zu entwickeln. Wir brauchen *bestimmte* Erkenntnisse über die Evolution *bestimmter* Formen. Zuallererst müssen wir herausfinden, was passiert, wenn eine Art mit ihren *nächsten Verwandten* gekreuzt wird. Wenn das Ergebnis irgendeinen Wert für die Wissenschaft haben soll, ist es geradezu unabdingbar, dass die Nachkommen, die aus solchen Kreuzungen hervorgehen, *statistisch* untersucht werden.«

Mit all diesen Hervorhebungen verfolgte Bateson wahrscheinlich den Zweck, der gedruckten Version seiner Ausführungen dieselbe Eindringlichkeit zu verleihen, die er während seines leidenschaftlichen Vortrags so mühelos zum

Ausdruck brachte. Die hervorgehobenen Worte – vor allem »*statistisch*« – verdienen, auf diese Weise betont zu werden; aneinander gereiht, lesen sie sich fast so, als sei Bateson mit Mendels Aufsatz bereits vertraut und liefere lediglich eine Zusammenfassung.

Das Ganze wurde sogar noch unheimlicher, als Bateson fortfuhr. »Man muss Protokoll darüber führen, wie viele der Nachkommen jedem Elter gleichen«, sagte er, »und wie viele der auftretenden Merkmale zwischen denen der Eltern liegen. Wenn sich die Eltern in mehreren Merkmalen unterscheiden, müssen die Nachkommen statistisch untersucht und sozusagen gesondert für jedes einzelne Merkmal eingeordnet werden. Selbst sehr ungenaue Statistiken können von Nutzen sein.«

Am Tag nachdem de Vries und Bateson ihre Vorträge gehalten hatten, sprach ein Botaniker namens R.A. Rolfe unter dem Blickwinkel der systematischen Botanik über die Geschichte der Hybridisierung. Er spielte dabei auch auf Mendel an, dessen Name in wissenschaftlichen Kreisen seit seinem Tod 15 Jahre zuvor nicht mehr gefallen war. Im Zusammenhang mit den Hybriden von *Hieracium* machte Rolfe die beiläufige Bemerkung, »G. Mendel züchtete mehrere künstlich«. Dies ist der erste überlieferte mündliche Verweis auf Mendel vor seiner Wiederentdeckung. Man kann davon ausgehen, dass Bateson und de Vries an diesem Nachmittag im Vortragssaal anwesend waren, aber falls sie gehört haben, dass Rolfe Mendel – zusammen mit den Namen einer Reihe anderer Hybridforscher – erwähnte, nahmen sie es offenbar in keiner Weise zur Kenntnis.

Als Bateson und de Vries aus London abreisten, war vermutlich jeder der beiden Männer entschlossen, den anderen im Auge zu behalten. Beide legten in ihrem Gebaren eine

Arroganz an den Tag – hinter der sich, wie so oft der Fall, bloße Unsicherheit verbarg –, die sie einander zu ähnlich machte, als dass sie wirklich Freunde hätten werden können. Aber zumindest im Jahr 1899 waren Bateson und de Vries Brüder im Geiste. Beide Männer vermuteten in Mutationen den Schlüssel, mit dem sich einige der größten Rätsel der Biologie lösen ließen.

Einen Tag nachdem Correns den Nachdruck des in den *Comptes Rendus* veröffentlichen Artikels von de Vries erhalten hatte, macht er sich schon an eine schriftliche Erwiderung. Am Abend des 22. April 1900, einem Sonntag, schickte er sie an die angesehenste botanische Zeitschrift in Deutschland, die *Berichte der deutschen botanischen Gesellschaft*. Am darauf folgenden Freitag, dem 27. April, hielt Correns einen Vortrag vor der Deutschen Botanischen Gesellschaft. Inzwischen war in den *Berichten* die deutsche Übersetzung des Artikels von de Vries veröffentlicht worden, in dem er Mendel schließlich doch noch erwähnte – wenn auch nur in zwei knappen Hinweisen und einer Fußnote, die wie nachträglich angefügt wirkt. Noch heute sind Wissenschaftler mit dieser Fußnote befasst, um herauszufinden, ob er von vornherein beabsichtigt hatte, Mendel Anerkennung zu zollen, oder ob er es erst in letzter Minute tat, nachdem er von der wütenden Reaktion Correns' erfahren hatte. De Vries verwies zwar auf die mendelsche Begrifflichkeit, gab aber zu verstehen, dass es nicht erforderlich war, auf Mendel zurückzugreifen, um zu den Ableitungen zu gelangen, die er in seinem Bericht beschrieb. In der Fußnote hieß es, diese »wichtige Abhandlung« des Mönchs »wird so selten zitiert, dass ich sie selbst erst kennen lernte, nachdem ich die Mehrzahl meiner Versuche abgeschlossen und die im

Text mitgeteilten Sätze daraus abgeleitet habe«. Mit dieser Erklärung wollte de Vries jedem Einwand zuvorkommen, dass er Mendels Versuche lediglich wiederholt habe – und nicht auf eigenem, unabhängigem Wege zu denselben allgemeinen Gesetzen der Bastardierung gelangt sei.

Was Correns angeht, so entsprach die Wut, die ihn während der beiden Tage, an denen er seine Erwiderung schrieb, vorwärts trieb, ganz und gar nicht seinem Wesen. Er bewies normalerweise in seinem Verhalten immer größte Vornehmheit. Auf einer Fotografie aus dem Jahr 1905 wirkt alles an ihm zurückhaltend, geradezu bescheiden: seine Brille mit dem Drahtgestell, in derselben Form und Farbe wie die Brille Mendels, ein sanfter Mund, die widerspenstigen Haare, die sorgfältig über die hohe Stirn gekämmt sind, die seltsam gebogene Nase, die in breiten, flachen Flügeln über dem Schnurrbart endet, der dünne Bart, den er sich vermutlich wachsen ließ, um älter auszusehen, denn selbst auf diesem Foto, das in Correns' 40. Lebensjahr aufgenommen wurde, hatte er noch das zweifelhafte Vergnügen, als ein sehr viel jüngerer Mann durchgehen zu können.

An diesem Wochenende im April 1900 fand jedoch eine Veränderung mit Correns statt. An die Stelle der Bescheidenheit trat Sarkasmus, und er ließ sich zu einigen verdeckten Anschuldigungen hinreißen, die einem Plagiatsvorwurf gleichkamen. Allein schon mit dem Titel, den er für seine Schrift wählte – *Mendels Regel über das Verhalten der Nachkommenschaft der Rassenbastarde* –, machte Correns de Vries den Anspruch auf die Erstentdeckung streitig und wies sie einem Mann zu, der seit 16 Jahren tot war.

»Als ich das gesetzmäßige Verhalten und die Erklärung dafür [...] gefunden hatte, ist es mir gegangen, wie es de Vries offenbar jetzt geht«, schrieb Correns und stellte damit seinen Kollegen auf fast unmerkliche Weise bloß, »ich habe das alles für etwas Neues gehalten. Dann habe ich mich aber überzeugen müssen, dass der Abt Gregor Mendel in Brünn in den sechziger Jahren durch langjährige und sehr ausgedehnte Versuche mit Erbsen nicht nur zu demselben *Resultat* gekommen ist, wie de Vries und ich, sondern dass er auch genau dieselbe *Erklärung* gegeben hat, soweit das 1866 nur irgend möglich war.«

Und trocken stellte er fest, es sei ein »merkwürdiger Zufall«, dass de Vries die gleichen Begriffe verwende wie Mendel – dominierend und rezessiv. Er hätte sogar eine noch vernichtendere Bemerkung anfügen können: dass de Vries in seinen früheren Aufsätzen über die Hybridisierung, und davon gab es etliche, diese Terminologie kein einziges Mal verwendet hatte. Stattdessen hatte er Merkmale immer als aktiv oder latent bezeichnet.

Correns kritisierte die von de Vries aufgestellte Behauptung, von den beiden antagonistischen Eigenschaften trage »der Bastard stets nur die eine, und zwar in voller Ausbildung. Er ist somit von einem der beiden Eltern in diesem Punkte nicht zu unterscheiden. Mittelbildungen kommen dabei nicht vor.« Correns hielt die Vorstellung von »stets« und »nicht« für lächerlich. Er war bereits auf etliche Ausnahmen von den mendelschen Regeln gestoßen und hatte für seine Versuche, obwohl er sie mit einer größeren Anzahl von Pflanzen und Generationen durchgeführt hatte als de Vries, weniger Arten verwendet. Wenn er schon bei einigen wenigen Arten Ausnahmen finden konnte, warum war das de Vries bei einem ganzen Dutzend Arten, die er gekreuzt hatte, nicht möglich gewesen?

Correns untersuchte vor allem *Zea mays* und *Pisum sativum* und gelangte dabei zu teilweise verwirrenden Ergebnissen. Als er beispielsweise verschiedene Maisarten mit stärke-haltigen oder zuckerhaltigen Körnern kreuzte, stellte er fest, dass das mendelsche Zahlenverhältnis bei den Stärkemais/Zuckermais-Hybriden auf weniger als fünf Prozent seiner Kreuzungen zutraf. Und bei den Kreuzungsversuchen mit *Pisum* machte er eine noch seltsamere Entdeckung. Als Correns eine gelbe Erbse mit einer grünen Erbse kreuzte, erhielt er nicht wie erwartet eine ausschließlich aus gelben Erbsen bestehende F1-Hybridgeneration. Seine F1-Hybriden waren vielmehr fast durchsichtig und glichen keinem der beiden Eltern. Zu diesem Zeitpunkt wusste man noch nichts von der Existenz von Genen, geschweige denn von der Möglichkeit, dass ein Gen für die Farblosigkeit verantwortlich sein konnte, aber genau das ist die Erklärung für die merkwürdigen von Correns erzielten Ergebnisse. Bei dieser Varietät von *Pisum sativum* besitzen beide Eltern ein Gen, das verhindert, dass der Abkömmling, wenn er es in sich trägt (wie es bei allen F1-Hybriden der Fall war), irgendeine Färbung aufweist.

Während sich Mendel des Begriffs Merkmal bedient hatte, um etwas zu beschreiben, das von englischsprachigen Wissenschaftlern später als Faktor oder Determinante bezeichnet wurde, verwendete Correns einen passenderen Begriff: Anlage. Dieser Begriff macht, anders als Merkmal oder Elemente, deutlich, dass Correns sich die Determinante als diskrete Einheit, als Teilchen vorstellte, etwas, das von den Eltern an die Nachkommen weitergegeben werden konnte. Mit Anlage verbindet sich außerdem die Vorstellung, dass sie nicht für das Merkmal selbst verantwortlich ist, sondern für den Code, der dieses Merkmal festlegt. Im Rückblick scheint Correns mit dem Begriff Anlage dem heutigen Verständnis von Genen nahe gekommen zu sein.

Für jedes Merkmal gebe es eine bestimmte Anlage, erklärte Correns, die entweder dominierend oder rezessiv sei. Hybriden besäßen jeweils eine von beiden, wobei die dominierende Anlage die rezessive unterdrücke, sie aber nicht zerstöre oder verändere. Und, so sagte er – und ging dabei weit über Mendels ursprüngliche Beobachtungen hinaus –, der vollständige Satz aller Anlagen eines Organismus sei im Zellkern zu finden.

Correns war der Erste, der das Zahlenverhältnis von 9:3:3:1 zur Beschreibung der Kreuzungsergebnisse von Dihybriden verwendete. Als er, wie vor ihm schon Mendel, hinsichtlich Größe und Farbe (hochwüchsig und gelb) doppelt dominante *Pisum* mit doppelt rezessiven (zwergwüchsig und grün) kreuzte und die F1-Hybriden sich dann selbst befruchten ließ, konnte die F2-Generation in doppelt dominante, doppelt rezessive und – die Mehrzahl – in mischerbige, das heißt hybrid in einem oder beiden Merkmalen, eingeteilt werden. Correns ordnete diese Typen vier deutlich unterscheidbaren Gruppen zu, zwischen denen ein Verhältnis von 9:3:3:1 bestand. Dieses Verhältnis wird zwar häufig Mendel zugeschrieben, aber der Mönch hat es in seinem Aufsatz von 1866 nicht verwendet. Es war Correns, der es einführte, um »Mendels Regeln«, wie er sie bezeichnete, zu untermauern.

Correns wies Mendels Regeln Namen zu, die der Mönch selbst niemals verwendet hatte: das Spaltungsgesetz und das Unabhängigkeitsgesetz. Allerdings versäumte es Correns in seinem Ärger, zwischen den beiden Gesetzen zu unterscheiden. Erst ein amerikanischer Genetiker, der mehr als ein Jahrzehnt später Forschungen auf demselben Gebiet anstellte, traf schließlich eine Unterscheidung zwischen beiden Konzepten.

Correns war sich bewusst, dass es zu seiner Zeit wesentlich einfacher war, zu diesen Gesetzen zu gelangen, als zu Zeiten Mendels. In den dazwischen liegenden Jahren hatte man viele neue Erkenntnisse gewonnen, insbesondere was die Struktur und Funktion der Zelle anbelangte. Aufgrund dieser Fortschritte, erklärte Correns Jahre später bescheiden, war auch »die selbständige Auffindung der Gesetze selbst […] damals bei weitem nicht mehr die Leistung, die sie zu Mendels Zeit war«.

Einer der größten Fortschritte betraf die grundlegenden Erkenntnisse über den Zellkern. Er hatte im Jahr 1869 seinen Ausgang genommen, kurz nachdem Mendel zum Abt gewählt worden war. Johann Friedrich Miescher, ein Student der Biochemie aus Basel, sammelte die Verbände von Patienten in den Wachsälen von Krankenhäusern. Diese Verbände waren damals, in der Zeit vor der Sterilisation, meist voller Eiter. Miescher war davon überzeugt, dass die weißen Blutkörperchen, die sich im Eiter befanden, wichtige Geheimnisse über die chemische Zusammensetzung der Zelle bergen könnten.

In der Hoffnung, dass sich dadurch etwas Interessantes ergäbe, unterzog Miescher die Proben aufs Geratewohl den zur damaligen Zeit gängigsten Laborverfahren und löste die Proben in Natriumsulfid, Säure, Alkali und Alkohol auf, um zu sehen, was dabei ausfiel. Er gewann eine unbekannte reine Verbindung und entschied, dass diese aus dem Zellkern stammen musste. Sein nächster Schritt bestand in dem Versuch, den Kern zu isolieren, etwas, das noch niemals zuvor gemacht worden war.

Miescher verwendete verdünnte Salzsäure, um alle anderen Bestandteile der Zelle zu zerstören, und stellte, wie er gehofft hatte, fest, dass reine Zellkernextrakte übrig blieben.

Diese Extrakte analysierte er und suchte nach derselben Verbindung, die er aus den Verbänden gewonnen hatte. Wie sich zeigen sollte, machte diese Verbindung einen beträchtlichen Teil des Kerns aus. Mittels einer biochemischen Analyse fand Miescher schließlich heraus, dass diese Substanz aus Stickstoff, Phosphor und Chromatin in einer sauren Lösung bestand, die er nach dem Nukleus, dem Zellkern, Nuklein nannte.

Aber genauso wie Mendel hat auch Miescher die Bedeutung seiner Entdeckungen niemals erfasst. Er starb 1895 im Alter von 51 Jahren infolge einer chronischen Lungenkrankheit. Bis dahin war noch nicht erkannt worden, dass es sich bei dem Nuklein tatsächlich um die DNS handelte, die wichtigste chemische Substanz auf Erden, die von den Eltern an die Kinder und die Enkelkinder sämtliche für ein Lebewesen erforderlichen Informationen weitergibt.

Der dritte vermeintliche Wiederentdecker, der in diesem Frühling auf den Plan trat, war Erich von Tschermak, ein sechsundzwanzigjähriger Doktorand, der in Gent und Wien Kreuzungsversuche mit Erbsen und Goldlack durchführte. Seine Bedeutung für die Wiederentdeckung Mendels wird heute meistens in ein, zwei kurzen Absätzen abgehandelt. Obwohl er sich sehr darum bemühte, als Wiederentdecker anerkannt zu werden, glaubten selbst damals nur wenige Leute, dass er das von Mendel bestimmte Zahlenverhältnis, die Theorie der Dominanz oder die Bedeutung der Spaltung wirklich begriffen hatte.

Tschermak war der Enkel von Eduard Fenzl, jenem Wiener Botaniker, mit dem Mendel, wie es heißt, aneinander geriet, als er 1856 zum zweiten Mal vergeblich versuchte, eine Lehramtsbefähigung zu erhalten. Trotz seines jugendlichen Alters hatte Tschermak einen Blick für die Nachwelt. »Es war nicht einfach für mich, meinen Anteil an der Entdeckung der mendelschen Lehre und ihrer Anwendung bei Züchtungsversuchen zu behaupten«, schrieb er Jahre später, »da in den damals wichtigsten Lehrbüchern nur die Namen von de Vries und Correns genannt wurden. Dieses Versäumnis wurde allerdings in den späteren Ausgaben korrigiert.« Bald dachte man jedoch wieder anders darüber, und Wissenschaftshistoriker stellten die Rolle Tschermaks als Wiederentdecker infrage. In seinem Artikel, der ein oder zwei Monate nach den anderen im Juni 1900 veröffentlicht wurde, stellte er lediglich vorläufige Ergebnisse dar und unternahm keinen Versuch, allgemeine Regeln aus seinen experimentell gewonnenen Daten abzuleiten. Es entging ihm darüber hinaus, dass Hybriden Determinantenpaare aufweisen, die sich voneinander unterscheiden, dass sich diese Paare in den Keimzellen teilen und dass sich aufgrund dieses Verhaltens das Verhältnis bei verschiedenen Kreuzungen vorhersagen lässt. Heute ist man sich einig darin, dass Tschermak zwar ein pflichtbewusster Student war, dem es gelang, Mendels Aufsatz aufzuspüren und zu zitieren, dass er aber die wesentlichen Punkte der mendelschen Lehre eigentlich nicht verstand.

William Bateson war von Hugo de Vries so beeindruckt, dass er nach Abschluss der internationalen Konferenz über Hybridisierung und seiner Rückkehr nach Cambridge begann, dessen Lehre in ganz England zu verbreiten. Auf sein Betreiben hin konnte er im darauf folgenden Frühling erneut einen Vortrag vor der Royal Horticultural Society halten, in dem er deren Mitglieder mit einer Beschreibung der Mutationstheorie von de Vries auf seine Seite zu ziehen und zu veranlassen versuchte, eigene Kreuzungsversuche durchzuführen.

Eigentlich verwundert es, dass Bateson sich für dieses Vorhaben gerade die Royal Horticultural Society ausgesucht hatte. Diese Gesellschaft war im Grunde ein Herrenclub ohne großen wissenschaftlichen Ehrgeiz. Die Society engagierte sich vor allem im gesellschaftlichen Bereich, wie bei der alljährlichen Blumenausstellung in Temple Gardens, die jeweils im Mai stattfand und als eines der wichtigsten Ereignisse der Londoner Saison bezeichnet wurde. Auf dieser Ausstellung versammelten sich so hochrangige Würdenträger wie die Königin von Schweden und Norwegen, die Herzogin von Connaught, die Herzogin von Devonshire, Lady Warwick und Lord Cross. Allerdings hatte die Royal Horticultural Society eine neue wissenschaftliche Abteilung unter der Leitung von Maxwell Masters eingerichtet, um sich eine gewisse intellektuelle Glaubwürdigkeit zu erwerben. Diese Schritte unternahm sie aber nur zögerlich, und am Abend nach Batesons Vortrag fanden sich die Mitglieder beim üppigen jährlichen Dinner des Royal Gardeners' Orphan Fund wieder auf vertrauterem Boden zusammen.

Niemand weiß genau, was Bateson am Morgen des 8. Mai 1900, einem Dienstag, auf seinem Weg nach London tat. Am verbreitetsten ist die lebhaft ausgeschmückte und reizvolle Geschichte, der zufolge er bei der Vorbereitung auf seinen Vortrag über die Mutationstheorie vor der Royal Horticultural Society die von der Deutschen Botanischen Gesellschaft am 25. April in den *Berichten* veröffentlichte Fassung von de Vries' Artikel gelesen hatte und über die Fußnote von de Vries auf Mendels Aufsatz gekommen war. Auf der einstündigen Zugfahrt nach London am Morgen des Vortrags habe Bateson dann Mendels Aufsatz gelesen und sei von seiner Brillanz und Klarheit so beeindruckt gewesen, dass er seinen Vortrag vollständig überarbeitet und die Gelegenheit genutzt habe, um Gregor Mendel der englischsprachigen Welt vorzustellen.

Eine solche Darstellung des Geschehens erfordert jedoch, dass dem einige andere Ereignisse vorausgegangen sind – die allesamt möglich sind, wenn auch unwahrscheinlich. Angenommen, Bateson hätte den Artikel von de Vries in die Hände bekommen und spätestens am Wochenende vor seinem Vortrag gelesen, dann würde er irgendwann am Montag, dem 7. Mai, die Universitätsbibliothek aufgesucht haben müssen, um die Zeitschrift mit Mendels Aufsatz zu suchen, die in de Vries' Bericht erwähnt wurde. Die Bibliothek verfügte zwar tatsächlich über eine gebundene Ausgabe der *Verhandlungen* von 1866. Aber hätte sich Bateson diesen Band auch rechtzeitig beschaffen können, bevor er am Dienstagmorgen zum Zug musste?

Manche Leute glauben, dass dies nicht möglich gewesen wäre oder dass er es zumindest nicht getan hat. Zum einen wird in dem Bericht über Batesons Vortrag, den Maxwell Masters für die am 12. Mai erscheinende Ausgabe des *Gardeners' Chronicle*, der Wochenzeitschrift der Royal Horticultural Society, verfasste, Gregor Mendel überhaupt nicht erwähnt. Das lässt vermuten, dass Bateson am 8. Mai nur über de Vries und nicht über Mendel sprach. Er hat auf der Zugfahrt vielleicht den in den *Berichten* veröffentlichten Artikel von de Vries gelesen oder, was wahrscheinlicher ist, seinen früher veröffentlichten, kürzeren Aufsatz in den *Comptes Rendus* – in dem der mährische Mönch ebenfalls nicht erwähnt wurde. Es können Tage oder Wochen nach Batesons Rückkehr nach Cambridge – mitten im Frühling, als alle seine Pflanzen- und Tierversuche seine besondere Aufmerksamkeit erforderten – vergangen sein, bis er Mendels Aufsatz zum ersten Mal in Händen hielt.

Die interessanteste Frage bei diesem akademischen Hin und Her ist, warum Bateson diese Angelegenheit so wichtig war. Warum hielt er an der Geschichte von dieser plötzlichen Entdeckung auf der Zugfahrt nach London fest? Warum behauptete er immer wieder, wie seine Witwe in ihren Erinnerungen schrieb, dass ihn die Erkenntnis von Mendels überragender Bedeutung wie ein Blitz getroffen habe? Diese Geschichte scheint zur Mythenbildung zu gehören – der Bildung des Mythos von der Genialität Mendels und seiner eigenen, Batesons.

Batesons Unfähigkeit, gleichzeitig zwei widersprüchliche Gedankengänge zu verfolgen, seine Neigung, die Welt ausschließlich in Schwarz und Weiß zu sehen, trug viel zu der hitzigen Auseinandersetzung in den Jahren nach Mendels Wiederentdeckung bei. Für Bateson war ein Mensch entweder über die Maßen bedeutend oder eben vollkommen unbedeutend, entweder sein bester Freund oder sein erbittertster Feind. Damit Mendel den Titel des Begründers einer neuen Wissenschaft verdiente, musste er im Sinne dieser Entweder-oder-Mentalität zu der Sorte Genies gehören, denen Sternstunden beschieden sind, die gewöhnliche Sterbliche niemals erleben. Mendels Größe war allerdings ganz anderer Natur, sie hatte nicht im Entferntesten jenen Glanz, den Batesons Geschichte verlangte. Dennoch hielt sich diese Geschichte und wurde noch weiter ausgeschmückt. Und wie wunderbar eignete sie sich, um von der Wiederkehr des leuchtenden Genius erzählen zu können, die sich 35 Jahre nach Mendels Tod während einer anderen Sternstunde ereignete, in einem südwärts fahrenden Zug der Great Eastern Railway, der in die Liverpool Station in London einfuhr.

Ob Bateson den Aufsatz von 1866 nun in diesem Zug las oder erst Wochen oder sogar Monate später, jedenfalls wurde er von diesem Zeitpunkt an zum wichtigsten Fürsprecher Mendels. Er ließ den Aufsatz Mendels ins Englische übersetzen und veröffentlichte ihn 1902 zusammen mit einem geistvollen und etwas bissigen Vorwort unter dem Titel *Mendel's Principles of Heredity: A Defence*. Darin kritisierte er die Anhänger der Biometrie, die in der Nachfolge Darwins an einen sich langsam vollziehenden, kontinuierlichen evolutionären Wandel glaubten. Bateson und seine Anhänger, die er inzwischen als Mendelianer bezeichnete, waren davon überzeugt, dass die Evolution das Ergebnis großer diskontinuierlicher Veränderungen war, die sich von einer Generation auf die nächste vollzogen; sie behaupteten, Mendels Forschungen mit Erbsen zeigten auf, in welcher Weise große evolutionäre Sprünge stattfinden könnten.

Über die unterschiedlichen Auffassungen hinsichtlich der Geschwindigkeit des Tempos der Evolution hinaus waren sich die Vertreter der Biometrie und die Mendelianer noch in anderen Fragen uneinig. Die Biometriker setzten auf Statistiken, um Darwins Theorie von der natürlichen Auslese zu analysieren. Die Mendelianer – und darin liegt in Anbetracht Mendels eigener Vorliebe für die mathematische Analyse eine gewisse Ironie – verwarfen Statistiken und zogen es vor, mittels empirischer Forschung nach Beweisen für die Evolution zu suchen. Beide Gruppen hatten zwar letztlich das gemeinsame Ziel, die Biologie zu einer exakten Wissenschaft zu machen, nur waren sie sich nicht darüber einig, wie dieses Ziel zu erreichen sei. »Genauigkeit lässt sich nicht immer durch zahlenmäßige Präzision erreichen«, schrieb Bateson mit einem Seitenhieb auf die Anhänger der Biometrie, »es gab Naturforscher, denen statische Feinheiten fremd waren, deren Gespür für die Wahrheit sie jedoch davor bewahrte, widersinnige Schlussfolgerungen zu ziehen, leichthin Argumente vorzubringen und wiederholt und auf groteske Weise Autoritäten zu missbrauchen.«

Was de Vries anbelangte, so verlor sich der Eindruck, den Mendel auf ihn gemacht hatte, im Lauf der Jahre. Dieser Sinneswandel beruhte vielleicht einfach nur auf blankem Neid – Neid auf einen Mann, der seit einer Generation tot war und es dennoch geschafft hatte, de Vries den eigenen Ruf streitig zu machen. Er hatte beabsichtigt, Mendels Ergebnisse lediglich zur weiteren Untermauerung seiner Mutationstheorie zu nutzen, als eine Art Sprungbrett für einen, wie er meinte, weitaus sinnvolleren Ansatz zur Erforschung der Vererbung und der Evolution. Welche Enttäuschung bereitete es ihm, mit ansehen zu müssen, wie aus diesem Sprungbrett bald eine neue – und letztendlich mit der eigenen konkurrierende – Theorie wurde. De Vries reagierte »ziemlich eifersüchtig auf die rasche Entwicklung des Mendelismus«, sagte Tschermak Jahre später, »und war der Meinung, dass seine Mutationstheorie zu wenig Beachtung fand, vor allem unter Züchtern«. Tschermaks Ansicht nach war Eifersucht der einzig mögliche Grund, warum de Vries es unterließ, Mendel in seinem 1907 erschienenen Buch *Pflanzenzüchtung* zu erwähnen, und es 1908 »brüsk ablehnte«, den Antrag Tschermaks zu unterzeichnen, der die Einberufung einer Kommission zur Errichtung eines Denkmals für Mendel in Brünn unterstützte.

De Vries war der Überzeugung, Batesons Begeisterung für Mendel sei verfehlt. »Bitte bleiben Sie nicht bei Mendel stehen«, schrieb er eineinhalb Jahre nach der Wiederentdeckung im Frühjahr 1900. »Ich schreibe zurzeit am zweiten Teil meines Buches [*Die Mutationstheorie*], in dem ich mich mit Kreuzungen beschäftige, und mir wird immer deutlicher bewusst, dass die mendelsche Lehre eine Ausnahme von der allgemeinen Regel der Kreuzung ist. Auf gar keinen Fall ist sie *die* Regel!«

Bateson schenkte ihm jedoch keine Beachtung. Er strich de Vries ganz einfach aus der zunehmend kürzer werdenden Liste der Leute, welche dieselben Positionen vertraten. Wenn es Bateson nicht gegeben hätte, wären die Versuche, die Mendel mit Erbsen durchführte, vielleicht nie zum allgemeinen Ausgangspunkt für die Genetikforschung geworden. Und umgekehrt, wenn es Mendel nicht gegeben hätte, wüssten wir möglicherweise nur sehr wenig über den eigensinnigen Zoologen aus Cambridge und würden uns auch gar nicht für ihn interessieren.

16. Der Gefolgsmann des Mönchs

Die Gärtner sind diejenigen, die nach jeder Verwüstung
gegen den heftigen Widerstand der Natur fortfahren
und angesichts von deren Chaos und Wirbelstürmen
die Rosenlaube bauen und die Schwertlilien
zum Blühen bringen.
THE ESSENTIAL EARTHMAN, Henry Mitchell, 1923–1993

Der Vortrag sollte erst in einer Stunde beginnen, aber der Saal war bereits überfüllt. Jeder Stuhl war besetzt, und die Ersten kauerten sich schon auf die Fensterbretter oder drängten sich entlang der Wände. Den ganzen Morgen über waren Gerüchte über eine bevorstehende Auseinandersetzung in Umlauf gewesen, die jene anlockten, die sich wirklich für das Thema interessierten, aber auch jene, die lediglich sensationslüstern waren. Zweifellos würde diese Auseinandersetzung höflich und zivilisiert vonstatten gehen, wie es der umständlichen und mit Bedacht zurückhaltenden Art, die britischen Akademikern zu eigen ist, entsprach. Aber hätte man nicht gern einem heftigen, erfrischenden Streit beigewohnt, sei es auch einem, bei dem man seine eigene Schlüsse ziehen musste?

William Bateson betrat als Erster das Podium, er stakste, als gehörten seine Beine zu einem anderen Körper. Wenn dieser Freitag, der 19. August 1904, ein Tag wie jeder andere war, dann trug Bateson einen Anzug aus Wollgabardine, eine zugeknöpfte Weste und ein weißes Hemd mit einem hohen, engen Kragen. Wenn es ein Tag wie jeder andere war, dann hatte er eine Ausgabe von Voltaires *Candide* in eine seiner Taschen gesteckt – Beatrice Bateson, seine Ehefrau und Mitarbeiterin, erzählte oft, ihr Mann gehe kaum jemals ohne dieses Buch aus dem Haus. Wenn es ein Tag wie jeder andere war, hing sein großer Schnurrbart über seine vollen Lippen, seine Augenbrauen standen borstig ab, und er war auf einen Kampf vorbereitet.

Und wenn es ein Tag wie jeder andere war, dann litt dieser Bär von einem Mann, dieser beeindruckende Wissenschaftler unter Lampenfieber. Es machte ihm immer zu schaffen, ganz gleich ob er vor einer Klasse von Studenten in Cambridge sprach, vor einer Damenrunde des örtlichen Gartenvereins oder, wie an diesem Tag, vor einer Gruppe voreingenommener Zuhörer, die sich in einem überheizten Vortragssaal drängten, um dem akademischen Gegenstück zu einem sonntagnachmittäglichen Stierkampf beizuwohnen.

Doch so nervös er auch war, Bateson befand sich auf vertrautem Terrain. Die Versammlung der Sektion D, der zoologischen Abteilung der British Association for the Advancement of Science, fand in Cambridge statt, jener Universitätsstadt, in der Bateson geboren und aufgewachsen war, in der er geheiratet hatte und in der er noch immer, im Alter von 45 Jahren, lehrte und seine Forschung betrieb. Genauer gesagt, war er gerade zum neuen Vorsitzenden der Sektion D berufen worden.

Hier hatten sich seine Anhänger versammelt. Vorausgesetzt, dass er sie nicht am Tag zuvor völlig vor den Kopf gestoßen hatte. Am Dienstag, dem 18. August, hatte er vor der Sektion eine Antrittsrede gehalten, die wahrscheinlich mehr

Unbehagen verursacht hatte als jede andere Rede in der dreiundsiebzigjährigen Geschichte der Gesellschaft. In einer für die gesetzten britischen Akademikerkreise ungewöhnlich angriffslustigen Rede – die aber Batesons eigener Streitlust und der hitzigen Debatte, an der er beteiligt war, ganz und gar entsprach – hatte Bateson seine Position genutzt, um die Theorien und Methoden seiner Erzfeinde, der Anhänger der Biometrie, zu diskreditieren. Er hatte das schon wiederholt getan, seit er vier Jahre zuvor die Fürsprecherrolle für Mendel übernommen hatte und es als seine Mission betrachtete, die Aufmerksamkeit der englischsprachigen Welt auf die Arbeit des Mönchs zu lenken. Er mokierte sich über die beeindruckendste statistische Leistung der Anhänger der Biometrie, die Korrelationstabelle, indem er sie als starres Schema bezeichnete, in das »der biometrische Prokrustes seine Kolonnen unausgewerteter Daten presst«. Die Tabelle, eine umfassende Aufstellung vererbter Merkmale und ihrer Korrelation mit den Merkmalen früherer Generationen, sehe vielleicht »eindrucksvoll« aus, sagte Bateson, aber sie sei »kein

Untersuchte Gruppe	Korrelation zwischen Kapseln der Elternpflanzen und der Nachkommen	Regression der Nachkommen auf Stammform
a Frühe Kapseln der Stammpflanze (endständige Blüten)	.2323	.4003
b Kapseln der Pflanzen – keine Kümmerlinge, d. h. mit mindestens drei Kapseln	.2430	.4050
c Kapseln der Stammpflanzen	.2295	.4295
d Kapseln aller Pflanzen	.1960	.4064

Eine biometrische Korrelationstabelle

Ersatz für das einfache Differenzieren eines geschulten Urteilsvermögens«.

In diesem Streit ging es um Kontinuität – wie die Anhänger der Biometrie evolutionäre Veränderungen verstanden – und Diskontinuität – wie Bateson sie verstand.

In seiner Antrittsrede fand Bateson nun nicht nur an der Biometrie, sondern am gesamten wissenschaftlichen Bereich der Zoologie etwas auszusetzen. Die Zoologie sei zum bloßen Katalogisieren verkommen, sagte er, sie hätte sich weit von ihrer eigentlichen Aufgabe entfernt, die darin bestehe, »das elementare Wesen alles Lebenden« aufzuspüren. Aber da sich die Zoologen bei ihrer Beschäftigung, alle Tiere auf Erden zu beschreiben, »glücklich einem Ende näherten«, sei es, so Bateson, an der Zeit, dass sie sich der Zukunft zuwandten, indem sie ihre Aufmerksamkeit wieder auf die wichtigsten Fragen des 20. Jahrhunderts richteten, auf die Fragen nach der Vererbung und der Evolution.

An diesem Freitagnachmittag sollte nun der zweite Teil des gegen die Biometrie geplanten Doppelschlages stattfinden. Bateson war seit Anfang Juni mit der Planung dieser Offensive beschäftigt gewesen. Den ganzen Sommer über hatte er jeden Morgen in dem buschbewachsenen Gärtchen hinter dem Hühnerstall seines Hauses in Grantchester, einem nahe Cambridge gelegenen Dorf, einen Klappstuhl und einen Tisch aufgestellt. Der Tag begann damit, dass ihm sein Assistent Reginald Crundall Punnett die *Morning Post* brachte, welche die einzige Lokalzeitung war, die Bateson las, und darin nur die Berichte über Kunstauktionen und Kunstverkäufe. Nachdem er die Zeitung rasch überflogen hatte, machte Bateson sich daran, seine Antrittsrede und den Vortrag für den darauf folgenden Tag zu schreiben und das Geschriebene zu überdenken und umzuschreiben und erneut zu überarbeiten. Während Bateson arbeitete, wobei er jede Störung strengstens untersagt hatte, machte sich Punnett mit den Erbsen zu schaffen, um Mendels Experimente zu wiederholen und weiterzuführen. Während Punnett also Aufzeichnungen über die Erbsen machte und sie mit Markierungen versah, tauchte Bateson von Zeit zu Zeit von seinem Arbeitstisch zwischen den Büschen auf, um Punnett beiläufig nach seiner Meinung zu dem einen oder anderen Problem zu fragen. Dabei wusste er schon längst, was er vorbringen wollte, er wusste sogar schon, wie er es vorbringen wollte. Manche Fragen erörterte er mit Punnett wohl nur, um sich selbst reden zu hören.

Den ganzen Sommer über freute sich Bateson auf den bevorstehenden Kampf mit den Anhängern der Biometrie, so wie er sich auf ein gutes Match auf dem Krocketfeld freute. (Unerklärlicherweise trug Bateson immer einen Fez, wenn er Krocket spielte.) Jahre später beschrieb der Schriftsteller Nicholas Mosley eine Figur, für die er Bateson als Vorbild genommen hatte, dessen hervorstechendste Eigenschaft – neben seiner intellektuellen Bedeutung und seiner Entschlossenheit, Mendels Sprachrohr zu sein – seine unbedingte Angriffslust auf dem Spielfeld war. Der fiktionale Bateson hatte sich dem Tennisspiel anstelle von Krocket verschrieben. Er »nutzte den Tennisplatz als eine Art Kampfstätte, auf der er die Leute (und das schienen die meisten zu sein) angriff, gegen die er gewisse Aggressionen hegte. Er [...] setzte alle Kraft beim Spiel ein; er schlug auf und rannte zum Netz, sprang hin und her, um Volleys zu geben oder zu nehmen, und tänzelte rückwärts zur Grundlinie und schlug nach den hohen Bällen, als ob sie Möwen seien.«

Im wirklichen Leben konnte Bateson tatsächlich ein grimmiger Gegner sein – wie er an diesem heißen Freitag im August 1904 bewies. Er packte das Vormittagsprogramm mit Vorträgen seiner Verbündeten voll. Edith Saunders, seine langjährige Forschungsassistentin, sprach über ihre Experimente mit *Datura stramonium* (Stechapfel), *Silene alba* (Leimkraut), *Matthiola incana* (Levkojen) und anderen Pflanzenarten. Colonel C. C. Hurst sprach über seine Forschungsarbeit an Kaninchen, seine Kreuzungen zwischen Belgischen Riesen und durch Inzucht gezüchteten Angoras. Auch A. D. Darbishire, der bis vor wenigen Monaten noch zu den Anhängern der Biometrie zählte, konzentrierte sich auf Experimente mit Tieren, insbesondere Kreuzungsversuche mit Albinomäusen und japanischen Tanzmäusen.

Darbishire auf seine Seite zu bringen, war ein geschickter Schachzug Batesons gewesen, und er war ihm gelungen, indem er dem jüngeren Mann einen gehörigen Schrecken eingejagt hatte. Darbishire war ein vielversprechender Schützling von Walter Frank Raphael Weldon, dem führenden Vertreter der Biometrie. In den zurückliegenden eineinhalb Jahren hatte Darbishire vier gegen die Mendelianer gerichtete Aufsätze in der *Biometrika* veröffentlicht, einer Zeitschrift, die Weldon mitgegründet hatte. Darbishires Kreuzungen zwischen Albinomäusen – zu deren rezessivem Merkmal ein weißes Fell und rote Augen gehörten – und Tanzmäusen – die über ein rezessives Merkmal verfügten, das sie dazu brachte, sich im Kreis zu drehen, wenn andere Mäuse still saßen – lieferten nach Ansicht des jungen Mannes keinen Beweis, der das mendelsche Zahlenverhältnis belegt hätte. Stattdessen bestätigten die Hybriden Galtons Theorie des Ahnenerbes, derzufolge keine ererbte Veranlagung eines Vorfahren, ganz gleich wie entfernt, jemals verloren ging.

Bateson, der Darbishires Ergebnissen gegenüber misstrauisch war, bat ihn schriftlich um seine Ausgangsdaten. Im Mai 1904 stellte er fest, dass das Zahlenmaterial Darbishires ungenau und unvollständig war – und möglicherweise sogar gefälscht. Am 22. Mai teilte er Darbishire dies in einem Brief mit, auf den Darbishire umgehend mit der verzweifelten Bitte, Stillschweigen zu bewahren, reagierte – etwas, das Bateson sehr schwer fiel.

»Ich hoffe, dass Sie Ihr Möglichstes tun werden, um mich aus der Lage, in der ich mich befinde, so bald als möglich zu befreien, und flehe Sie an, diesen Brief keinem Menschen gegenüber zu erwähnen«, schrieb Darbishire. »Was schlagen Sie vor?«

Nun, was Bateson vorschlug, war eine vollständige – und öffentliche – Kapitulation. Kaum drei Monate später, als er vor der Versammlung der British Association seinen Vortrag hielt, widerrief Darbishire jede frühere Interpretation seiner Ergebnisse und erklärte, sie würden eher einen Beleg der mendelschen Gesetze darstellen als deren Widerlegung. Die Biometriker wandten sich von Darbishire ab, während dieser sich redlich bemühte, eine Versöhnung zwischen den beiden Lagern herbeizuführen – und schließlich, als ihm das nicht gelang, zum ergebenen, lebenslangen Mendelianer wurde.

Etwa zu dem Zeitpunkt, als die Sonne das neue Sedgwick Museum of Geology in einen Backofen verwandelt hatte und die Zuhörer, die sich in dem stickigen Vortragssaal des Museums drängten, vor Hitze fast umgekommen sein müssen, bat Bateson zu guter Letzt Raphael Weldon, seinen erbittertsten Gegner, zum Rednerpult. In ihrer Jugend waren die beiden einmal die besten Freunde gewesen. Jetzt, in mittleren Jahren, waren sie zu unversöhnlichen Feinden geworden.

Weldon war ein ungestümer Redner. Wenn er aufgeregt war, wie an diesem Freitagmorgen, gestikulierte er so heftig, dass die Schweißtropfen, die seinen kahlen Schädel bedeckten, über seinen Kopf liefen und von Stirn und Wangen auf seine Aufzeichnungen tropften. Weldon brachte die gewohnten Argumente gegen Bateson und die Mendelianer vor: das gelegentliche, als Atavismus bekannte Auftreten der Merkmale entfernter Vorfahren; die Intermediärform einiger Hybridkreuzungen; die Möglichkeit, die Ergebnisse der Mendelianer mithilfe anderer Hypothesen zu erklären. Er nannte ihre Methoden ungenau und ihre Theorien über die zugrunde liegenden Mechanismen »plump und nicht beweisbar«.

Weldon war ein schlanker, blasser Mann mit einem mächtigen Schnurrbart und einem Kranz dunkler Haare, der oft die Haltung verlor, wenn er sich für eine Sache ereiferte – womit er seinen Argumenten nur schadete. Aber an diesem Augustvormittag in Cambridge fesselte er seine Zuhörerschaft sowohl mit seiner Redegewandtheit als auch mit seiner Klugheit. »Ziemlich schlau, der Mann«, sagte ein junger Student aus Oxford voller Bewunderung zu seinem Freund, »der muss nicht erst lange nachdenken.«

Nach Weldons Rede ging die Sektion D in die Mittagspause. Diese Unterbrechung gehörte zweifellos zu Batesons Strategie – nicht umsonst war er ein Schachspieler. Er hatte zu spielen begonnen, als er erfuhr, dass Mendel selbst ein begeisterter Anhänger des Schachspiels gewesen war. (Aus demselben Grund hatte er sich angewöhnt, Zigarren zu rauchen, und eine Zeit lang *Die Fliegenden Blätter* abonniert, Mendels bevorzugte humoristische Zeitschrift.) Bateson hielt es also vermutlich für das Beste, seinen Zuhörern eine Denkpause zu gönnen und ihnen Gelegenheit zu geben, sich etwas zu erholen, bevor die Reihe an ihn kam. Er könnte auch gehofft haben, dass das Interesse an der Nachmittagssitzung während des Mittagessens noch steigen würde, wenn die Teilnehmer auf den Fluren und in den nahe gelegenen Cafés anderen Mitgliedern der British Association zuraunten, dass im Vortragssaal der zoologischen Abteilung ein großartiger Kampf bevorstünde.

Die Nachmittagssitzung begann zunächst genauso wie die Sitzung am Vormittag – mit den Berichten einiger Schützlinge Batesons über ihre Experimente. Punnett beschrieb ihre gemeinsame Forschungsarbeit an Hühnern, und Minot sprach über seine Experimente mit Meerschweinchen. Dann war die Zeit gekommen, dass der Vorsitzende das Wort ergriff. William Bateson hatte dieses Ereignis so sorgfältig geplant, dass der Vortragssaal, den er nun mit großen Schritten durchmaß, genau das Bild bot, das er sich vorgestellt hatte: überfüllt, heiß und gespannt vor Erwartung wie ein Kind am Weihnachtsabend.

Bateson war ein überheblicher Mann, der seine Anhänger ebenso heftig verteidigte, wie er seine Feinde heruntermachte. Und Weldon war in der Hierarchie von Batesons Gefolgschaft tief gesunken.

In den frühen achtziger Jahren des 19. Jahrhunderts besuchten beide das St. John's College in Cambridge. Bateson bot damals noch ein schlaksiges, ungelenkes Bild, selbst seine Bewegungen entsprachen nicht dem »Üblichen«, wie sich ein Kommilitone später erinnerte, seine ganze Haltung »die Verkörperung eines Protests gegen den ›Durchschnitt‹«. Er war groß, ungepflegt und konnte sich nicht beherrschen.

Weldon war im Gegensatz dazu immer gepflegt und gut gekleidet, seine schlanke Gestalt und seine blasse, zarte Haut zeugten von einer Anfälligkeit, die schließlich zu seinem frühen Tod führen würde. Wie seltsam müssen sie zusammen ausgesehen haben, wenn sie die gewundenen Wege in den Anlagen von St. John's entlanggingen und ihre Talare in der frischen Brise, die vom Fluss Cam heraufwehte, flatterten.

Bateson beeindruckte äußerlich mehr, aber Weldon war der geistige Führer der beiden. Er war es, der Bateson den Vorschlag unterbreitete, der zum Wendepunkt in dessen wissenschaftlicher Laufbahn werden sollte: Reisen nach Amerika in den Sommermonaten der ersten zwei Jahre nach Abschluss des Studiums. Er war der Meinung, Bateson würde aus der Arbeit mit William K. Brooks Nutzen ziehen, einem Morphologen an der John Hopkins University, dessen Interesse der Evolution von den wirbellosen Tieren an bis zu den komplexeren Wirbeltieren galt. Brooks führte Untersuchungen an einem Tier durch, das Batesons erstes Forschungsmodell werden sollte, einem Wurm mit der Bezeichnung *Balanoglossus*, der in den warmen Gewässern in der Chesapeake Bay vor Maryland lebte.

Weldon war nur ein Jahr älter als Bateson, aber er gehörte schon zu Studienzeiten der altehrwürdigen akademischen Elite an. Im Alter von 30 Jahren erhielt er am University College in London einen Lehrstuhl, was Bateson, der erst mit 47 Jahren Professor in Cambridge wurde, schwer zu schaffen machte. Weldon besaß eine ausgesprochen starke Persönlichkeit, und zu Beginn ihrer Freundschaft beklagte sich Bateson oft, er habe häufig das Gefühl, er sei »Weldons Flaschenwäscher« – das ist die Aufgabe, die in einem Labor der Person mit der niedrigsten Position übertragen wurde. Möglicherweise konnte Bateson nie vergessen, dass er, wie

die Engländer sagen, »eine Generation vom Krämer entfernt« war. Sein Vater stieg zwar zum Dekan des St. John's
College auf, was ihn zu einem hoch angesehenen Mann in
Cambridge machte, aber noch beide Großväter waren
Händler in Liverpool gewesen. Weldon war ebenfalls der Enkel eines mittelständischen Fabrikanten, aber sein Vater, der
seine Laufbahn als Journalist begonnen hatte, kam durch die
Erfindung eines neuen chemischen Verfahrens zur Herstel-
lung von Chlorgas zu Reichtum. Und vielleicht war es diese
finanzielle Sicherheit, die Weldon etwas Aristokratisches
verlieh.

Die ersten Jahre von Batesons wissenschaftlichen Aben-
teuern waren gleichzeitig die letzten Lebensjahre Gregor
Mendels. Im Sommer 1883, als Bateson nach Maryland
reiste, um bei Brooks zu arbeiten, kämpfte Mendel noch
gegen die Klostersteuer, beschäftigte sich mit Meteorologie
und spielte an den Sonntagnachmittagen Schach mit seinen
Neffen. Als Bateson 1884 den zweiten Sommer in Amerika
verbrachte, war Gregor Mendel bereits seit fast sechs Monaten tot.

Zunächst hatte sich Bateson wie Brooks mit Morphologie
beschäftigt, der Lehre vom Bau und der Gestalt von Lebewesen. Bald schon konnte er durch die Forschungen an *Balanoglossus* neue Beweise dafür erbringen, dass der Wurm ein
Zwischenglied zwischen den wirbellosen Tieren und den
Wirbeltieren war. In den darauf folgenden zwei Jahren veröffentlichte er drei wichtige Aufsätze über die evolutionäre
Bedeutung von *Balanoglossus* im *Quarterly Journal of Mi-
crobial Science* – was eine beachtliche Leistung für einen so
jungen Mann war. Anschließend begab er sich auf eine lange,
anstrengende Reise nach Russland, wo er hoffte, weitere Beweise für häufige Variationen bei verschiedenen Pflanzen-

arten zu finden, die unter unterschiedlichen Bedingungen in den Steppengebieten mit ihren vielen Salzseen wuchsen. Seine Reise dauerte 18 Monate, er war in schlechter Verfassung und fühlte sich einsam, den Winter verbrachte er in dem Dorf Kasalinsk in Turkestan, den Sommer über hielt er sich in der Nähe der Seen auf. Während dieser Zeit entschied Bateson, dass die Morphologie ein veraltetes Forschungsgebiet war.

Er zog einen Vergleich zur Dampfmaschine, die damals gerade das Transportwesen veränderte. »Zurzeit hält der Dampf Einzug in die Biologie«, schrieb er 1886 an seine Mutter, »und hölzerne Schiffe werden nicht mehr zu verkaufen sein.« Die biologische Dampfmaschine bestand natürlich darin, Erkenntnisse über die Veränderungen bei Organismen zu gewinnen und nicht nur ihre gegenwärtige Erscheinungsform zu beschreiben, womit sich die Morphologie, das »hölzerne Schiff«, in erster Linie beschäftigte. Kurz gesagt, die Biologie der Zukunft würde die Details zur Evolution liefern.

Während Bateson diese intellektuelle Krisenzeit durchstehen musste, durchlitt sein Freund Weldon zu Hause in England mehrere emotionale Krisen. Die erste Erschütterung hatte Weldon bereits einige Jahre zuvor erfahren, als er noch Student in Cambridge war. Im Juni 1881 war sein jüngerer Bruder, Walter Alfred Dante Weldon, der wie Raphael in Cambridge studierte, am Ende seines ersten Semesters ganz plötzlich an einem Hirnschlag gestorben. Er war nur 19 Jahre alt geworden. Die trauernde Mutter überlebte den Sohn nur um wenige Wochen, und im darauf folgenden Sommer starb Raphaels verehrter Lehrer, der angesehene Biologe Francis Maitland Balfour, auf einer Bergtour. Ein schwerer Verlust folgte dem anderen. 1885, vier Jahre nach dem Tod seines

Bruders und zwei Jahre nach seiner Heirat mit Florence Tebb, verlor Weldon seinen Vater, der völlig unerwartet im Alter von 53 Jahren starb.

Weldon machte diese Schicksalsschläge mit sich selbst aus, aber sein Leben war für immer von ihnen überschattet. Wie es sein enger Freund Karl Pearson, ein hervorragender Mathematiker und Statistiker am University College in London, ausdrückte, verbarg sich hinter Weldons aufgeschlossenem Wesen ein »Hauch von Melancholie, der Zweifel, ob er lange genug leben würde, um sein Werk zu vollenden, und die Neigung, die Freuden und den Reichtum des Lebens zu genießen, so lange sie sich ihm boten«. Weldon kannte Stunden tiefster Verzweiflung, aber auch sehr glückliche Zeiten. Wie Bateson fand er an seiner Arbeit ein »fast kindliches Vergnügen« und schien mit einer geradezu unerschöpflichen Energie gesegnet zu sein. Aber er war zugänglicher als sein ungestümerer, eigensinnigerer Freund. Weldon diskutierte bis tief in die Nacht mit seinen Kollegen, hielt lebhafte Vorlesungen und Vorträge und absolvierte Radtouren von mehr als 150 Kilometern an einem Tag. »Wenn man Weldon voller Begeisterung an einem Problem arbeiten sah, glaubte man, er sei stark und jeder Herausforderung gewachsen«, sagte Pearson, »aber rückblickend kann man erkennen, wie viel Anstrengung ihn solche Arbeiten gekostet haben müssen.«

Nach seiner Rückkehr aus Russland verbrachte Bateson die folgenden sieben Jahre mit der Arbeit an seinem ersten Buch. »Mein ganzes Denken dreht sich um die Evolution«, schrieb er an seine Schwester Anna. Während dieser Zeit lebten er und Weldon sich auseinander, sie mussten feststellen, dass sie in dem Streit über den Verlauf der Evolution verschiedene Positionen einnahmen. Bateson wurde zum hartnäckigen Verfechter der Diskontinuitätstheorie, Weldon, zusammen mit seinem neuen Freund Pearson und ihrem gemeinsamen Lehrer, Francis Galton, trat für die Kontinuitätstheorie ein. In diesem Streit stellte Galton so etwas wie eine Anomalie dar, seine statistischen Beweise dienten beiden Lagern zur Untermauerung der jeweiligen Theorie, und jedes Lager beanspruchte ihn als geistigen Führer für sich – wobei Galton nichts tat, um diesen Widerspruch zu lösen.

Die Spaltung zwischen den beiden Lagern geriet zu einer hässlichen Kluft, als das Buch, an dem Bateson so lange gearbeitet hatte, im Frühjahr 1894 schließlich erschien und Weldon ihn durch eine ausgesprochen kritische Besprechung in aller Öffentlichkeit demütigte. Bateson beschrieb in seinen *Materials for the Study of Variation: Treated with Especial Regard to Discontinuity in the Origin of Species* sehr anschaulich und in aller Ausführlichkeit nahezu 900 Beispiele für eine diskontinuierliche Variation. Weldons Rezension, die er für die Zeitschrift *Nature* verfasste, bestätigte ein altes Sprichwort im Verlagswesen: Man soll nie die Veröffentlichung eines Freundes rezensieren.

Weldon lobte zunächst den »beschreibenden« ersten Teil des Buches und erklärte, »jeder ernsthafte Student sollte ihn sorgfältig lesen; es kann kein Zweifel daran bestehen, dass er von großem und dauerhaftem Nutzen ist, sowohl als Beitrag zu unserem Wissen über eine bestimmte Klasse von Variationen als auch als Anregung, die Arbeit auf einem Wissensgebiet, das bislang zu sehr vernachlässigt wurde, weiter voranzutreiben«. Aber Bateson – wie die meisten Autoren – sah ausschließlich Weldons Kritik. Der zweite Teil des Buches enthalte »einige Ungenauigkeiten«, schrieb Weldon, »was teilweise darauf zurückzuführen ist, dass es dem Autor an Kenntnissen über die Geschichte seines Gegenstandes mangelt.« Batesons Hauptthese besagte, dass die diskontinuierliche Variation die wesentliche Voraussetzung für die Entstehung neuer Arten sei. Weldons Hauptthese dagegen besagte, dass dies nicht der Fall sei.

Als er die Rezension, die am 10. Mai 1894 in *Nature* erschien, las, war Bateson außer sich. Wie er später in einem seiner ausführlichen Sendschreiben gestand, so hastig dahingeworfen, dass man es stellenweise kaum lesen konnte: »Wenn jemals ein Mann sich vorgenommen hat, das Werk eines anderen Mannes zu zerstören, dann hat er mir das angetan.«

Vielleicht empfand Bateson das Ganze auch deshalb so sehr als persönliche Beleidigung, weil er zu dieser Zeit an einem vom Liebeskummer wunden Herzen litt. Die Heirat mit der Frau, die er verehrte, Caroline Beatrice Durham, war vier Jahre zuvor verhindert worden – nicht weil Caroline ihn nicht liebte (sie liebte ihn sogar sehr), sondern weil ihre Mutter meinte, Bateson habe auf der Verlobungsfeier zu viel Wein getrunken. Mrs. Durham war in dieser Hinsicht besonders heikel, weil Carolines Vater heimlicher Alkoholiker war. Bateson hatte sein wundes Herz zu heilen versucht, indem er sich in seine Arbeit stürzte – und jetzt wurde auch diese Arbeit zurückgewiesen, noch dazu von einem Mann, dem er sich enger verbunden fühlte als irgendeinem anderen.

Neun Monate später brachten Bateson seine verletzten Gefühle dazu, dass er eine hitzige öffentliche Kontroverse begann, allerdings nicht mit Weldon, sondern mit einem Ersatzgegner. Anlässlich einer Versammlung der Royal Society am 28. Februar 1895 hielt der Biologe W. T. Thiselton-Dyer einen Vortrag über die Entstehung neuer Hybriden der Zinnerarie, *Senecio cruentus*, einer winterharten Pflanze mit haarigen Blättern, deren Blüten eine Fülle kleiner Borsten aufweisen, die der Art ihren Namen geben, das lateinische

Wort für alter Mann. Thiselton-Dyer berichtete, dass sich die Blüten der wild wachsenden Art von *S. cruentus*, die auf den Kanarischen Inseln zu finden ist, in Form und Farbe erheblich von einer vor kurzem in den Royal Gardens in Kew gezüchteten Art unterschied. Diese Abweichungen innerhalb einer Art, sagte er, lieferten den Beweis, dass die natürliche Zuchtwahl aufgrund kleiner, kontinuierlicher Veränderungen erfolge. Für Thiselton-Dyer war der Eingriff des Züchters in Kew, der eine künstliche Zuchtwahl vorgenommen hatte, vergleichbar mit dem Eingriff der Natur bei der natürlichen Zuchtwahl. In beiden Fällen genügten schon kleine Unterschiede, um große Veränderungen herbeizuführen – in deren Folge neue Varietäten und über einen ausreichend langen Zeitraum hinweg auch völlig neue Arten entstanden.

Thiselton-Dyer veröffentlichte diese Überlegungen in einem Brief an den Herausgeber von *Nature*. Bateson verfasste daraufhin einen Antwortbrief und griff seinen Gegner heftig wegen seiner »irreführenden« Erklärung an, die, wie er sagte, »zwei wichtige Faktoren bei der Evolution der Zinnerarie außer Acht lässt, nämlich die Bastardierung und die in der Folge entstehenden ›Abarten‹«. Abart war der Begriff, den als Erster Darwins Kritiker Fleeming Jenkin verwendet hatte und der das gelegentliche Auftreten plötzlicher Abweichungen in der Erscheinungsform einer Art bezeichnete, die zu auffälligen, unerwarteten Differenzen führen.

Während der folgenden beiden Monate erschienen in *Nature* zehn Briefe zur Zinnerarie – von Bateson, von Thiselton-Dyer, wieder von Bateson und zuletzt von Weldon. Bateson fasste Weldons Brief von 13. Mai 1895 als ganz besondere Beleidigung auf. »Ich möchte nur aufzeigen, dass die Dokumente, auf die sich Mr. Bateson stützt, keinen Beweis dafür erbringen, dass seine Annahmen zutreffen«, schrieb Weldon, »und dass seine mit Nachdruck vorgebrachten Erklärungen einfach einen Mangel an Sorgfalt erkennen lassen, wenn er die Autoritäten, auf die er verweist, zu Rate zieht und zitiert.« Der Vorwurf der Nachlässigkeit, der hier von einem gewissenhaften Wissenschaftler gegen einen anderen erhoben wurde, war besonders verletzend.

In der Hoffnung auf eine Wiederannäherung fand am Dienstag, dem 21. Mai, ein persönliches Treffen zwischen Bateson und Weldon statt. Dieses Treffen nahm keinen guten Verlauf. Weldon rechtfertigte Thiselton-Dyers Thesen damit, dass es sich dabei eben um einen kühnen Vorstoß handle. Wenn das der Fall sein sollte, gab Bateson zurück, dann müsse Weldon »der Komplize gewesen sein, der ein Ablenkungsmanöver inszeniert, um einem Scharlatan zur Seite zu springen«. Mit solchen Anschuldigungen konfrontiert, gab Weldon auf. Am Freitag schickte er einen empörten Brief, der mit den Worten begann: »Lieber Bateson, nun kann ich nichts mehr tun.« Die Gelegenheit, höflich miteinander umzugehen, sei schon seit langem verstrichen, teilte er seinem ehemaligen Freund mit: »Wenn Sie darauf bestehen, jeden Einwand gegen Ihre Ansichten in dieser Angelegenheit als persönlichen Angriff zu werten, dann bedaure ich dies zwar, aber ich kann nichts daran ändern.«

Der Briefwechsel in *Nature* wurde fortgesetzt. Thiselton-Dyer beschuldigte Bateson, er würde »lediglich theoretisieren« und bediene sich einer »fruchtlosen Dialektik«. Bateson erklärte, Thiselton-Dyer würde ebenfalls theoretisieren und könne sich auf keinerlei Fakten stützen. Zu guter Letzt hatten die Herausgeber der Zeitschrift genug. Im Juni 1895 weigerten sie sich, auch nur noch einen Satz zu diesem Thema zu veröffentlichen.

Doch der Schaden war bereits entstanden. Bateson und Weldon sollten nie wieder ein freundliches Wort miteinander wechseln.

Während die freundschaftlichen Gefühle für seinen ehemaligen Freund und Kollegen schwanden, nahm Batesons andere Herzensangelegenheit eine dramatische Wendung zum Besseren. Im September 1895 – kurz nachdem die in *Nature* ausgetragene Kontroverse über die Zinnerarie abgebrochen worden war – fand eine andere Kontroverse auf den Seiten einer ganz anderen Zeitschrift ihr Ende: dem *English Illustrated Magazine*, einer beliebten monatlich erscheinenden Frauenzeitschrift. Unter dem Namen von Beatrice Durham – jener jungen Frau, mit der Bateson sechs Jahre zuvor verlobt gewesen war – erschien eine Kurzgeschichte, in der eine unscheinbare Frau mittleren Alters, die den Namen Sophy trägt, ihre junge hübsche Nichte auf einen Ball begleitet und diese dadurch in Erstaunen versetzt, dass sie die Aufmerksamkeit des Ehrengastes, Sir William Collins, auf sich zieht. In der Kutsche auf dem Weg nach Hause findet die Nichte heraus, dass Tante Sophy und Sir William sich in ihrer Jugend geliebt hatten und dass ihre Heiratspläne durch Sophys Mutter vereitelt worden waren. In den seither vergangenen Jahren hat Will sein Leben von Grund auf geändert. Er hat Expeditionen unternommen, ist für seine der Krone geleisteten Dienste zum Ritter geschlagen worden und schließlich erneut in Sophys Leben getreten: eine strahlende Erscheinung in Frack und Zylinder. Die mittlerweile über vierzigjährige Tante Sophy hat den Kummer über den Verlust ihres ersten Verehrers nie ganz verwunden und verliebt sich von neuem. Ihm geht es genauso.

»Willst du mich heiraten?«, fragt Sir William Sophy.

»Nein, nein, William«, erwidert sie aufgewühlt, »es ist zu spät, mein Lieber – jetzt ist es zu spät.« Nun, ob er sie dann wenigstens besuchen dürfe, fragt Sir William »mit heiserer Stimme«, damit sie versuchen könnten, sich noch einmal neu kennen zu lernen? »Oh, William«, ruft sie aus, »wenn du das möchtest!«

Diese Geschichte war eine an Bateson gerichtete Botschaft von seiner Beatrice, wie sie sich unter Verwendung ihres zweiten Vornamens von nun an nennen sollte. Es schmerzt mich, dich verloren zu haben, wollte diese Botschaft sagen, doch jetzt, da meine Eltern nicht mehr am Leben sind, stehen uns keine Hindernisse mehr im Weg, ich wünsche mir so sehr, dich wieder zu sehen. Im Jahr 1895 wäre eine unverheiratete Frau niemals so direkt vorgegangen und hätte einen solchen Wunsch einem Brief anvertraut oder diese Worte laut ausgesprochen. Es war sogar sehr mutig von Beatrice, sich auf diese verdeckte Weise bemerkbar zu machen. Die ganze Anstrengung wäre allerdings vergeblich gewesen, wenn nicht die Ehefrau des berühmten Philosophieprofessors Alfred North Whitehead aus Cambridge, der ein enger Freund Batesons war, die Angelegenheit in die Hand genommen und Bateson im folgenden April die Septemberausgabe des *English Illustrated Magazine* geschickt hätte. Bateson hatte sie natürlich bis dahin nicht zu Gesicht bekommen – er pflegte keine Frauenzeitschriften zu lesen –, und umgehend sandte er Miss Durham einen Brief.

»Ich habe Veranlassung zu glauben, dass du mich möglicherweise sehen willst«, war in seiner eilig dahingeworfenen Handschrift zu lesen. »Wenn dem nicht so ist, genügt es, wenn du es mich wissen lässt; aber wenn dem so ist, darf ich dann auf ein Treffen hoffen? … Es ist seit langem mein aufrichtiger Wunsch, dich wieder zu sehen, sei es auch nur als jemanden, der mir einst sehr nahe stand, und ohne jeden Gedanken an die Zukunft.« Doch der Gedanke an die Zukunft musste nicht länger verdrängt werden. Bereits nach wenigen Wochen waren die beiden verlobt, und am 16. Juni 1896 heirateten sie.

Bateson gründete die Familie, die er sich immer gewünscht hatte. 1898 brachte Beatrice den ersten Sohn John auf die Welt und im darauf folgenden Jahr den zweiten Sohn Martin. Norwich House, das schmale, zweigeschossige Backsteinhaus an der Ecke Norwich und Patton Street mit den großen Erkerfenstern und dem schmiedeeisernen Zaun, der den winzigen Garten umgab, wurde den vieren bald zu eng.

1899 zog Bateson mit seiner jungen Familie nach Grantchester. Der etwa drei Kilometer lange Spazierweg, der von Cambridge aus in das kleine Dorf führt, windet sich an dem von Steinen gesäumten Ufer des Flusses Granta entlang und führt über Fußstege und durch Wiesen. Das Dorf selbst ist bei weitem nicht so reizvoll wie der Spaziergang – es besteht nur aus ein paar wenigen Straßen und hohen Hecken, hinter denen sich die eindrucksvolleren Häuser vor neugierigen Blicken verbergen. Am Broadway, einer gewundenen Gasse am Ende der Straße, an der der Rose and Crown Pub liegt, steht hinter einer dieser Hecken Merton House, in dem die Batesons elf Jahre lang lebten. Zu dem Besitz gehörten Obstwiesen, ein Blumengarten, mehrere Außengebäude und eine eingezäunte Koppel.

Merton House bot nur sehr unzulängliche Bedingungen für Batesons zahlreiche Versuche. Das Problem war dabei eher der Geldmangel als der Platzmangel – obwohl die Familie immer noch beengt wohnte, vor allem nach der Geburt des nach Gregor Mendel benannten Sohnes Gregory im Jahr 1904. Bateson verlegte sich auf die Kunst, von ihm selbst als »Bettelbriefe« bezeichnete Schreiben zu verfassen, und nach einigem Briefwechsel gelang es ihm Ende 1903, sich für zwei Jahre eine jährliche Zuwendung von 150 Pfund durch seine Gönnerin Christiana J. Herringham zu sichern. Mrs. Herringham gab zu, dass diese Summe »nicht so groß ist, wie Sie sich wünschen«, meinte jedoch, sie genüge, um einen Forschungsassistenten zu bezahlen, und könne dazu beitragen, Batesons »Sehnsucht nach Amerika« zu stillen. Er liebäugelte tatsächlich mit der Idee, nach Amerika zu gehen, wo man ihm im Jahr zuvor auf einer Vortragsreise einen glanzvollen Empfang bereitet hatte und von wo ihm bereits ein Angebot von Dr. A. G. Mayer vom Brooklyn Institute vorlag. Als Christiana Herringham Bateson ihre Unterstützung zugesagt hatte, schrieb dieser umgehend an Leonard Doncaster, einen Biologen in Cambridge, und bot ihm eine Stelle als wissenschaftlicher Mitarbeiter an. Doncaster lehnte ab und erklärte, er ziehe es vor, selbständig tätig zu sein – trotzdem zählte er sich noch viele Jahre zu Batesons Anhängern und führte Experimente durch, die Bateson zur Untermauerung seiner Argumente für die diskontinuierliche Variation heranziehen sollte. Bateson traf daraufhin eine zweite Wahl. Am Weihnachtstag 1903 schrieb er an R. C. Punnett, einen jungen Demonstrator für Zoologie in Cambridge, und stellte ihm eine »Partnerschaft bei meinen Züchtungsversuchen« in Aussicht. »Gemeinsam könnten wir viel mehr erreichen als jeder für sich.«

Punnett erfreute sich großer Beliebtheit und zeichnete sich zu dieser Zeit eher durch seine sportlichen Leistungen (er spielte Kricket, Golf, Tennis und Fives, ein britisches Wandballspiel) als durch seinen wissenschaftlichen Scharfsinn aus. Begeistert nahm er das Angebot an, lehnte jedoch das von Bateson angebotene Einkommen von 80 Pfund jährlich ab. Er stammte aus einer wohlhabenden Familie und verfügte über ein eigenes Einkommen aus dem familieneigenen Unternehmen, das Obstanbau in Lincolnshire betrieb – dieses Unternehmen war so berühmt, dass der Familienname sogar in den englischen Wortschatz einging, ein »punnet« ist ein großer Weidenkorb, der zum Einsammeln von Erdbeeren benutzt wird.

Der Name Punnett ist, vor allem in den Vereinigten Staaten, auch heute noch aus einem anderen Grund bekannt, der mit unserem R. C. zu tun hat. Er war es nämlich, der die einfachste Form der bildlichen Darstellung der Kreuzungen, die Mendel in seinem Aufsatz von 1866 beschrieb, entwickelte. Mendel hatte Diagramme verwendet, um die möglichen Kombinationen aus den vier Gameten, die bei einer monohybriden Kreuzung eine Rolle spielten, darzustellen, und seine Nachfolger hatten versucht, diese Diagramme zu verbessern, um die Kombinationen deutlicher zu machen. Punnetts Schema war jedoch am übersichtlichsten. Er bezeichnete es als Schachbrett und legte es so an, dass in den horizontalen Spalten der weibliche Anteil und in den vertikalen Spalten der männliche Anteil angezeigt wurde. In jedem der Kästchen überschnitten sich zwei Spalten – eine von oben und eine von der Seite –, und es war ein Leichtes, in dem entsprechenden Kästchen einzutragen, welche beiden Gameten miteinander verschmolzen, um jeweils einen bestimmten Abkömmling hervorzubringen.

Punnetts Diagramm erschien zum ersten Mal in der dritten Auflage seines Buches *Mendelism*, die im Jahr 1911 herauskam. Erst 1967, nach seinem Tod im Alter von 91 Jahren, wurde das Schachbrett in Punnett-Diagramm umbenannt.

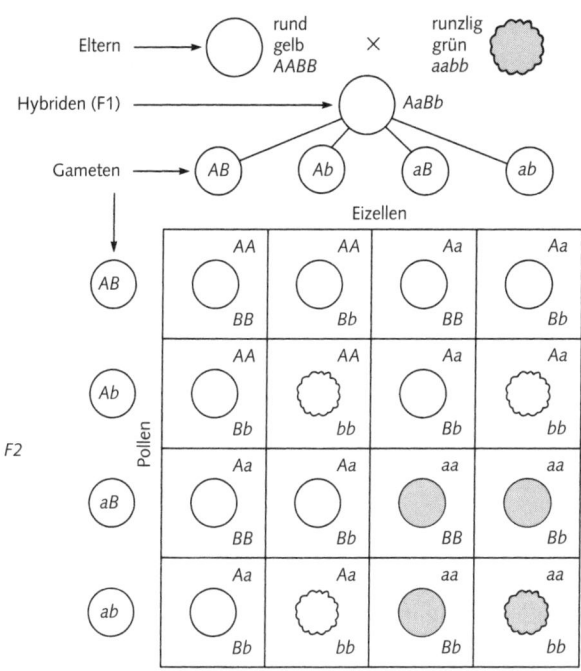

Ein Punnett-Diagramm zur Darstellung von dihybriden Kreuzungen

Infolgedessen ist Punnetts Name selbst Studenten, die sich nur am Rande mit Genetik beschäftigen, und einer breiteren Öffentlichkeit vertrauter als der Name Batesons.

Bateson stürzte sich in die Zusammenarbeit mit Punnett mit demselben Eifer, mit dem er jedes andere Unternehmen in Angriff nahm, angefangen beim Krocketspiel über das Sammeln japanischer Drucke bis hin zum allmorgendlichen Vorlesen ausgewählter Bibelstellen für seine Söhne. Er schien überall gleichzeitig zu sein und auf jedes seiner Projekte, die in jedem Winkel seines Anwesens und darüber hinaus durchgeführt wurden, ein Auge zu haben. »Das Geflügel war in einem kleinen Gehege untergebracht, das in etwa ein Dutzend Hühnerställe aufgeteilt war«, erinnerte sich Punnett an die Arbeitsbedingungen des Jahres 1904, der Zeit, als Bateson seine Antrittsrede für die British Association vorbereitete. »In einem der Schlafzimmer im oberen Stockwerk befanden sich mehrere Brutschränke, die allerdings bald aufgegeben werden mussten, da das Zimmer für das Kindermädchen der Jungen benötigt wurde. Die Küken wurden dann in beweglichen Brutkästen aufgezogen, die entlang der Gartenwege aufgestellt waren. Das war allerdings keine besonders zufrieden stellende Einrichtung, da einer von ihnen bei einem Windstoß Feuer fing [die Brutkästen wurden mit Öllampen beheizt], und das bedeutete das Ende für diese Brut.«

Trotz seine Knauserigkeit gewann Bateson ständig neue Forschungsassistenten, von denen ihm viele über Jahre treu ergeben blieben – und das, obwohl sie gezwungen waren, in jedweder Ecke und Nische zu arbeiten, die sie finden konnten. Vielfach waren es junge Frauen, die an einem der beiden Frauencolleges, Newnham und Girton, der Cambridge University studierten oder lehrten. Es erscheint unvermeidlich, dass sich die eine oder andere seiner Assistentinnen in ihn verliebte. Ganz sicher traf das auf seine erste Assistentin, Edith Saunders, zu, die Botanik in Newnham lehrte und im Jahr 1894 zu Batesons Kreis stieß und ihn nie wieder verlassen sollte. Warum auch sonst wäre sie so lange bei einem Mann geblieben, der sie unfreundlich behandelte, ihre wissenschaftliche Mitarbeit als selbstverständlich betrachtete und sich gelegentlich über ihr steifes, männliches Gebaren und ihre ausgezeichneten Umgangsformen lustig machte? Als »Mr. Bateson« und »Miss Saunders«, wie sie sich gegenseitig stets nannten, 1899 Hugo de Vries im Haus der Batesons gemeinsam empfingen, amüsierte sich Bateson in einem Brief an Beatrice, die mit den Kindern Urlaub machte, über die Koketterie, die Miss Saunders dem höflichen Holländer gegenüber an den Tag legte und die so gar nicht ihrem sonstigen Wesen entsprach. Sie »redete und plauderte, wie ich es noch nie zuvor an ihr erlebt hatte«, schrieb er. Vielleicht hätte er sie häufiger flirtend und plaudernd erlebt, wenn er jemals Notiz von ihr genommen hätte.

Edith Saunders züchtete *Biscutella laeviata* (Brillenschötchen) auf einem hinter dem botanischen Garten der Cambridge University gelegenen Stück Land, das die Batesons gepachtet hatten, als sie noch in der Stadt wohnten. Auch nachdem die Familie nach Grantchester gezogen war, setzte sie ihre Versuche in dem Schrebergarten Batesons fort. Auf einem Feld hinter dem Newnham College züchteten zwei andere Frauen, die für Bateson arbeiteten – Miss Sollas und Miss Killby –, Meerschweinchen und Ziegen. Auch Florence Durham, Beatrice' ältere Schwester, war als Assistentin für Bateson tätig und wurde in ein Mansardenzimmer eines Museums verbannt, um dort Mäuse zu züchten. In Grantchester beschäftigten sich Miss Muriel Wheldale und Miss Dorothea Marryat mit der Züchtung von Löwenmaul (*Antirrhinum*) und Wunderblumen (*Mirabilis jalapa*). Über ganz Oxfordshire verstreut arbeiteten noch andere Leute, darunter auch einige Männer, für Bateson. So züchtete beispielsweise Mr. Staples-Brown Tauben, Major C. C. Hurst Geflügel und Kaninchen, Leonard Doncaster Stachelbeerspanner und Miss Nora Darwin Sauerklee (*Oxalis*).

Die treueste Assistentin Batesons war jedoch seine Frau. Neben der Erziehung ihrer drei Söhne verbrachte Beatrice viele Stunden mit der anstrengenden Pflege eines wechselnden Bestandes an Pflanzen und Tieren für die Experimente.

Sie stand ihrem Mann, sowohl was die körperliche als auch was die geistige Arbeit anbelangte, in nichts nach und berichtete über die Mühen ihrer gemeinsamen Arbeit, ohne eine Spur von Verbitterung oder Bedauern erkennen zu lassen. »Von den niedrigsten Schindereien bis zu den Höhenflügen wissenschaftlicher Spekulation leisteten Hände und Verstand harte Arbeit«, schrieb sie in ihren Erinnerungen, die 1928, zwei Jahre nach Batesons Tod, veröffentlicht wurden. »Da gab es all das Sortieren, Säen und Einsammeln von Samen, das zu tun war, man musste Dünger ausbringen und Aufzeichnungen machen, häufig auch umgraben, hacken, jäten, die Pflanzen hochbinden und wässern, da waren die fünf Brutschränke, jeder mit 100 Eiern, und ebenso viele Brutkästen (die alle mit Öllampen beheizt wurden), die winzigen Küken und manchmal Hunderte von Larven, um die man sich kümmern musste. Die Schreibarbeit (die übliche Post, die oft sehr umfangreich war, nicht mitgerechnet), wurde nachts erledigt.«

Da die Arbeit keine Unterbrechungen zuließ, machten die Batesons getrennt Ferien, sodass immer einer von ihnen zu Hause war, um die Eier einzusammeln und die Tiere zu füttern. In der Zeit zwischen Frühling und Spätherbst verließen sie das Haus nur ein einziges Mal gemeinsam, um ihren jährlichen Ausflug nach London zu unternehmen und dort die Blumenausstellung der Royal Horticultural Society in Temple Gardens zu besuchen – die Ausstellung, die von der Londoner *Times* als das gesellschaftliche Ereignis der Saison bezeichnet wurde. Dann machten sie sich einen schönen Tag, besuchten Galerien oder Auktionen – Bateson sammelte mit Leidenschaft Zeichnungen alter Meister und japanische Drucke –, die Tate Gallery oder ein anderes Museum. In seinen späteren Jahren war Bateson Mitglied des Vorstands des

British Museum, was ihm größeres Vergnügen bereitete als all die anderen Ehrungen, die ihm bis dahin zuteil geworden waren, einschließlich der Darwin-Medaille, der Medaille der Royal Society und der Ehrenmitgliedschaft im Naturforschenden Verein in Brünn.

In den ersten Jahren ihrer Ehe vermochten die Batesons von Zeit zu Zeit, einen Abend für einen Theaterbesuch im Westend freizunehmen. Aber nachdem sie nach Grantchester gezogen waren, war auch das nicht mehr möglich. Der letzte Zug in ihr kleines Dorf, den sie, wenn sie sich ein Theaterstück ansahen, nur mit Mühe erreichen konnten, fuhr um Mitternacht aus London ab. Und wenn sie nach Hause kamen, mussten noch Eier gewendet und Lampen nachgestellt werden, ganz gleich, wie spät es war.

Zu den Aufgaben, die Beatrice am meisten verabscheute, gehörten die Eintragungen ins Totenbuch. Damit verbunden war das Öffnen der nicht ausgebrüteten Eier, eine fließbandartige Tätigkeit, der etwas Morbides anhaftete. Gemeinsam mit Bateson und Punnett zog sich Beatrice dazu in das Außengebäude zurück, in dem die Brutschränke untergebracht waren. Sie saß mit ihrem Notizbuch an einem Tisch, zu der einen Seite ihr Ehemann mit einer großen Schüssel und einem stumpfen Messer vor sich, zur anderen Seite Punnett mit einer Schere in der Hand. Bateson nahm eines der Eier und las die Nummer des Hühnerstalls und der Henne und das Legedatum ab. »Hast du das, Beatrice?«, fragte er dann, schlug das Ei auf, entfernte die Schale, die er in seine Schüssel warf, und diktierte, welche Auffälligkeiten der zum Vorschein gekommene Embryo zeigte. »Helles Gefieder, keine Fleckchen erkennbar, Rosenkamm, keine zusätzlichen Zehen, Federn auf den Beinen«, zählte er auf, und seine Frau notierte gewissenhaft: »h. G., k. F., R. K., k. Z., F. B.« Anschließend nahm Punnett den Embryo und schnitt ihn auf, um die Geschlechtsdrüsen freizulegen, und gab an »männlich« oder »weiblich«, und Beatrice notierte auch das. Oft schlossen die beiden Männer im Spaß Wetten darüber ab, welches Geschlecht das Küken haben würde. »Alles in allem war es eine Ekel erregende Tätigkeit, und keiner von uns hat sich besonders auf dieses ›Öffnen‹ gefreut«, erinnerte sich der unerschütterliche Punnett später. Der Gleichmut, mit dem er solche Aufgaben erledigte, erklärt allerdings, warum er und Bateson, der ausgesprochen herrisch war, so gut miteinander auskamen.

Als sich unter der Zuhörerschaft wachsende Ungeduld bemerkbar machte, bereitete sich Bateson darauf vor, seine Ansprache zu halten, die den glanzvollen Abschluss der Ereignisse bei dieser Zusammenkunft der British Association am 19. August 1904 darstellen sollte. Man weiß nicht genau, was er sagte – der Bericht in *Nature*, der im darauf folgenden Monat erschien, enthielt lediglich eine kurze Zusammenfassung, und Punnett erinnerte sich nur, dass seine Worte »mitreißend« waren – aber wir können uns vorstellen, wie er sprach: groß, barsch, mit tiefer Stimme, in einer flammenden Rede, die jede einzelne Äußerung so bedeutungsvoll wie die biblische Bergpredigt klingen ließ. Zweifellos wiederholte er einige der Vorwürfe, die er seit Jahren gegen die Anhänger der Biometrie erhob, zum Beispiel, dass sie der irrigen Annahme unterlägen, Mendel sei widerlegt, weil es so viele Ausnahmen zu seinen Gesetzen gebe. »Argumente, die auf Ausnahmen gründen«, geben nur die Dürftigkeit der eigenen Beweisführung zu erkennen, wird Bateson vielleicht gesagt haben. Indem er beispielsweise den Schwerpunkt auf die »hinsichtlich der Dominanz auftretenden Schwankungen und Abweichungen« legte, wird er Weldon vielleicht beschuldigt haben, »nur auf den Punkt hinzuweisen, von dem aus er falsche Vorstellungen zu entwickeln beginnt«.

»Sehr bald wird es in jedem wissenschaftlichen Zweig, der sich mit Tieren und Pflanzen beschäftigt, eine Fülle von Entdeckungen geben, die durch Mendels Arbeit ermöglicht werden«, hatte Bateson in früheren Vorträgen erklärt. »Jede Idee von Leben, bei der die Vererbung eine Rolle spielt – und wann ist das nicht der Fall? –, muss unter dem Ansturm von Fakten eine Veränderung erfahren.«

Bateson beendete seinen Vortrag mit einem schwungvollen Schlusssatz und kehrte auf seinen Platz zurück. Er und seine Anhänger waren sich sicher, dass jetzt alles entschieden war, dass sie den Biometrikern den endgültigen Schlag versetzt hatten. Als Karl Pearson, Weldons treuer Freund und Verteidiger, sich erhob, waren die Mendelianer erst recht von ihrem Sieg überzeugt. Pearson schlug einen dreijährigen Waffenstillstand vor. Warum sollte er das tun, wenn er nicht der Meinung gewesen wäre, dass er und Weldon kurz vor einer Niederlage standen?

Ja, ein Waffenstillstand sei vielleicht eine gute Idee, stimmte der Vorsitzende zu, der sanftmütige Reverend T. R. Stebbing, der sich selbst als »Mann des Friedens« bezeichnete. Punnetts Erinnerung zufolge oblag es Stebbing, die Ereignisse dieses Tages zu einem Abschluss zu bringen. Ja, ein Kompromiss sei eine gute Sache, sagte er. Vermittlung sei nützlich. Erregung würde nur zu Schwierigkeiten führen. Unter den Zuhörern machten sich Verwirrung und Verärgerung breit. Sollte dies das friedliche und langweilige Ende eines aufregenden Nachmittags sein?

»Sie alle haben den Vorschlag von Professor Pearson gehört«, sagte Stebbing. Dann machte er eine Pause, sah sich im Saal um, holte tief Luft. Die Unruhe im Publikum nahm zu. »Aber ich sage Folgendes«, fuhr er fort, und seine Stimme war plötzlich laut und kräftig, »lassen wir sie es ausfechten!«

Und das taten sie auch.

17. Tod in Oxford

Was soll ich von den Bohnen lernen,
oder sie von mir?
WALDEN, Henry David Thoreau, 1817–1862

Raphael Weldon schien nach der Versammlung der British Association neuen Schwung zu gewinnen, obwohl er den Treubruch seines Schülers Darbishire, die Redegewandtheit seines Widersachers Bateson und seine eigene Rede, die er als missglückt betrachtete, als tiefe Kränkung empfand. Gegen Ende des darauf folgenden Jahres, im Herbst 1905, sah er die Gelegenheit gekommen, Vergeltung zu üben.

Sie bot sich in Form eines Aufsatzes, den Colonel C. C. Hurst, einer von Batesons treuesten Anhängern, der Royal Society vorlegte. Weldon, als Vorsitzender des Ausschusses für Zoologie, war einer der Ersten, die diesen Aufsatz zu Gesicht bekamen, und er versetzte ihn in eine unerklärliche Wut und sollte ihn zu einer Handlungsweise veranlassen, die sich als verhängnisvoll erwies.

Hurst hatte eine Theorie über die Vererbung der Fellfarbe bei Pferden entwickelt, die sich auf die in Weatherbys zwanzigbändigem *General Stud Book of Race Horses*, der Bibel von Ascot, verzeichneten Daten stützte. Nachdem Hurst verschiedene Stammbäume aus dem *Stud Book* untersucht hatte, kam er zu dem Schluss, dass Braun und Dunkelbraun als einfache mendelsche Dominante weitergegeben werden und Fuchsbraun als einfache mendelsche Rezessive. Er bat Bateson, Mitglied der Royal Society, die Veröffentlichung seines Aufsatzes über Pferde in den *Proceedings* der Gesellschaft zu unterstützen.

Bateson verursachten die Ideen Hursts immer ein leichtes Unbehagen, er war der Ansicht, wie Punnett es ausdrückte, dass Hurst »zu eifrig darauf bedacht war, bei allem, womit er sich beschäftigte, das Verhältnis von 3 : 1 nachzuweisen«. Trotzdem legte er Hursts Aufsatz vor. Und als Weldon ihn las, setzte er alles daran, um zu beweisen, dass Hurst – und damit auch Bateson – hinsichtlich der Verteilung von braunem, dunkelbraunem und fuchsbraunem Fell einem Irrtum unterlagen.

Weldon bereitete es zunächst einige Schwierigkeiten, sämtliche Bände des *Stud Book* aufzuspüren. Die letzten vier Bände entdeckte er in der Bodleian Library (»The Bodley«) in Oxford, wo er seit 1900 lehrte. Aber so viele Kataloge er auch durchblätterte – er suchte nach dem Buch unter den Eintragungen Weatherby, Jockey Club, Pferde, Rennpferde, Rennen, Zuchtstammbücher, Rennplatz, Sport und Rennsport –, wollte es ihm nicht gelingen, die übrigen 16 Bände zu finden.

»Einen ganzen Tag lang habe ich wie ein Rasender gesucht«, erklärte Weldon, »und am Ende war ich der Verzweiflung nahe. Am nächsten Tag habe ich in noch größerer Raserei gesucht.«

Zu guter Letzt fand Weldon einen Bibliothekar, der etwas darüber wusste. »Ach ja«, sagte dieser mit einem Lächeln. »*The General Stud Book* ist selbstverständlich unter ›General‹ eingetragen.« Weldon, aufgebracht über dieses »selbstverständlich«, fuhr ihn an: »Warum nicht unter ›The‹?«

Nachdem Weldon schließlich alle 20 Bände in Händen

hatte, verbrachte er jeden Tag eines ganzen Monats damit, nach Anhaltspunkten zur Widerlegung des Aufsatzes zu fahnden. Zuerst arbeitete er jeden Tag sieben Stunden, dann acht Stunden, dann neun. Er entdeckte ein paar Kreuzungen, die ihm den Beweis lieferten, dass Fuchsbraun nicht immer als Rezessive weitergegeben wurde. Wenn fuchsbraune Eltern ein braunes oder dunkelbraunes Fohlen hervorbrachten, zeigte das, dass zwei vermeintlich rezessive Elternteile einen dominanten Nachkommen zeugen konnten – was nach dem mendelschen Dominanzgesetz unmöglich war.

Am 7. Dezember 1905 hielt Hurst seinen Vortrag vor der Royal Society. Als er zu einem Ende gekommen war, erhob sich Weldon und schilderte eindrucksvoll die Abweichungen, die er entdeckt hatte.

Dabei handle es sich lediglich um Fehler bei der Eintragung, erwiderte Hurst gleichmütig, nur um einen Schreibfehler oder um einen Fehler bei der Beobachtung. Schließlich seien sowohl Braun (dominant) als auch Fuchsbraun (rezessiv) ein rötliches Braun und sähen in einem bestimmten Licht gleich aus. Bateson reagierte allerdings weniger gelassen als Hurst, er ließ den Aufsatz fallen und zog auch die Veröffentlichung in den *Proceedings* nicht mehr in Erwägung. Weldon, zufrieden mit dem Sieg, den er davongetragen hatte, nahm wieder Platz.

Innerhalb weniger Wochen hatte Hurst Beweise dafür gesammelt, dass die meisten Unstimmigkeiten, die Weldon entdeckt hatte, tatsächlich auf falschen Eintragungen beruhten. Diese Fehler traten am häufigsten in Zusammenhang mit tot geborenen Fohlen auf, deren Besitzern es gleichgültig war, welche Farbe sie hatten; für die äußerliche Erscheinung interessierten sie sich nur bei den Tieren, die ihnen letztlich Gewinn einbringen würden. Dann war da aber noch Ben Battle, ein Vollblüter, der im *Stud Book* als Fuchs eingetragen war. Ben Battle hatte, wenn er fuchsbraune Stuten deckte, braune Fohlen gezeugt; wie war das möglich, wenn die fuchsbraunen Eltern jeweils doppelt rezessiv waren?

Die Antwort fand sich in einem dubiosen Handbuch mit dem Titel *Form at a Glance*. »Ben Battle ging nie als Fuchs ins Rennen«, verkündete Hurst, nachdem er dieses Handbuch Anfang 1906 zu Rate gezogen hatte. Ben Battle war ein Brauner, kein Fuchs, deshalb waren seine Nachkommen natürlich auch Braune. Sie waren F1-Hybriden – der Vater braun, die Mutter fuchsbraun –, in deren Farbe sich die dominante Anlage des Vaters zeigte.

Aufgrund dieser neuen Informationen erbot sich Bateson, erneut Hursts Artikel vorzulegen, um eine Fußnote ergänzt, in der die offensichtlichen Abweichungen erklärt wurden. Irgendetwas an dieser Fußnote ließ Weldon vor Wut fast außer sich geraten. Nach Aussage seines Freundes Pearson gebrauchte er »stärkere Worte, als ich jemals zuvor von ihm gehört hatte«, um gegen den »Stil und Inhalt« dieser Fußnote zu wüten. Und er machte sich mit noch größerem Eifer auf die Suche nach gegenteiligen Beweisen.

Dieses Mal war er über mehrere Monate beschäftigt. Ende des Winters, nach Pearsons Worten »überreizt und überarbeitet«, unternahm Weldon eine schon seit langem aufgeschobene Urlaubsreise nach Italien. In seinem Reisegepäck befand sich allerdings auch das *Stud Book*. »Ich will wirklich Ferien machen«, sagte er, »aber ich muss diese Sache zu Ende bringen.« Er sah sich keine Sehenswürdigkeiten an, machte keine Ausflüge aufs Land, gab sich nicht den Genüssen der italienischen Küche hin. Seine Briefe aus Rom handelten von nichts anderem als von Pferden, er war besessen von den Abstammungslinien dunkelbrauner, brauner und fuchsbrauner Vollblüter. Nach seiner Rückkehr nach Oxford setzte er seine Forschungen in den Pferdeställen in der Umgebung fort, auf der Suche nach einer fuchsbraunen Stute, die einen Braunen oder einen Dunkelbraunen zur Welt gebracht hatte, nachdem sie von einem fuchsbraunen Hengst gedeckt worden war. Während der Osterferien Anfang April 1906 mieteten sich die Weldons und die Pearsons gemeinsam in einem kleinen Gasthaus in Woolstone ein, am Fuß des White Horse Hill. Doch wieder waren die Ferien keine Ferien, und Weldon verbrachte seine Zeit damit, über dem *Stud Book* zu brüten und mit Pearson über den Aufsatz zu sprechen, den er über die Vererbung der Farbe des Fells bei Pferden schrieb.

Am Palmsonntag, dem 8. April 1906, fuhr Weldon mit dem Fahrrad in die Stadt, wo er die Fotografien entwickeln lassen wollte, die er vom White Horse Hill gemacht hatte. Unterwegs traf er Pearson, und die beiden Männer machten eine Pause am Straßenrand, um eine Zigarette zu rauchen. Die Fahrt habe ihn sehr angestrengt, bekannte Weldon, ein ungewöhnliches Geständnis aus seinem Mund. Dennoch unternahm er am Montag einen langen Spaziergang, von dem er erst spät nach Hause zurückkam. Am Montagabend war er sehr erschöpft und auch noch am Dienstagmorgen; nach dem Frühstück zog er sich wieder in sein Bett zurück, nachmittags besuchte ihn Pearson. Es sah ganz so aus, als habe sich Weldon eine Grippe zugezogen.

Am Mittwoch, dem 11. April, hatte Weldon genug von der Bettruhe und fuhr trotz der Einwände seiner Frau Florence – sie sah, dass er immer noch schwach war und von Husten geplagt wurde – nach Oxford, um eine Galerie zu besuchen. Am nächsten Tag nahm er einen Termin bei seinem Zahnarzt wahr. Doch dann konnte er sich schließlich nicht mehr länger weigern zuzugeben, dass er krank war. Von der Zahnarztpraxis aus suchte er direkt einen Allgemeinarzt auf und wurde ohne Umwege ins Krankenhaus geschickt. Selbst wenn er nicht im Bett bleiben wollte, inzwischen war er zu krank, um aufzustehen.

Als Florence am Donnerstagnachmittag ein Telegramm erhielt, das sie ins Krankenhaus rief, war sie kaum überrascht. Sie hatte gewusst, dass ihr Ehemann krank war. Sie hatte ihn seit jenem Montag, als klar war, dass er an einer Grippe oder einer anderen schweren Infektion litt, jeden Morgen gebeten, nicht aus dem Haus zu gehen. Jetzt eilte sie an seine Seite. Sein schon immer hageres Gesicht war totenbleich, die dunklen Haare klebten ihm auf der Stirn. Er bekam kaum Luft. All die Zigaretten, die ganze Aufregung über die Pferde, dass er sich selbst ständig an die Grenzen dessen getrieben hatte, was sein schmächtiger Körper zu leisten imstande war, hatten es so weit kommen lassen.

Obwohl sich Weldon in der Universitätsstadt Oxford, wo er und seine Frau seit sechs Jahren lebten, großer Beliebtheit erfreute, musste Florence einsam Wache halten. Das Paar hatte keine Kinder. Ihre Freunde waren über die Osterferien verreist und genossen die ersten Frühlingstage, ebenso Weldons Studenten und Mitarbeiter. Am darauf folgenden Tag – am Karfreitag, Freitag dem 13. – verstarb Weldon im Alter von 46 Jahren, und sein Tod kam einem guten Tod so nahe, wie es nur möglich war: schnell und ohne Schmerzen, in der Blüte seiner geistigen Kräfte.

»So ging von uns [...] ein Mann von außergewöhnlicher Persönlichkeit«, sagte Pearson, der Weldon drei Tage vor seinem Tod zum letzten Mal gesehen hatte, »einer der mitreißendsten und liebenswürdigsten Lehrer, der uneigennützigste und hilfsbereiteste aller Freunde und der großmütigste aller Gegner.«

Diese letzte Zuschreibung war vermutlich ein Hieb gegen William Bateson, den Pearson für einen ausgesprochen kleinlichen Mann hielt. Schon bald kursierte das Gerücht, Bateson habe Weldon umgebracht – keineswegs das erste Gerücht dieser Art über einen Mann, dessen Gebaren und Temperament ihm gelegentlich etwas Mörderisches verliehen. In den ersten Jahren, die Bateson dem Lehrkörper des St. John's Colleges angehörte, ging beispielsweise das Gerücht, er habe während seiner Forschungsreise durch die Steppen Russlands einen Mann erschossen.

Wir wissen nichts über das Schicksal des unbekannten Russen, aber was Weldon angeht, so brachte ihn die viele Arbeit um und nicht William Bateson. »Ich muss diese Sache zu Ende bringen«, hatte er über die durch das *Stud Book* ausgelöste Kontroverse gesagt – allerdings war niemandem ganz klar, warum er sie sich so sehr zu Herzen nahm. Selbst als sich die ersten Anzeichen seiner Krankheit bemerkbar machten, weigerte er sich, die Arbeit ruhen zu lassen oder die feuchten, kalten Ställe zu meiden. Nicht Bateson hat Weldon umgebracht, es war seine Besessenheit.

Bateson empfand die Nachricht von Weldons Tod als »Schock – im wortwörtlichen Sinn«. Unter der Nachwirkung dieses Schocks rief er sich in größter Zuneigung die Tage ihrer Freundschaft in Erinnerung, sann darüber nach, ob er einen Kondolenzbrief an Florence schreiben sollte (würde sie es als größere Beleidigung auffassen, wenn er es täte oder wenn er es unterließe?), und fragte sich, wie er und seine Mitarbeiter die Lücke füllen sollten, die Weldons Tod hinterließ. »Wenn man plötzlich einer seiner geistigen Hauptbeschäftigungen beraubt wird, fühlt man sich, als würde einem der Wind aus den Segeln genommen«, sagte er zu Beatrice und bediente sich dabei einer Wendung aus der Seemannssprache für ein Schiff, das nicht mehr manövrierfähig ist – mit anderen Worten, er war in eine Flaute geraten, es war kein Wind mehr da, der, bildlich gesprochen, seine Segel blähte.

Batesons Partner Punnett fühlte sich ähnlich im Stich gelassen. Obwohl die ständigen erbitterten Auseinandersetzungen mitunter zermürbend gewesen sein mochten, war es in gewisser Weise noch schlimmer, dass sie jetzt fehlten. »Sie hielten uns in Trab«, sagte Punnett über die Zornesausbrüche, die die ersten drei Jahre seiner Zusammenarbeit mit Bateson gekennzeichnet hatten, »und verliehen der Arbeit so etwas wie Würze.«

Alles, was jetzt noch blieb, war die Arbeit selbst.

Sie hatte sich jedoch geändert. Es war nicht mehr so wichtig, Beweise anzuhäufen, um die diskontinuierliche Variation aus Sicht der Mendelianer zu untermauern oder um die Behauptung zu stützen, dass die Gesetze Mendels die Vererbung überzeugend erklären könnten. Wissenschaftler, die sich nach der Wiederentdeckung Mendels bemüht hatten, dessen Versuche zu wiederholen, hatten – mit gewissen Verbesserungen, die der Fortschritt im 20. Jahrhundert ermöglichte – festgestellt, dass sein überraschend moderner Ansatz bei der Auswertung von Daten eine hervorragende Grundlage für einen neu entstehenden Wissenszweig geschaffen hatte.

Zu der Zeit, als Weldon starb, verlor die Durchführung von Versuchen zur Bestätigung der mendelschen Gesetze gegenüber einer wichtigeren Aufgabe an Bedeutung: Es galt, das neue, als Genetik bezeichnete Forschungsgebiet zu umreißen und dafür zu sorgen, dass sich die Wissenschaftler auf die Seite der Mendelianer stellten.

18. Die Erfindung des Mendelismus

Die Gartenarbeit bietet einen Lohn,
der in keinem Verhältnis zu den eigentlichen Absichten
steht. Sie ist Schöpfung im wahrsten Sinne.
Against Gardens, Phyllis McGinley, 1905–1978

William Bateson wusste um die Macht der Sprache. Er las Balzac und Voltaire im Original, und jeder, der sich nicht fließend auf Französisch unterhalten konnte, war in seinen Augen ein Banause. Er hatte deutschsprachige Zeitungen abonniert, um seinen umgangssprachlichen Wortschatz auf dem neuesten Stand zu halten, und korrespondierte mit seinen deutschsprachigen Kollegen – Erwin Baur in Berlin, Hans Przibram in Wien und Ferdinand Schindler, dem Neffen Gregor Mendels, in Mähren – auf Deutsch. Er zettelte eine Kampagne zugunsten der griechischen Sprache als Unterrichtsfach an, als die Verwaltung der Universität in Cambridge erwog, Griechisch als Zulassungsvoraussetzung fallen zu lassen. Und nun hatte er die Absicht, eine andere Art von Sprache – die Sprache der Wissenschaft – für seine Zwecke zu nutzen, indem er eine allgemein gültige Terminologie schuf, die überall auf der Welt von Wissenschaftlern verwendet und verstanden werden konnte.

Mit dem Begriff Genetik wollte er den Anfang machen. Er war von dem griechischen Wort *genētikos* abgeleitet, das so viel wie Entstehung oder fruchtbar oder schöpferisch bedeutet. Der Begriff Gen dagegen wurde erst einige Jahre später geprägt. Tatsächlich war Bateson das Wort Gen unbekannt, und in den ersten zehn Jahren des Jahrhunderts hatte er auch keine genaue Vorstellung davon, was man unter einem Gen verstehen könnte.

Er bildete Anfang 1905 den Begriff Genetik in Zusammenhang mit dem Entwurf für ein neues Institut zur Erforschung der Vererbung und der Variation in Cambridge. Er schlug vor, es stattdessen Institut für Genetik zu nennen und einen Lehrstuhl für Genetik für den zukünftigen Leiter des Instituts einzurichten. Bateson hoffte natürlich, dass er selbst zum Leiter ernannt werden würde. Nach 20 Jahren in Cambridge hatte er immer noch keine feste akademische Stelle und bestritt seinen Lebensunterhalt mit Stipendien, befristeten Lehraufträgen und seiner Tätigkeit als Hausmeister des St. John's College. Diese Professur wäre wie geschaffen für ihn – wer sonst in Großbritannien wusste mehr über diesen gerade entstehenden wissenschaftlichen Bereich?

Aber das Institut zur Erforschung der Vererbung und der Variation wurde niemals eingerichtet, ebenso wenig der Lehrstuhl für Genetik. Das Geld, das Bateson zugekommen wäre, verwendete man stattdessen für einen Lehrstuhl für Protozoologie.

Im Jahr 1906 stellte Bateson seinen neuen Begriff der Royal Horticultural Society vor, die Schirmherrin der internationalen Konferenzen über Hybridisierung und Pflanzenzucht war. Auf der ersten Konferenz, die 1899 in London abgehalten worden war, hatte Bateson de Vries kennen gelernt und jenen zukunftsweisenden, den Mendelismus vorwegnehmenden Vortrag gehalten, in dem er erklärte, dass man einige Vererbungsgesetze aufstellen könne, wenn man Daten über mehrere Generationen hinweg statistisch auswerte. Die zweite internationale Konferenz fand 1902 am Brooklyn Institute statt und bot Bateson die Gelegenheit zu seinem ersten Aufenthalt in New York. Die Telefone, die Schreibmaschinen, die schwarzen Eichhörnchen im Central Park, die Sommerhitze und der herzliche Empfang, den man ihm bereitete – all das versetzte Bateson in Erstaunen. »Mit dem gestrigen Zug kamen viele Teilnehmer an, die [mein Buch] *Mendels Vererbungstheorien* dabeihatten!«, schrieb er an Beatrice. »Wo man auch hinhörte, es ging immerzu um Mendel; ich glaube, zu guter Letzt kommt die Sache doch noch ins Rollen.« Er verbrachte zehn aufregende Tage in New York und war vom Getriebe der Großstadt begeistert, auch wenn er davon überzeugt war, dass »es mir wie Milch erginge, die man durch einen Zentrifugator laufen lässt, wenn ich zwei Wochen lang mit dieser Geschwindigkeit Schritt halten müsste«.

Bei der dritten internationalen Konferenz über Hybridisation und Pflanzenzucht im Juli 1906 bewegte Bateson sich wieder auf dem vertrauteren Boden Londons. Sie wurde unter seinem Vorsitz abgehalten und war fast eine Wiederholung des Treffens der British Association of the Advancement of Science in Cambridge zwei Jahre zuvor, bei dem er mit den Anhängern der Biometrie ins Gericht gegangen war. Der Unterschied – abgesehen davon, dass Weldon fehlte – bestand darin, dass Batesons geheime Pläne für diese Konferenz noch eindrucksvoller waren als die im Jahr 1904. Er hatte die Absicht, eine neue Wissenschaft ins Leben zu rufen.

In seiner Eröffnungsrede erklärte Bateson, warum er für die Einführung des Begriffs der Genetik sei. Dieser Begriff, so sagte er, »verweise in angemessener Form darauf, dass unsere Anstrengungen das Ziel haben, Aufschluss über die Phänomene der Vererbung und der Variation zu gewinnen: mit anderen Worten, der Physiologie der Abstammung«. Bateson wusste, dass es den gesamten Berufsstand für immer verändern würde, wenn die Konferenzteilnehmer sich seine Terminologie zu Eigen machten, insofern dadurch ein Wandel von der praktischen Pflanzenzucht hin zu der theoretischen und wissenschaftlichen Untermauerung der Vererbung und der Evolution eingeleitet würde.

Nun gut, meinten die Züchter und Gärtner im Publikum, dann werde man dieses Gebiet eben Genetik nennen. Sie seien auch bereit, von jetzt an ihre Berichte und Aufsätze unter dieser neuen Rubrik zu veröffentlichen. Auf diese Einigung hatte Bateson gehofft, sie hatte allerdings eine unbeabsichtigte Nebenwirkung: Sie führte zu einer merkwürdigen Umschreibung der Geschichte. Die Konferenz von 1906 wurde von diesem Zeitpunkt an nie mehr anders als die dritte internationale Konferenz über Genetik genannt – obwohl es niemals eine erste Konferenz über Genetik gegeben hatte, und auch keine zweite.

Nun rückten auch andere Einträge in dem neu geschaffenen Lexikon an die richtige Stelle. Jahre bevor man über die entsprechenden Begriffe verfügte, um die Unterschiede zwischen Genotyp und Phänotyp zu beschreiben, bevor man auch nur die Bezeichnung Gen kannte und bevor man wirklich wusste, was Gene oder Genotypen waren, verband die Wissenschaftler, die auf dem neuen Gebiet der Genetik arbeiteten, ein gemeinsames Vokabular. Bateson hatte zuvor bereits vier weitere neue Begriffe eingeführt, und jetzt kamen sie endlich zur Anwendung: Zygote – vom griechischen *zugōtos*, verschmolzen –, zur Beschreibung der befruchteten Eizelle, des Organismus, der durch die Vereinigung zweier

Gameten entstand; homozygot (vom griechischen *homos*, gleich) und heterozygot (von *heteros*, verschieden), um reinerbige Nachkommen beziehungsweise Hybriden zu beschreiben; und schließlich Allelomorph (eine Zusammensetzung aus *allēlēn*, sich entsprechend, und *morphē*, Form), um die verschiedenen Zustandsformen einer bestimmten Erbanlage zu beschreiben. So konnte man sich beispielsweise hohen Wuchs und Zwergenwuchs als zwei Allelomorphe der Größe bei Mendels Erbsen vorstellen. Später wurde der Begriff Allelomorph auf Allel verkürzt, wie er heute noch verwendet wird, um die vielen normalen Abweichungen, die bei einem einzelnen Gen auftreten können, zu beschreiben.

Bateson hatte darüber hinaus einige der Begriffe, mit denen Mendel die größte Verwirrung gestiftet hatte, terminologisch neu gefasst, und auch diese Terminologie wurde von den Wissenschaftlern jener Zeit akzeptiert. Zur deutlicheren Unterscheidung zwischen den einzelnen Generationen bei einem Versuch – die Mendel als erste Bastardgeneration, zweite Bastardgeneration und so weiter bezeichnet hatte –, führte Bateson eine neue Notation ein: P1 bezeichnete die erste Parentalgeneration, also die der Eltern (und P2 die der Großeltern, P3 die der Urgroßeltern und so weiter) und der Buchstabe F, für »filial«, bezeichnete die Nachkommen: F1 stand für die erste Kindgeneration, F2 für die Enkel, F3 für die Urenkel.

Diese Vereinheitlichung der Sprache war der erste Schritt, um aus der neu entstehenden Wissenschaft der Genetik eine eigenständige Disziplin zu machen. Der zweite Schritt bestand darin, ihr einen geistigen Mittelpunkt zu geben. Und hier kam nun Gregor Mendel ins Spiel. Jede neue Wissenschaft braucht einen Helden – jemanden, auf dessen Riesenschultern man sich stellen kann –, und Mendel eignete sich gut zum Helden. Er eignete sich allein schon deshalb, weil man so wenig über sein Leben wusste und weil das wenige, das man wusste, große Bewunderung verdiente – seine Einsamkeit, Frömmigkeit, Sanftmut, sein Humor und seine Bescheidenheit – der mährische Mönch war wie ein unbeschriebenes Blatt, auf das die Mendelianer eine Geschichte schreiben konnten, die sie nur allzu gerne für wahr hielten. Darüber hinaus stellte er eine gute Vaterfigur dar, da er einen ausgesprochen modernen Ansatz bei der Sammlung und Auswertung von Daten vertrat. Mendel war ein Wissenschaftler des 20. Jahrhunderts, der im 19. Jahrhundert gefangen war, und es verlieh seiner Geschichte eine gewisse romantische Note, dass er ohne die gebührende Anerkennung gestorben war, umgeben von einem furchtbaren Schweigen, in dem er und seine Leistung 35 Jahre lang eingeschlossen blieben.

Dennoch hätte nichts davon irgendjemanden dazu veranlassen können, Mendel zum Begründer der Genetik zu machen, wenn es nicht ein viel entscheidenderes Argument gegeben hätte: Mendel hatte Recht gehabt.

Die Mythenbildung, die aus dem Mönch einen Helden machte, spiegelt einen Vorgang wider, der bei der Entstehung fast jeder neuen Wissenschaft eine wichtige Rolle spielt. Die meisten Forscher, selbst zur Zeit Batesons, verbringen einen Großteil ihrer Zeit in Labors, die etwas von Fabriken an sich haben. Wenn sie sich einen herausragenden Gründervater ins Gedächtnis rufen können, ein verkanntes oder missverstandenes Genie, in dessen Fußstapfen sie jetzt in treuer Ergebenheit treten, dann können sie sich selbst bei den langweiligsten und niedrigsten Tätigkeiten das Gefühl bewahren, einen höheren Auftrag zu erfüllen.

In den darauf folgenden Jahren kam Bateson dann richtig in Schwung. 1907 wurde er nach Amerika eingeladen, um an der Yale University in New Haven die berühmten Silliman Lectures zu halten. Er nahm außerdem an einer internationalen Konferenz über Zoologie in Boston teil und besuchte andere Genetiker – noch war der Begriff auf beiden Seiten des Atlantiks nicht allgemein gebräuchlich – in Woods Hole (Massachusetts), Cold Spring Harbor (New York), Manhattan und Toronto. Von Juli bis November war er unterwegs. Er wurde so überschwänglich empfangen, dass er sich manchmal geradezu zwingen musste, einen klaren Kopf zu bewahren. »Die Amerikaner benehmen sich ziemlich albern mit ihrer ganzen Heldenverehrung, und man muss sich immer wieder vergegenwärtigen, dass sie ständig eine Prozession von Helden aufmarschieren lassen«, schrieb er Beatrice Ende August, als er auf dem Weg von Massachusetts nach New York war. »Aber nach all den Jahren der Demütigungen ist es recht angenehm, endlich Anerkennung zu finden, auch wenn es nun gleich eine Überdosis ist. Ich werde hier behandelt wie eine Bienenkönigin in der Wabe, und es würde mich nicht überraschen, wenn sich ein Bewunderer bei meinem Eintreffen respektvoll zurückziehen würde.«

Während dieses langen Amerikaaufenthaltes lernte Bateson Thomas Hunt Morgan von der Columbia University kennen, der damals bereits der führende Genetiker in den Vereinigten Staaten war. Für Bateson stellte Morgan so etwas wie die Reinkarnation von Raphael Weldon dar – nicht weil er ihm auch nur im Geringsten ähnlich sah, sondern weil da etwas in seinem Verhalten und seinen wissenschaftlichen Ideen war. Fast unwillkürlich fasste Bateson eine Abneigung gegen ihn.

Zum Zeitpunkt ihrer ersten Begegnung war Morgan mit

einer Forschungsarbeit beschäftigt, die in ihrem Ansatz viel mit Weldons letzter, verhängnisvoller Unternehmung in Zusammenhang mit den Pferden gemeinsam hatte. Wie Weldon wollte er beweisen, dass die Erklärungen der Mendelianer für eine Reihe von Tierversuchen falsch waren. Im Mittelpunkt seiner Untersuchungen stand dabei Lucien Cuénot aus Nancy in Frankreich. Cuénot fand im Jahr 1905 heraus, dass bei der Farbe von Mäusen offenbar drei und nicht nur zwei Allelomorphe eine Rolle spielten: die Farbfaktoren für Gelb, das dominant war, Grau, das die Genetiker als Aguti bezeichneten, und Schwarz. Wenn er die dominanten gelben Mäuse mit schwarzen oder grauen Mäusen und anschließend die F1-Hybriden miteinander kreuzte, entsprachen überraschenderweise die Ergebnisse bei der F2-Generation eindeutig nicht dem mendelschen Zahlenverhältnis: Es kamen zwei gelbe Mäuse auf jede nicht gelbe (graue oder schwarze) rezessive Maus, und es war keine einzige reinerbige, doppelt dominante gelbe Maus zu entdecken. Mendels Zahlenverhältnis von 1:2:1 reduzierte sich damit auf ein Verhältnis von 2:1.

Cuénots sah sich veranlasst, Mendels Annahme, dass alle denkbaren Kombinationen von Gameten mit der gleichen Wahrscheinlichkeit vorkämen, umzukehren. Er vertrat stattdessen die Auffassung, es finde eine selektive Befruchtung statt, bei der die Vereinigung zweier bestimmter Gameten – in diesem Fall jeweils mit dem Farbfaktor Gelb – einfach nicht zustande komme, gerade so, als würden sie sich gegenseitig abstoßen. Da Cuénot im Grunde genommen jedoch Mendelianer war, betrachtete er die Hypothese einer selektiven Befruchtung einfach als Erweiterung der ursprünglichen Ergebnisse Mendels und nicht als Widerlegung. Morgan dagegen, zu jener Zeit ein erklärter Anti-Mendelianer, war der

Meinung, das 2:1-Verhältnis Cuénots sei schlichtweg der Gegenbeweis für den wichtigsten Lehrsatz des Mendelismus – das Spaltungsgesetz nämlich, das Bateson »als Reinheit der Gameten« bezeichnete. Morgan sah darin den Beweis für das, was er schon immer behauptet hatte: »einmal gekreuzt, immer gemischt«. Es gebe keine reinerbigen gelben Mäuse, sagte Morgan, da in der F1-Generation alle durch die Vermischung mit nicht gelben Allelomorphen im Hybridstadium infiziert worden seien.

Mendel habe nicht erkannt, welche latenten Auswirkungen es auf seine Erbsen hatte, dass sie einmal als Hybriden gekreuzt worden waren, und der einzige Grund dafür bestehe darin, dass er seine Versuche nicht mit ausreichend vielen Generationen durchgeführt habe, erklärte Morgan. Bei gelben Mäusen, so nahm er an, zeige sich die hybride Verseuchung eben nur schneller als bei gelben Erbsen.

Bateson und Morgan wurden rasch zu Gegnern. Morgan hatte die mendelschen Gesetze öffentlich infrage gestellt – und Bateson war bereit zum Kampf. Die Aussicht auf eine neue Auseinandersetzung verschaffte ihm eine merkwürdige Befriedigung, so als ob er einen guten Streit brauchte, um etwas Schwung in seine plötzlich so achtbaren mittleren Jahre zu bringen.

Thomas Hunt Morgan war in vielerlei Hinsicht das genaue Gegenteil von Bateson. Im selben Jahr geboren, in dem Mendels Aufsatz über *Pisum* veröffentlicht wurde, war er fünf Jahre jünger als Bateson, was bei Männern, die in den Vierzigern sind, einen bedeutenden Unterschied ausmachen kann. Im Jahr 1907 war Morgan 41 Jahre alt und wirkte noch recht jugendlich, Bateson mit seinen 46 Jahren begann unbestreitbar zu altern und hatte immer noch keinen Lehrstuhl oder auch nur ein festes Einkommen. Morgan war in der hügeligen, grasbewachsenen Landschaft von Kentucky aufgewachsen, was ihm die etwas schleppende Aussprache des Südstaatlers beschert hatte, die auf Bateson, in intellektueller Hinsicht von jeher ein Snob, grob und unkultiviert wirkte. »TH Morgan ist ein Dummkopf«, schrieb er einmal an Beatrice. Noch 14 Jahre später – als ihr Streit längst beigelegt war und sie sich ein letztes Mal in New York trafen – befand Bateson, Morgan sei »ziemlich unbedeutend« und habe Interessen und Fähigkeiten, die »furchtbar beschränkt« seien. Solche Empfindungen bereiteten ihm allerdings gewisse Schwierigkeiten – schließlich war er für die Dauer seines Aufenthalts Gast in Morgans Haus –, und er klagte bei seiner Frau: »Ich wünschte, ich könnte Morgan besser leiden.«

Eine Eigenschaft, die die beiden Männer dagegen miteinander verband, war ihre Verbohrtheit. Bei all ihren Gegensätzlichkeiten widersetzten sich beide entschieden der neu entstehenden Chromosomentheorie der Vererbung. Schon einige Wissenschaftler hatten unter dem Mikroskop Chromosomen entdeckt, unter anderem Karl von Nägeli im Jahr 1840, aber keinem von ihnen war wirklich klar, was er da sah, bis der deutsche Anatom W. von Waldeyer ihnen 1888 einen Namen gab. Er nannte sie Chromosomen, da sie sich dunkel verfärbten, wenn sie mit den Mitteln behandelt wurden, die Wissenschaftler verwenden, um Proben unter dem Mikroskop besser sehen zu können. Doch selbst dann wusste man noch nicht sicher, wo sich die Chromosomen üblicherweise befanden und welche Funktion sie hatten, da sie nur während der kurzen Fortpflanzungsphase im Leben einer Zelle deutlich zu erkennen waren und nicht im normalen Ruhezustand. Vieles von dem, was man über Chromosomen wusste, beruhte auf Schlussfolgerungen, und deshalb konnte auch niemand mit Gewissheit sagen, ob die Chromosomen, die sich nach der Zellteilung in den Tochterzellen fanden, die gleichen waren wie diejenigen, die sich in der ursprünglichen Zelle befunden hatten, oder ob sie bei jeder Zellteilung *de novo* entstanden.

Die Meinung, dass die Chromosomen wichtiges Erbmaterial enthielten, beruhte zunächst auf der Überzeugung, dass sie sich nach jeder Zellteilung wieder zusammensetzten – mit anderen Worten, man nahm an, dass sie unvergänglich seien. Walter Sutton, der Anfang des Jahrhunderts sein Studium an der Columbia University abgeschlossen hatte, gelang es, Chromosomen vor der Zellteilung in seinem Mikroskop auszumachen, und er konnte nachweisen, dass dieselben Chromosomen mit denselben Merkmalen jedes Mal wieder auftauchten, wenn sich eine Zelle in zwei neue Zellen teilte. Die Zellteilung wurde als Mitose bezeichnet (abgeleitet von dem griechischen Wort *mitos* für Faden, das das Aussehen der Chromosomen kurz vor der Zellteilung beschrieb). Er stellte auch fest, dass dieselben Chromosomen nach der Reduktionsteilung oder Meiose (griechisch für Verminderung) erneut auftauchten, dem Vorgang während der Zellteilung also, bei dem Zellen mit der halben Anzahl der Chromosomen gebildet werden, aus denen schließlich die männlichen oder weiblichen Keimzellen entstehen.

Sutton zog daraus den Schluss, dass dieselben Chromosomen, die bei der Entstehung der Zygote einander ergänzende Paare bildeten, während der gesamten Lebensdauer eines Organismus vorhanden waren. Bei jeder Zellteilung, bei jeder Reduktionsteilung reproduzierten sich die Chromosomen und bewahrten ihre Eigenschaften in den unzähligen Zyklen der Zell- und der Reduktionsteilung. »Die paarweise Vereinigung von väterlichen und mütterlichen Chromosomen«, stellte er 1902 fest, »und die darauf folgende Aufspaltung bei der Reduktionsteilung [...] stellt möglicherweise die physikalische Grundlage für die mendelschen Vererbungsgesetze dar.« Damit wurde zum ersten Mal in Worte gefasst, was später als Chromosomentheorie der Vererbung bezeichnet werden sollte.

Ungefähr zur selben Zeit, als Sutton seine Forschungen in New York durchführte, gelangte Theodor Boveri, Professor für Zoologie und vergleichende Anatomie an der Universität von Würzburg, zu ähnlichen Schlussfolgerungen über die Funktion der Chromosomen. Boveri zeigte auf, dass die Anzahl der Chromosomenpaare für jeden lebenden Organismus festgelegt ist. Er entdeckte vier dieser Paare beim Spulwurm, zwölf bei der Maulwurfsgrille, 16 bei der Katze, dem Weizen und der Birke, 24 bei der Weinbergschnecke, beim Salamander, der Lilie, der Tomate und beim Menschen, 32 beim Regenwurm, 36 beim Zitterrochen. Bei manchen Arten irrte er sich – der Mensch beispielsweise besitzt 23 Chromosomenpaare, nicht 24, und die Katze 19 statt 16 –, aber er hatte Recht mit seiner Theorie, dass die Chromosomenzahl innerhalb einer Spezies immer gleich bleibt, genauso wie mit der Annahme, dass die Gesamtzahl der Chromosomen eine entscheidende Rolle spielt.

Weitere Beweise lieferten Boveris Untersuchungen von Seeigeln. Er wandte die Mehrfachbefruchtung und andere Labortricks an, um Embryonen mit einer unnatürlichen Anzahl von Chromosomen zu erzeugen, und dabei stellte sich heraus, dass die einzigen, die sich zu lebensfähigen Seeigeln entwickelten und bei denen alle Körperteile an der richtigen Stelle saßen, die mit dem richtigen Chromosomensatz von 36 waren. Damit war der Nachweis erbracht, dass der Seeigel, wie jede andere Art, die er untersuchte, normalerweise eine festgelegte Zahl von Chromosomen besitzt und dass jede Veränderung dieser Zahl zu erheblichen Abweichungen in der Entwicklung führt. Er unternahm einen erfolglosen Versuch zu bestimmen, welche der »verschiedenen Eigenschaften« – seine Bezeichnung für die immer noch namenlosen Gene – der Chromosomen im Einzelnen für welche äußeren Merkmale des Tieres verantwortlich waren.

Boveris Veröffentlichungen über die unveränderliche Anzahl von Chromosomen bei jeder Art ergänzten die etwa zeitgleichen Veröffentlichungen Suttons über den Fortbestand bestimmter Chromosomen in bestimmten Zellen in idealer Weise. Zusammengenommen deuteten diese Ergebnisse darauf hin, dass die Chromosomen wichtige Erbinformationen enthielten – Informationen, von denen die Wissenschaftler gerade erst zu glauben begannen, dass sie, wie Mendels Aufsatz nahe gelegt hatte, als Einheiten oder Faktoren vorhanden waren. Noch immer gab es einigen Widerstand gegen diese Lehre, der vor allem darauf beruhte, dass sie eine verwirrende Ähnlichkeit mit der Präformationstheorie hatte. Worin bestand denn nun eigentlich der Unterschied zwischen der Vorstellung, ein Organismus könne alle seine voll ausgebildeten Nachkommen in einem mikroskopisch kleinen Päckchen in sich tragen, und der Vorstellung, er könne verschlüsselte Informationen über diese Nachkommen in Form einiger unsichtbarer Fädchen im Zellkern in sich tragen?

Solche Bedenken wurden im Großen und Ganzen ausgeräumt, als man genügend Beweise für die entscheidende Rolle, die die Chromosomen bei der Vererbung spielten, zusammengetragen hatte. 1904 waren die Namen von Walter Sutton und Theodor Boveri, einem Amerikaner und einem Deutschen, die sich niemals persönlich kennen gelernt hatten, in Zusammenhang mit einer der aufsehenerregendsten Theorien der Biologie des frühen 20. Jahrhunderts untrennbar miteinander verbunden, der Sutton-Boveri-Chromosomentheorie der Vererbung.

Bateson und Morgan wollten davon allerdings nichts wissen – wenn auch aus unterschiedlichen Gründen. Bateson fühlte sich durch die mechanistischen Vorstellungen der Chromosomentheorie geradezu beleidigt. Was die Vererbung betraf, zog er einen ganzheitlicheren Ansatz vor, der ihn zur Aufstellung von Hypothesen wie der Presence-and-Absence-Theorie, der Rückschlagtheorie und der Vibrationstheorie, die ihm die liebste war, veranlasste. Letztere werde »über kurz oder lang zum allgemeinen Bildungsgut gehören, wie das kleine Einmaleins oder Shakespeare!«, schrieb er 1891 an seine Schwester, nur wenige Tage nachdem ihn die Vibrationstheorie wie eine Eingebung überkommen hatte. Noch nachdem Bateson zum treuen Gefolgsmann Mendels geworden war, gab er seine bevorzugte Idee niemals völlig auf, die sich auf Wellen, Sandbewegungen, Wellenfurchen und Zebrastreifen bezog – allesamt wellenförmige Muster, die sich überall in der Natur ständig wiederholen und fortsetzen.

Morgan seinerseits hatte sich bis 1904 endlich dazu durchgerungen, den Mendelismus weitgehend anzuerkennen, insbesondere die Auffassung, es gebe diskrete Teilchen, die für die Vererbung bestimmter Merkmale verantwortlich seien. Er war jedoch der Ansicht, dass die Chromosomentheorie in wesentlichen Punkten der mendelschen Lehre widerspreche. Wenn jedes Chromosom Träger einer Vielzahl von Determinanten sei – was in Anbetracht all der Merkmale eines Organismus der Fall sein müsse –, warum scheinen dann nur so wenige Determinanten von den Eltern an die Nachkommen paarweise weitergegeben zu werden? »Da die Anzahl der Chromosomen relativ klein ist und die Anzahl der Merkmale eines Individuums sehr groß«, so seine Überlegung, »folgt aus der Theorie, dass viele dieser Merkmale in ein und demselben Chromosom enthalten sein müssen. Infolgedessen müssen viele Merkmale miteinander mendeln. Entsprechen die Fakten den Erfordernissen der Hypothese? Das scheint mir nicht der Fall zu sein.«

Ihre beharrliche Weigerung, die Chromosomentheorie zu akzeptieren, schien die beiden Männer eine Zeit lang zu verbinden. Ihr Starrsinn führte sie allerdings in verschiedene Richtungen. Bei Morgan, der sich noch entschiedener darauf verlegte, eine Alternative zur Chromosomentheorie zu finden, führte sie zu einer Umkehr, in deren Folge er nochmals über seinen blinden Fleck nachdachte und weitere Forschungen betrieb, in deren Verlauf er einige der wichtigsten Ergebnisse auf diesem Gebiet zu gewinnen vermochte; sie bezogen sich alle auf die Funktion der Chromosomen in Verbindung mit den Genen und der Vererbung. Bateson dagegen sperrte sich weiterhin gegen die Chromosomentheorie und arbeitete hart an einer alternativen Erklärung, und das gerade, als sich die Beweise für die Chromosomentheorie zu häufen begannen. Sein Starrsinn führte schließlich dazu, dass er in der Geschichte der Wissenschaft auf einen der hinteren Plätze verwiesen und von der Entwicklung auf jenem Gebiet, dem er einen Namen gegeben hatte, überholt wurde, während er sich weiterhin standhaft weigerte zuzugeben, dass er sich von Anfang an geirrt hatte.

Anders als für Bateson wurde es für Morgan zur Gewohnheit, seine früheren Irrtümer einzugestehen. Was seinen Versuch anbelangte, Cuénots Beobachtungen an den gelben Mäusen neu zu interpretieren und auf diese Weise den Mendelismus umzukehren, musste Morgan feststellen, dass seine Erklärung zu nichts führte. Er versuchte, seine Hypothese an anderen Mäusestämmen zu überprüfen, aber bei keiner der Mäuse traten in der rezessiven Linie wieder dominante Merkmale in Erscheinung, wie nach seiner Behauptung »einmal gekreuzt, immer gemischt« zu erwarten gewesen wäre. »Es ist offensichtlich, dass die Hypothese bei der Überprüfung versagt hat«, erklärte er, »und deshalb aufgegeben werden muss.«

Ungefähr zur selben Zeit stellte ein amerikanischer Genetiker eine dritte Hypothese zu Cuénots Ergebnissen vor. William Castle von der Harvard University behauptete, das Vorhandensein eines gelben Allelenpaars führe dazu, dass die betroffenen Mäuse bereits vor der Geburt sterben. Das würde erklären, warum die erste Zahl des mendelschen Zahlenverhältnisses von 1:2:1 – die Eins, die sich auf die doppelten Dominanten beziehe – fehle und nur das Verhältnis von 2:1 übrig bleibe, welches Cuénot beobachtet und zu erklären versucht habe. Andere Biologen, wie Batesons Freund Erwin Baur aus Berlin, entdeckten ebenfalls Abweichungen – in Baurs Fall beim Löwenmaul –, die darauf beruhten, dass eine einzelne Klasse von Zygoten nicht lebensfähig war. Mit anderen Worten, so Castle, Mendels Gesetz treffe zwar zu, aber die besonderen Anlagen dieser Mäuse oder Löwenmaulpflanzen führten zu einer verwirrenden Anomalie. Castles Überlegung wurde schon bald darauf von anderen Forschern bestätigt, die die toten Embryonen aus dem Stamm der gelben Mäuse Cuénots sezierten und feststellten, dass alle doppelt dominant waren.

Solche nachträglichen Erklärungen für offensichtlich einander widersprechende Ergebnisse kommen in der Geschichte der Genetik häufig vor, wie in fast jeder anderen relativ neuen Wissenschaft auch. Erst nachdem die Forscher lange Zeit eine völlig falsche Richtung verfolgt haben – oder, wie in Mendels Fall, verwirrt waren und ganz aufgegeben haben –, findet man eine Erklärung für das, was zunächst wie Fehler in der Herangehensweise oder der zugrunde liegenden Theorie ausgesehen hatte: der gescheiterte Versuch Mendels, seine Ergebnisse mit *Hieracium* zu wiederholen; die Ergebnisse Correns', der auf eine unerwartet große Zahl farbloser *Pisum* stieß; die fehlenden gelben Mäuse Cuénots. Bateson war 1899 in eine ähnliche Sackgasse geraten, als er stachelige und glatte Arten von *Datura* kreuzte und die Erwartung hegte, dass alle Hybriden der F1-Generation stachelig waren. Stattdessen stellte er fest, dass eine beträchtliche Zahl unerklärlicherweise glatte Stellen aufwies. Erst nahezu 20 Jahre später konnte man nachweisen, dass diese Unregelmäßigkeiten auf eine Infektion mit einem bis dahin unbekannten Pflanzenvirus namens Quernica zurückgingen. Die Moral von der Geschichte ist (falls es denn eine gibt), dass es manchmal sinnvoll ist, an einer lieb gewonnenen Theorie festzuhalten, selbst wenn man mit offensichtlichen Abweichungen konfrontiert wird.

Zu guter Letzt rang sich aber auch Bateson dazu durch, die Chromosomentheorie der Vererbung zu akzeptieren. Allerdings tat er das erst sehr spät – nämlich zwei Jahre vor seinem Tod –, und die Historiker fragen sich immer noch, wie aufrichtig seine Bekehrung tatsächlich war. »Mir gefällt das zwar nicht«, erklärte er mürrisch seinen Sinneswandel, »aber ich sehe keinen anderen Ausweg.«

Im Jahr 1909 fand mit der Einführung des Begriffs Gen eine Wende auf dem neu geschaffenen Gebiet der Genetik statt. Um das Konzept eines diskreten vererbbaren Faktors zu beschreiben, hatte man zuvor eine ganze Reihe von Begriffen erwogen und wieder verworfen: physiologische Einheiten, Keimchen, Mizellen, Pangene, Plasome, Idioplasma, Biophoren. Keiner dieser Begriffe setzte sich durch, was zum Teil auch daran lag, dass jeder eng mit einer Theorie der Vererbung verbunden war, die letztlich nicht aufrechterhalten werden konnte. Vielleicht zeichnete sich gerade dadurch der Begriff Gen aus.

Wilhelm Johannsen, Professor für Pflanzenphysiologie in Kopenhagen, prägte diesen Begriff im Jahr 1909, vier Jahre nachdem Bateson den der Genetik eingeführt hatte. Wie er erklärte, stelle er keine Abkürzung von Genetik dar, sondern sei eine Reverenz an Darwins Pangenesistheorie, von der de Vries seinerseits den Begriff Pangen abgeleitet hatte. Johannsen erklärte, er habe einfach die erste Silbe des von de Vries eingeführten Begriffs weggelassen und aus der zweiten Silbe etwas völlig Neues gemacht. Die Bezeichnung Gen beziehe sich nicht auf irgendwelche Hypothesen, sagte er. Sie weise lediglich darauf hin, dass viele Merkmale des Organismus in den Keimzellen festgelegt seien, und zwar aufgrund spezieller Bedingungen, Grundlagen und bestimmender Faktoren, die einzigartig, voneinander getrennt und deshalb unabhängig voneinander sind – kurz gesagt, genau das, was er als Gene bezeichnen wolle.

Zusammen mit Gen führte Johannsen zwei weitere Begriffe ein, die sich für das neu entstehende Lexikon der Biologie als genauso wichtig erwiesen: Phänotyp, womit die Erscheinungsform eines Organismus gemeint war, und Genotyp für seinen genetischen Aufbau. Diese Unterscheidung hatte Mendel mehr als 50 Jahre zuvor intuitiv vorweggenommen, bevor irgendjemand in der Lage war – weder im Denken noch sprachlich –, sie zu benennen. Für den Fall, dass ein Organismus ein rezessives Merkmal aufwies, konnte der Genotyp vom Phänotyp abgeleitet werden, da ein rezessives Merkmal nur dann im Phänotyp auftreten konnte, wenn der Organismus doppelt rezessiv war. Wenn allerdings dominante Merkmale in Erscheinung traten, mussten weitere Versuche durchgeführt werden, um den Genotyp festzustellen. Der Organismus konnte dann entweder doppelt dominant oder hybrid sein.

Johannsens Verhalten im Zusammenhang mit dem Begriff Gen war fast das genaue Gegenteil des Verhaltens von Bateson bei der Einführung des Begriffs Genetik. Er erhob keinen persönlichen Anspruch auf seine Bildung und unternahm keine Anstrengungen, Einfluss auf seinen Gebrauch zu nehmen. Er ließ zu, dass er sich wie ein Chamäleon veränderte, um sich an jede wie auch immer geartete damals entstehende Vererbungstheorie anzupassen. Obwohl beide geblieben sind, ist der Begriff Gen der grundlegendere und wichtigere. Ohne eine Bezeichnung für die einzigartigen Faktoren bei der Vererbung wären die Genetiker des 20. Jahrhunderts nicht in der Lage gewesen, sich miteinander auszutauschen, sie wären so stumm gewesen wie zwei weit voneinander entfernt lebende Indianerstämme, die sich nur mittels undeutlicher und flüchtiger Rauchzeichen miteinander verständigen können.

Mit dem neuen Begriff, der ihm den Weg wies, und der neu gewonnenen Überzeugung, dass die Chromosomen eine wichtige Rolle im Schauspiel der Vererbung einnehmen, machte sich Thomas Hunt Morgan daran, nach Spezifika zu suchen.

Genauso wie Mendel konzentrierte er sich auf einen einzelnen Organismus. In Morgans Fall war es ein Insekt, *Dro-*

sophila melanogaster, die Taufliege, die wegen ihrer Vorliebe für überreife Früchte, die einen starken Geruch ausströmen, auch als Fruchtfliege oder Essigfliege bezeichnet wird. Morgans Wahl war vor allem aus zweckmäßigen Überlegungen heraus auf *Drosophila* gefallen, und er hatte dabei auch eine gewisse Portion Glück. In seinem voll gestellten, nicht einmal 40 Quadratmeter großen Labor in der Columbia University drängten sich bereits Tauben, Hühner, Seesterne, gelbe Mäuse und Ratten. Wenn also ein neuer Student Untersuchungen an einem Organismus durchführen wollte, war einfach kein Platz für etwas sehr viel Größeres als eine Fliege.

Drosophila verursachte, was Futter und Haltung anbelangte, kaum Kosten, alles, was man brauchte, waren ein paar reife Bananen und einige Behälter zu ihrer Züchtung. Die Bananen kaufte Morgan, die Behälter aber besorgten er und seine Mitarbeiter, wenn sie morgens auf dem Weg zur Arbeit waren; dann nahmen sie von den Eingangsstufen der Häuser im Norden Manhattans leere Milchflaschen mit. Einer Tradition folgend, die ihren Anfang in Morgans Fliegenzimmer in der Columbia University nahm, züchten bis zum heutigen Tage viele Wissenschaftler, die mit *Drosophila* arbeiten, ihre Fliegen in Milchflaschen – obwohl sie heute im Allgemeinen dafür bezahlen.

Es sollte sich erweisen, dass Taufliegen über ein Merkmal verfügen, das für Genetiker von unschätzbarem Wert ist: schöne große Chromosomen. Insgesamt besitzen sie nur vier Paare, die selbst unter den schwachen Mikroskopen, die man zur Zeit Morgans benutzte, leicht zu erkennen waren. Außerdem erreichen sie innerhalb einer Woche die Geschlechtsreife, und die Weibchen legen mehrere hundert Eier auf einmal ab. *Drosophila* ist das Lieblingstier der Genetiker, da es sehr fortpflanzungsfreudig ist und ständig neue Nachkommen hervorbringt.

Doch ganz gleich, wie viele Nachkommen es gibt, sie sehen alle ziemlich gleich aus, was für einen Genetiker ungefähr dasselbe bedeutet wie ein windstilles Meer für einen Seemann. Zwei Jahre lang behandelte Morgan Tausende von Essigfliegen mit Chemikalien, Giften und Röntgenstrahlen, immer in der Hoffnung, irgendeine interessante Veränderung zu hervorzurufen. Es gelang ihm nicht, auch nur eine einzige zu finden. Ein Grund für seine Suche nach Mutationen war die von de Vries aufgestellte Theorie, der zufolge Arten plötzlich ohne Vorbereitung und ohne Übergang durch Mutationen entstünden. Morgan hatte de Vries in Holland besucht und stellte erfreut fest, dass der holländische Botaniker den mendelschen Gesetzen zunehmend skeptisch gegenüberstand – diese Skepsis entsprach Morgans eigener. De Vries hoffte, dem aufkommenden Mendelismus mit seiner Mutationstheorie das Wasser abzugraben. Dieser Theorie zufolge können sich entweder ein einzelnes Merkmal oder eine ganze Reihe von Merkmalen ohne Vorankündigung infolge irgendeiner Abweichung im Aufbau ihrer Determinanten verändern. De Vries unternahm keinen ernsthaften Versuch, diesen Vorgang genau zu erklären, sondern beschränkte sich auf die Aussage, dass Arten Zyklen der Veränderlichkeit und der Unveränderlichkeit durchlaufen.

Anfang des Jahres 1910 machte Morgan unter seinem Mikroskop endlich eine interessante Entdeckung. Unter all den normalen rotäugigen Essigfliegen befand sich eine Fliege, deren Augen weiß waren.

Morgan wusste, dass diese Fliege wertvoll war. Jeden Abend nahm er sie in einem Glas mit nach Hause und stellte sie neben sein Bett, während seine Frau Lilian im Krankenhaus lag, wo sie ein Kind zur Welt gebracht hatte. In der Familie erzählt man sich die Geschichte, dass Morgan sie in dieser Zeit im Krankenhaus besuchte und Lilian sich erkundigte: »Na, wie geht es der weißäugigen Fliege?« Lang und breit ließ sich Morgan über das Befinden der Fliege aus, bevor ihm einfiel zu fragen: »Und wie geht es dem Baby?«

Eine Woche später war das weißäugige Männchen fortpflanzungsbereit, und Morgan kreuzte es mit rotäugigen Weibchen. Aus dieser Kreuzung gingen 1237 Hybriden hervor – alle mit roten Augen. Das entsprach Mendels Dominanzgesetz: Das rezessive Merkmal (die weißen Augen) schien in der ersten Hybridgeneration zu verschwinden. Als diese Hybriden miteinander gekreuzt wurden, brachten sie eine F2-Generation hervor, die Mendel ebenfalls bestätigte, in diesem Fall sein Spaltungsgesetz. In der F2-Generation hatten ungefähr drei Viertel der Fliegen rote Augen und ein Viertel weiße Augen: dem mendelschen Verhältnis von etwa 3:1 entsprechend.

Diese Ergebnisse standen Morgans Behauptung »einmal gekreuzt, immer gemischt« völlig entgegen. Die beiden Augenfarben waren in der F1-Generation gemischt worden, aber hier bei den Nachkommen der Hybriden traten sie nun wieder völlig unvermischt auf – unter all den Fliegen gab es keine einzige mit rosafarbenen Augen.

Noch verwirrender war, was aus diesem Verhältnis von 3:1 wurde, wenn man es hinsichtlich des Geschlechts neu berechnete. Bei den Männchen hatte die Hälfte die normalen roten Augen und die andere Hälfte anormale weiße Augen. Bei den Weibchen hatten alle rote Augen. Anders gesagt, alle weißäugigen *Drosophila* waren Männchen.

In einer Huldigung an de Vries' Mutationstheorie bezeichnete Morgan das Merkmal der Weißäugigkeit als Mutation. Hinter der Ähnlichkeit des Begriffs verbargen sich jedoch unterschiedliche Bedeutungen. Für de Vries war eine Mutation nur interessant, insofern sie etwas über die Evolution aussagte. Tatsächlich war er der Überzeugung, dass eine Mutation, die er als stark veränderte Erscheinungsform bezeichnete, Faktor einer diskontinuierlichen Variation war, genauso wie sich allmählich durchsetzte, dass das Gen Faktor der Vererbung war. Für Morgan andererseits war eine Mutation nur von Bedeutung, insofern sie etwas über das Gen aussagte. Er konzentrierte sich nur deshalb auf Mutationen, weil sie Aufschluss darüber geben konnten, welche Rolle die normalen Allelenpaare bei der Weitergabe von Merkmalen von einer Generation auf die nächste spielten. Diese unterschiedliche Verwendung des Begriffs Mutation stiftete Verwirrung – handelte es sich bei einer Mutation lediglich um eine veränderte Erscheinungsform oder auch um eine Veränderung wesentlicher Bestandteile des Gens? –, die noch weitere 20 Jahre anhielt. Erst sehr viel später, nachdem de Vries und Morgan schon lange nicht mehr am Leben waren, stieß Morgans Definition der genetischen Mutation auf allgemeine Akzeptanz.

Nachdem Morgan und seine Mitarbeiter die erste weiße Mutation entdeckt hatten, fielen ihnen plötzlich überall mutierte Fliegen auf. Viele dieser Mutanten wiesen eine charakteristische Geschlechtsaufteilung auf, die derjenigen der weißäugigen Fliegen ähnelte. Morgan brauchte nicht lange, um zu erkennen, dass es sich um geschlechtlich gebundene Mutationen handelte – das heißt, dass sich das Gen, das für die Mutation verantwortlich war, auf dem Geschlechtschromosom befand. Zu jener Zeit wussten die Biologen bereits, dass die Weibchen hinsichtlich des Geschlechtschromosoms homozygot waren; sie besaßen zwei der langen X-Chromosomen, auf denen viele verschiedene Gene nach Morgans bildhafter Beschreibung wie »Perlen auf einer Schnur« aufgereiht sein konnten. Männchen waren hinsichtlich des Geschlechtschromosoms heterozygot, sie besaßen ein langes X-Chromosom, das mit einem kürzeren, als Y bezeichneten Chromosom ein Paar bildete. Wenn ein Weibchen die weiße Mutante auf einem seiner X-Chromosomen trug, konnte sich das normale Allel auf seinem anderen X-Chromosom befinden. Was die Augenfarbe anging, war das Weibchen demnach hybrid, wobei das dominante Rot zutage trat. Männchen dagegen konnten, was die Augenfarbe betraf, nicht hybrid sein, wenn sich das Gen für dieses Merkmal auf dem X-Chromosom befand. Wenn ein Männchen die weiße Mutante auf dem einzelnen X-Chromosom trug, würde es immer weiße Augen haben, da es kein weiteres X-Chromosom besaß, auf dem sich ein normales Allel befinden könnte.

Diese Überlegungen führten Morgan zu dem Schluss, dass, wann immer eine Mutation bei Männchen in großem Umfang in Erscheinung trat, die Anlage dazu sich wahrscheinlich auf dem X-Chromosom befand. Auf diese Weise war es ihm möglich zu berechnen, wie oft verschiedene Mutanten auftraten, wie oft sie bei einem neu entdeckten, als Kopplung bezeichneten Phänomen mit anderen Mutationen verbunden waren und an welcher Stelle der Chromosomen-Schnur jede genetische Perle ihren Platz hatte. Innerhalb weniger Jahre nach der Entdeckung der weißäugigen Fliege hatten Morgan und seine Mitarbeiter eine Karte für das X-Chromosom entworfen. Diese Karte sollte die Vorläuferin aller nachfolgenden Genkarten sein, einschließlich der riesigen Karte, die zurzeit gerade erstellt wird und in der die Gene des Menschen verzeichnet sind.

Mit der Entdeckung und Benennung der weißen Mutation

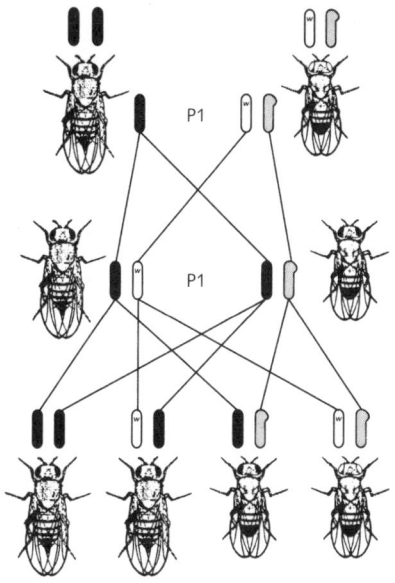

*Morgans Diagramm zur Weitergabe der Weißäugigkeit bei
Taufliegen aus seinem 1926 veröffentlichten Lehrbuch*

war zugleich noch ein weiterer Präzedenzfall geschaffen, ein
buntes Sammelsurium an Benennungen für die Mutanten von
Drosophila nämlich, das fast wie ein Wettbewerb bis heute
fortgeführt wird. Indem er die erste Mutation als weiß bezeichnete, schuf Morgan die Konvention, eine Mutation nach
der Anomalie zu benennen, die sie hervorbrachte, und nicht
nach dem allgemeinen Merkmal, das sie betraf – in diesem
Fall die Augenfarbe. Die zweite Mutation, die Morgan und
seine Mitarbeiter bei Essigfliegen entdeckten, waren rudi-
mentäre Flügel anstelle von voll ausgebildeten, dann ein gelber Körper anstelle des sonst grauen Körpers. Gegen Ende
des Jahrhunderts enthielt die Liste der Mutationen von *Dro-*

sophila Bezeichnungen, die lebhafte Bilder deformierter Insekten heraufbeschwören – ausgefranst, gespalten, abnorm –, und andere, die so albern klingen, als wären sie aus Jux und Tollerei erfunden worden – dackelbeinig, gestreift, Coitus interruptus, Letal V, bandäugig, Pirouette, gegabelt. Eine Mutation, die Rübe genannt wird, führt dazu, dass sich die Fliege schlichtweg dumm verhält, und eine andere, ruderlos genannte Mutation veranlasst die Fliege, in die Dunkelheit anstatt ins Licht zu fliegen. Eine Mutation, die erst vor kurzem die Bezeichnung Unzufriedenheit erhielt, betrifft in erster Linie Weibchen: Kein Männchen kann ein solches mutiertes Weibchen zufrieden stellen, und es verjagt alle Männchen mit seinen Flügeln, wenn sie sich ihm nähern, um es zu begatten.

Als Morgan sich gegen Ende des Jahrzehnts der Mutationstheorie zuwandte und sie weiterentwickelte, gab Bateson auf, er hatte jeden Kampfgeist verloren. Er akzeptierte die Theorie zwar immer noch nicht, aber er musste erkennen, dass er mit dieser Haltung zunehmend allein dastand. Im Jahr 1908 erwies ihm die Universität von Cambridge endlich die Ehre, die er so lange angestrebt hatte: Er wurde zum Professor in der neuen Abteilung für Genetik ernannt. Allerdings war es keine gesicherte Position: Sie war mithilfe des Vermächtnisses eines unbekannten Spenders auf fünf Jahre geschaffen, und es gab keine Garantie, dass danach auch weiterhin Geld fließen würde. Bateson hatte noch immer das Gefühl, dass er und seine Familie von der Hand in den Mund lebten. Als er zwei Jahre später das Angebot erhielt, Leiter des neu eingerichteten und gut ausgestatteten John Innes Horticultural Institute zu werden, nahm er an. Zum ersten Mal in seinem Leben kehrte er Cambridge den Rücken, richtete ein Institut von Grund auf neu ein und zog mit seiner Familie und seinen Experimenten nach Merton

Park, einer Stadt südwestlich von London, in der die Hauptverwaltung des John-Innes-Instituts ihren Sitz hatte. »Einem Mann kann ein Neuanfang in der Mitte des Lebens sehr gut tun«, sagte er, »und ich werde ihn wagen.« Vielleicht entsprach sein Verhalten auch der altgriechischen Vorstellung des Klimakteriums, derzufolge ein Mensch in regelmäßigen Abständen seine Einstellung und seine Lebensumstände einschneidend verändert, und zwar jeweils in einem Alter, das man berechnet, indem man die Zahl sieben mit den ungeraden Zahlen drei, fünf, sieben und neun multipliziert. 1910 war Bateson sieben mal sieben Jahre alt: also 49.

Das Jahr 1910 war aber noch aus einem anderen Grund bedeutsam – es handelte sich dabei um ein Ereignis, das die Hoffnungen und Möglichkeiten eines noch jungen Jahrhunderts versinnbildlichte. Im Oktober dieses Jahres reiste Bateson nach Brünn, um im Kloster St. Thomas an der Enthüllung des zum Gedenken an Mendel errichteten Denkmals teilzunehmen. Es war die erste offizielle Ehrung, die Mendel zuteil wurde – jenem Mann, der mit seinen Versuchen die Grundlage für die Arbeiten seiner Nachfolger geschaffen hatte. Zu diesen Nachfolgern gehörten Correns, de Vries, Sutton, Boveri, Morgan und Dutzende andere, die sich mit der Erforschung der Zellstruktur, der Funktion der Chromosomen und der Genetik beschäftigten.

Die Reise, die Enthüllung, schon allein die Errichtung dieses Denkmals – all das waren Zeichen, dass nunmehr Wissenschaftler auf der ganzen Welt darin übereingekommen waren, dieser eine Mann, der Begründer der Genetik, habe ihnen die richtige Richtung gewiesen. Nun beschritten sie gemeinsam den Weg, den Mendel, der danach strebte, die Menschheit und die Schicksalhaftigkeit unseres Lebens besser zu verstehen, vorgegeben hatte.

19. Eine Statue auf dem Mendelplatz

Und weil der Blütenduft in der Luft
(wo er wie wirbelnde Musik sich hebt und senkt)
lieblicher ist als in der Hand, so ist nichts besser,
als diejenigen Blumen und Pflanzen kennen zu lernen,
welche die Luft mit den besten Wohlgerüchen erfüllen.
Of Gardens, Francis Bacon, 1561–1626

Der Ehrengast aus England gab in seinem Frack doch eine seltsame Figur ab. Warum trug er vormittags um halb elf Uhr keinen normalen Gehrock? Die in London geltende Etikette konnte doch gewiss nicht so völlig anders sein als die hiesige. Zumindest würde man hier in Brünn, in dem damals noch Mähren genannten Land und in den letzten Jahren vor dem Zerfall des Habsburgerreiches, niemanden – ganz gleich, wie gehoben seine gesellschaftliche Stellung war oder für wie wichtig er sich selbst hielt – vor Sonnenuntergang in einem Frack sehen.

Aber da war er nun, der hünenhafte Biologe William Bateson in seiner überraschend formellen Kleidung, und schritt zum Podium. Wir schreiben den 2. Oktober 1910, einen Sonntag, und Hugo Iltis, Biologielehrer an der Brünner Oberrealschule, an der auch Mendel unterrichtet hatte, hatte ihn soeben vorgestellt. Zu Ehren seines inzwischen berühmten Vorgängers und anlässlich dieses bedeutenden Ereignisses hatte Iltis einige der namhaftesten Wissenschaftler der

Welt nach Brünn eingeladen. Bateson räusperte sich und begann zu schreien.

Er musste schreien. Die Zeremonie fand im Freien statt, und die Akustik war schlecht. Selbst wenn er seine Stimme anstrengte, so erzählte ihm später sein Freund Hans Przibram – Professor an der Wiener Universität, bei dem er auf der Hin- und Rückreise Zwischenstation machte –, war er in den hinteren Reihen kaum zu verstehen. Wohl wissend, dass seine Zuhörer verwirrt und unaufmerksam waren, geplagt von dem Lampenfieber, unter dem er stets litt, und verlegen wegen seiner unangemessenen Kleidung, die er später als »lächerlich« bezeichnete, haspelte Bateson eilig seine Rede herunter. Er glaubte, insgesamt nicht länger als vier Minuten gesprochen zu haben.

Wie bedauerlich es doch sei, rief er, dass Gregor Mendel, dessen Denkmal in Kürze enthüllt werden sollte, nicht mehr erleben durfte, wie sehr man seine Arbeit nun ehre. Wie tragisch, dass Mendel, dieser sanftmütige Geistliche, der den größten Teil seines Lebens im Augustinerkloster St. Thomas verbracht und sich im Verborgenen abgemüht habe, gestorben sei, ohne wissen zu können, wie groß sein Einfluss auf nachfolgende Generationen sein würde. Aber man solle nicht nur voller Bedauern an Mendel denken, sagte Bateson. Der Priester habe der Wahrheit ins Gesicht geblickt – und damit sei ihm etwas zuteil geworden, das sicherlich eine der größten Freuden sei, die diese armselige kleine Welt zu bieten habe.

Bateson beendete seine Ansprache mit einem Vers aus einem Gedicht von Friedrich Schiller aus dem Jahr 1785, einem Gedicht, das Beethoven auf der ganzen Welt berühmt gemacht hatte, als er es 1825 in seiner Neunten Symphonie mit der *Ode an die Freude* vertonte. »Alle Menschen werden

Brüder«, rief Bateson in seinem vollen Bariton. Das war etwas, das jeder verstand, zumal die Zuhörer trotz der schlechten Akustik sein Deutsch leichter verfolgen konnten als sein Englisch. Die Tschechen und Deutschen, die sich hier versammelt hatten, waren zudem große Musikliebhaber, insbesondere liebten sie Lieder. Bateson selbst, Schöngeist, der er war, schrieb später an Beatrice, Mähren sei ein »Land der Musik« und die beiden Männerchöre, die vor der Enthüllung des Denkmals sangen, seien »glorios« gewesen. Solch Lob war in Batesons Briefen an seine Frau sonst selten zu finden, typischer für ihn waren die übrigen Bemerkungen über die Enthüllungszeremonie, mit denen er sich über das ungenießbare Essen und das Denkmal selbst beschwerte, das er in »all seiner plumpen Lächerlichkeit« als »banal & schockierend« bezeichnete.

Plumpe Lächerlichkeit? Schockierend und banal? Vielleicht war es das. Bei der Statue, die heute in dem Hof steht, in dem Mendel seine Erbsen züchtete, handelte es sich um eines der üblichen Denkmäler aus weißem Marmor, das eine gewisse Ähnlichkeit mit dem Mann, an den es erinnern sollte, aufwies und umrahmt war von einigen Gegenständen, die den Beitrag versinnbildlichten, den er für die Menschheit geleistet hatte. Wie bei vielen Statuen jener Zeit hatte auch das Gesicht dieser Statue sehr viel romanischere Züge als das Gesicht des Mannes, den sie darstellen sollte. Mendel hatte slawische Züge, ein breites und flaches Gesicht, das »von der großen Bildhauerin Natur ein wenig grob gemeißelt« war, wie es einer seiner früheren Schüler ausdrückte. Doch trotz all der Ungenauigkeiten in der Nachbildung hatte das Gesicht der Statue etwas an sich, das den Menschen Mendel heraufzubeschwören schien. Es trug den sanften, nachdenklichen Ausdruck, der – zumindest der Legende nach, die sich

1910 um Mendel rankte – typisch für ihn war. Da stand er nun also und blickte in die Ferne, als hoffte er, einen Einblick ins Leben selbst zu gewinnen, die Arme ausgestreckt, als wolle er die Zukunft umfangen, und umgeben von einem Basrelief aus Erbsen und Bohnen als Symbol für seine Beziehung zur Natur. Am Fuß der Statue befand sich ein weiteres Basrelief mit zwei kleinen knienden menschlichen Figuren, die die körperliche Liebe und die Fruchtbarkeit symbolisierten – die der menschlichen Vererbung zugrunde liegenden Mechanismen.

Für einen Betrachter des 21. Jahrhunderts mag das Denkmal etwas Banales haben, aber dass Bateson so empfand, überrascht. Vielleicht entsprach es nicht den Maßstäben und dem Feingefühl eines Mannes, der in Cambridge geboren und aufgewachsen war, eines Mannes, der sich unermüdlich um neue Kenntnisse bemüht hatte und auf diese Weise nach Jahrzehnten des Sammelns zu einem Kunstkenner geworden war.

Was Bateson aber schockierend an einem Denkmal fand, das zwar gewöhnlich war, aber ganz gewiss keine Beleidigung darstellte, ist rätselhaft. Vielleicht lag es an den Fehlern in den botanischen Darstellungen des Basreliefs – die Erbsen ranken sich an einem Felsen hoch, was sie in der Natur niemals tun würden, und sie haben Blätter an ihren Hauptachsen, den Stielen der Blütenstände, an denen *Pisum* keine Blätter hat. Vielleicht hat ihn auch die Inschrift schockiert – nicht die Worte, die waren ehrerbietig genug, sondern die Sprache, in der sie verfasst waren. Zu jener Zeit drohte der Streit über die Sprache und ethnische Zugehörigkeit Mähren in zwei Teile zu spalten. Die deutschsprachige Bevölkerung hatte nach wie vor die Herrschaft über die tschechischstämmigen Einwohner inne und unterdrückte, wie zu Lebzeiten Mendels, alle nationalen Bestrebungen der Tschechen; man befürchtete, wenn man den offiziellen Gebrauch der tschechischen Sprache erlaubte, würde das unter der Mehrheit der Bevölkerung erst recht Patriotismus entfachen. Was für ein Schlag ins Gesicht musste es demnach für die Tschechen sein, dass die Inschrift des Denkmals – »Dem Naturforscher P. Gregor Mendel/1822–1884/Errichtet 1910 von Freunden der Wissenschaft« – allein in deutscher Sprache verfasst war. Bateson war sich dieser Spannungen vielleicht bewusst, und obwohl er sich den tschechischen Patrioten vermutlich nicht besonders verbunden fühlte, neigte er von Natur aus dazu, sich auf die Seite der Unterdrückten zu stellen.

Welche Beleidigung war es darüber hinaus, dem regierenden Abt des Klosters St. Thomas, den tschechischen Nationalisten Franciscus Salesius Bařina, nicht Gelegenheit zu einer Rede zu geben – ein besonders schlimmes Versäumnis, war er doch einer der wenigen, die Mendel noch gekannt hatten, da er fast 30 Jahre zuvor von Abt Mendel persönlich in das Kloster aufgenommen worden war. Und schließlich war es ausgesprochen unhöflich, die kleine Ausstellung mit Dokumenten von Mendel, die man anlässlich der Feierlichkeiten für die zu Besuch weilenden Wissenschaftler zusammengestellt hatte, nicht im Kloster unterzubringen, wo Bařina die Gäste hätte empfangen können, sondern in einer städtischen Einrichtung, dem Deutschen Haus.

Die Würdenträger, die der Denkmalsenthüllung beiwohnten – ebenso wie jene, die ihr fern blieben –, bezogen allein durch ihre Anwesenheit oder Abwesenheit Stellung zu Gregor Mendel und der eigentlichen Rolle, die er bei der Entstehung eines neuen wissenschaftlichen Gebietes gespielt hatte, dem Bateson nur wenige Jahre zuvor den Namen Genetik gegeben hatte. Einige blieben vor allem deswegen fern, weil sie der Ansicht waren, dass Mendel bei der Bildung dieser neuen Disziplin eine zu hohe Bedeutung beigemessen wurde. Dabei handelte es sich um Vorgänger der modernen Revisionisten, jener Wissenschaftshistoriker, die behaupten, dass Mendel aus völlig falschen Gründen als Vater der Genetik gefeiert wird – nicht weil er irgendwelche besonderen Einblicke gewann (oder dazu in der Lage war), sondern weil er sich als das geeignete Banner anbot, unter dem die Wiederentdecker, insbesondere Bateson, ihre Truppen sammeln konnten, um den Sieg in den wissenschaftlichen Schlachten, die schon längst im Gange waren, davonzutragen. Aber diese Sichtweise wird, damals wie heute, der großartigen Leistung Mendels nicht gerecht. Vielleicht hat er, in einer Zeit weit vor den im 20. Jahrhundert gewonnenen Erkenntnissen über die Gene, nicht genau gewusst, was seine Ergebnisse tatsächlich bedeuteten, aber er gelangte zu diesen Ergebnissen auf logische, wissenschaftliche Weise und war damit zweifellos der erste in der Phalanx moderner Genetikforscher. Indem er Methoden anwandte, die sich von denen seiner Zeitgenossen, die sich mit der Bastardierung beschäftigen, erheblich unterschieden – aber seinem Leben als Mönch, der über Zeit und Geduld, geistige Größe und Ausdauer verfügte, entsprechen –, verwandelte er einige brauchbare Erkenntnisse in wissenschaftliches Gold. Er verfügte über den erforderlichen Spürsinn, um seine Versuche über mehrere Generationen hinweg durchzuführen, jedes Merkmal unabhängig von allen anderen zu untersuchen, seine Ergebnisse auszuwerten und nach den mathematischen Beziehungen zu suchen, die zwischen ihnen bestanden.

Vielleicht stimmt es, dass er niemals die Gesetze der Vererbung verstanden hätte, die sich dank der Fortschritte in der Zellbiologie, im evolutionären Denken und in der statistische Analyse um 1910 deutlicher herausbildeten. Aber es wäre ungerecht, wenn man zuließe, dass Mendels Kritiker, einstige und heutige, ihn deshalb diskreditieren, weil er nur die ersten vorsichtigen Schritte auf dem schwierigsten, rätselhaftesten und materialistischsten Gebiet der Biologie gewagt hat. Wer kann sagen, wie – oder auch nur wann – die Genetik stattdessen ihren Anfang genommen hätte, wenn er diese ersten Schritte, wie zaghaft auch immer, nicht gewagt hätte?

Auffällig war, dass Hugo de Vries bei der Enthüllung der Statue fehlte. Der holländische Botaniker wollte wohl nicht einfach nur als einer der drei Wiederentdecker Mendels im ereignisreichen Frühling des Jahres 1900 in die Geschichte eingehen. Aber zu seinem großen Missfallen hatte er in den vergangenen zehn Jahren miterleben müssen, dass sein Name mit dem Namen Gregor Mendels untrennbar verbunden blieb, jenes Vorgängers, der zuletzt ein an Verachtung grenzendes Gefühl in ihm hervorrief. Er wollte als innovativer Botaniker und Evolutionsforscher in seinem eigenen Namen anerkannt werden. Er wollte, dass ihn seine Theorien zur Vererbung und Entstehung der Arten – die Erweiterung der darwinschen Lehre durch seine eigenen Theorien zur Mutation und intrazellularen Pangenesis – unsterblich machten. Deshalb hatte er sich auch geweigert, das Gesuch mit der Bitte um Gewährung finanzieller Mittel für die Marmorstatue zu unterzeichnen, und er hatte die Einladungen von Hugo Iltis, der schließlich als Biograph Mendels zu Ehren gelangen sollte, an dem Ereignis teilzunehmen, entschieden abgelehnt. Zwölf Jahre später, als der 100. Geburtstag Mendels die Gelegenheit zu einer größeren Feier als damals zur

Enthüllung der Statue bot, wurde de Vries sogar ausgesprochen grob. »Die Glorifizierung Mendels«, schrieb er, »ist eine Modeerscheinung, die ein jeder mitmachen kann, auch wenn er keine Ahnung hat, worum es geht; diese Mode wird irgendwann wahrscheinlich vorübergehen.«

Ein zweiter Wiederentdecker nahm genau die entgegengesetzte Haltung ein. Der Österreicher Erich von Tschermak nahm nicht nur an der Enthüllung der Statue teil, sondern war auch an den Feierlichkeiten maßgeblich beteiligt. Er pflegte seinen Ruf als Wiederentdecker, da er wusste, dass er mit ihm auf größere Anerkennung stoßen würde, als es aufgrund seiner eigenen botanischen Studien jemals möglich war. Tschermak war in dem Komitee tätig, das sich um die Beschaffung der erforderlichen 4000 Kronen zur Errichtung der Statue kümmerte und Geld bei Genetikern und Botanikern auf der ganzen Welt sowie einigen großen Stiftungen und den guten Leuten von Brünn sammelte. Tschermak hielt am Morgen der Einweihung die zweite Rede, nach den Darbietungen der Chöre und einer Begrüßungsansprache von Iltis. Und sie entsprach ganz der Selbstinszenierung, die man mittlerweile von Tschermak erwartete. Einige Jahre nach der Enthüllung kamen Zweifel auf, ob er überhaupt als ein echter Wiederentdecker gelten konnte, da er die mendelschen Zahlenverhältnisse doch niemals verstanden zu haben schien. Später, in den dreißiger und vierziger Jahren des 20. Jahrhunderts, als Tschermak zu einem überzeugten Nazi und Eugeniker geworden war, fiel es leicht, ihn kurzerhand als Mann zu betrachten, der nicht über den wahren wissenschaftlichen Forschergeist verfügte.

Der dritte Wiederentdecker, der Deutsche Carl Correns, tat für die Denkmalseinweihung kaum mehr, als seinen Namen unter das Bittgesuch zur Beschaffung von Geldmitteln zu setzen. Er trat bei den Feierlichkeiten nicht öffentlich in Erscheinung. Aber es war typisch für Correns, sich unbemerkt im Hintergrund zu halten – lässt man jenen denkwürdigen Tag im April 1900 außer Acht, als er feststellen musste, dass de Vries ihm ein zweites Mal mit einer Veröffentlichung zuvorgekommen war, und darüber in heftige Wut geriet. Wenn man bedenkt, dass er eine führende Rolle bei der Verbreitung der mendelschen Lehre in der wissenschaftlichen Welt gespielt hatte – immerhin war es Correns, der Mendels Regeln einen Namen gegeben hatte –, ist es äußerst merkwürdig, dass er keine Funktion bei den Festlichkeiten übernahm.

Nach dem Festakt und der feierlichen Enthüllung des Mendel-Denkmals mit all den Fahnen und Blumengebinden und den Chören, die auf dem Klosterplatz sangen – der bald darauf in Mendelplatz umbenannt werden sollte –, blieb ein leises Gefühl der Enttäuschung zurück. Hugo Iltis, der als örtlicher Veranstaltungsleiter und offizieller Chronist auf dieses Ereignis so hart hingearbeitet hatte, empfand eine seltsame Leere. 14 Jahre später schrieb er die erste offizielle Biographie über Mendel – *Gregor Johann Mendel. Leben, Werk und Wirkung*. In diesem Buch erklärte Iltis, das Denkmal sei nichts weiter als ein Denkmal, ein bloßes Symbol verglichen mit dem, was Mendel tatsächlich hinterlassen hat: die Genetik. »Die dankbare Forschung aber hat dem Namen Mendel ein Denkmal gesetzt, dauernder und ragender als alle Monumente aus Stein und Erz«, schrieb er 1924, »indem sie nicht nur die ganze neue Forschungsrichtung des ›Mendelismus‹ bezeichnete, sondern auch für das Verhalten aller Lebewesen, welche bei der Vererbung ihrer Eigenschaften den mendelschen Gesetzen folgen, das Zeitwort ›mendeln‹ prägte. In diesen Worten wird Mendels Name weiterleben, so lange es eine Wissenschaft gibt.«

Die Statue und insbesondere ihr Standort sollten in den darauf folgenden Jahren eine ganz eigene symbolische Bedeutung erlangen. 1950, in den finsteren Zeiten, als die Kommunisten versuchten, die Geschichte der Genetik umzuschreiben, schaffte die tschechoslowakische Armee das Denkmal mitten in der Nacht fort. Die Behörden ließen das Marmorpodest entfernen und den steinernen Mendel in einer Ecke im Hinterhof des Klosters aufstellen, das die früheren Zellen der Mönche an Regierungseinrichtungen vermietet hatte. Niemand gab eine Erklärung für die merkwürdige Verlegung der Statue an diesen abseits gelegenen Ort. Die Ereignisse, die in den nächsten 20 Jahren im Sowjetblock stattfinden sollten, machten jedoch klar, dass Mendel nicht länger als Held betrachtet wurde, den es zu feiern galt. Es war die Ära des Lysenkoismus, benannt nach dem sowjetischen Landwirtschaftsminister Trofim Lysenko, der in den Rängen der Kommunistischen Partei aufgestiegen war, als er die klassische Genetik als Häresie angeprangert hatte. Stattdessen vertrat er die Ansicht, dass in der geeigneten Umgebung Pflanzen, Tiere und Menschen ungeachtet ihrer genetischen Einschränkungen zu allem geformt werden konnten, was die Gesellschaft benötigte. Seine Verachtung für die klassischen Genetiker wie Gregor Mendel und Thomas Hunt Morgan war so groß, dass zu seinen ersten Amtshandlungen als Leiter des Genetischen Instituts in Moskau die Anweisung zählte, alle Fruchtfliegen mit kochendem Wasser zu töten.

Die Welt der Genetik veränderte sich, selbst im Sowjetblock, als dem Amerikaner James Watson und den beiden Engländern Francis Crick und Maurice Wilkins im Jahr 1962 der Nobelpreis verliehen wurde. Die Entdeckung der Struktur der DNS – des Moleküls, aus dem jedes Gen auf der Erde in Form der mittlerweile weithin bekannten Doppelhelix aufgebaut ist – erlaubte es ihnen, und später ihren Kollegen, Rückschlüsse auf den Mechanismus zu ziehen, durch den sich die DNS Generation für Generation reproduziert. Der Vorgang der DNS-Reproduktion wiederum erklärt, auf welche Weise sich die Gene reproduzieren und in einer festgelegten und vorhersagbaren Reihenfolge in den Chromosomen, die jede lebende Spezies kennzeichnen, erhalten bleiben. Durch die Erkenntnisse von Watson und Crick nahmen die Beobachtungen, die Mendel nur ansatzweise erklären konnte, Form an.

Plötzlich wurden auf der ganzen Welt die Genetiker als Helden gefeiert. 1964, dem Jahr, in dem der sowjetische Ministerpräsident Nikita Chruschtschow seiner Ämter enthoben wurde, konnte eine private Gruppe von Wissenschaftlern die tschechoslowakische Regierung dazu bewegen, die Statue Mendels erneut umzusetzen, dieses Mal in den zugänglicheren der beiden Klosterhöfe, in dem Mendel seine Versuche durchgeführt hatte. Statt mit majestätischer Geste, mit ausgestreckten Armen und allwissendem Blick, auf den von geschäftigem Treiben erfüllten Mendelplatz zu zeigen – der nun unter seinem tschechischen Namen Mendlovo náměstí bekannt ist –, wirkte der marmorne Mendel an seinem neuen Standort bescheidener, sanfter und mehr dem Geist entsprechend, der den Priester, den Abt und den Mann geleitet hatte. Er schien zugleich aus dem wuchernden Immergrün, das die Statue umrankte, herauszuwachsen und in ihm zu versinken. Die große marmorne Treppe, die zerstört worden war, wurde durch ein einfaches Betonpodest ersetzt, auf dem die Statue kaum höher stand als die Leute, die kamen, um sie zu betrachten.

Nach der friedlichen Revolution von 1989 boten die neuen Führer der demokratischen tschechischen Republik, die bestrebt waren, mit den Fehlern der Vergangenheit aufzuräumen, an, die Statue wieder an ihrem ursprünglichen Standort aufzustellen. Der Mendlovo námestí war zu diesem Zeitpunkt kaum mehr als ein mit dürrem Gras bewachsenes Dreieck, das von drei sich kreuzenden Straßenbahngleisen gebildet wurde und von denselben vierstöckigen Gebäuden gesäumt war, die schon im Jahr 1910 dort gestanden hatten und in denen sich jetzt Schönheitssalons, Gaststätten, Bekleidungsgeschäfte und einige dunkle, verlassene und trostlose Wohnungen mit zerbrochenen Fensterscheiben befanden.

Die Vertreter des Mendelianums, eines kleinen Museums mit Ausstellungsstücken zu Mendels Leben und Lehre, das im ehemaligen Refektorium des Klosters untergebracht war, hielten die Verlegung an einen so verlassenen Ort für keine gute Idee. Mendel gehöre dorthin, wo er sich jetzt befinde, sagten sie, in den Innenhof, an einen stillen, pflanzenbewachsenen Ort, der immer noch eine gewisse Würde ausstrahle. Wenn Mendel ein Wort hätte mitreden können, argumentierten die Fachleute, hätte er sich diesen Platz in der Nähe der Orangerie ausgesucht, von wo aus er seinen Garten überblicken konnte.

Deshalb blickt die Statue nun also nach Süden, in Richtung des Streifen Landes, auf dem er seine Erbsen pflanzte. Um das Fehlen der reich verzierten Marmorstufen zu kaschieren, pflanzen die Klostergärtner jedes Jahr im Frühling und im Herbst zwei Reihen von *Pisum sativum* am Fuß der Statue. An einem Morgen im Mai stehen die Pflanzen ungefähr 15 Zentimeter hoch, ihre ovalen Blätter breiten sich aus wie Hände im friedlichen Gebet. Da sich ihre Triebe an keinen Stützen festklammern können, neigen sie sich den benachbarten Pflanzen zu, und es scheint fast so, als habe sich ein Gärtner bemüht, eine Art Gemeinschaft zu schaffen – ebenjene Gemeinschaft, die Mendel zu seinem unendlichen Kummer und seiner großen Enttäuschung sein Leben lang verwehrt blieb.

Epilog: Ein neuer Frühling

Ein Garten ist daher ein begrenzter Ort,
an dem der Gärtner [...], indem er mit der Natur
oder gegen sie arbeitet, ein Stückchen Land
geschaffen hat, das Vergnügen bereiten soll. [...]
Und die Natur? Die Natur trägt am Ende immer
den Sieg davon.
THE GARDENER'S GRIPE BOOK, Abby Adams

Auf der Reise, die ich schließlich antrat, um Mendels Kloster in der heute zur Tschechischen Republik gehörenden Stadt Brno meine Reverenz zu erweisen, begleitete mich meine Tochter. Als wir auf der Wehrmauer der Burg Spielberg standen, das Kloster St. Thomas weit unter uns, empfanden wir beide ein seltsames Glücksgefühl. Es war kein besonderes Vergnügen gewesen, so viel Zeit in dieser unfreundlichen, düsteren Stadt zu verbringen, die immer noch, selbst an einem strahlenden Maitag, mit Schaudern an die Zeiten der Sowjetherrschaft denken lässt. Aber wenn ich verstehen wollte, welchen Platz Mendel in der Geschichte der Genetik wirklich einnimmt, musste ich hierher kommen. Es gab keine andere Möglichkeit, mir all die Informationen zu beschaffen, die ich brauchen würde, um Mendel gründlich kennen zu lernen und aus einem heroischen Gründervater wieder ein menschliches Wesen mit Schwächen, aber auch mit überragenden Geistesgaben zu machen.

Und nun war ich also gemeinsam mit meiner halbwüchsigen Tochter in Brno und machte mich auf die Suche nach Informationen. Ich ging die Straßen, die Mendel gegangen war, schritt tief in Gedanken versunken im Garten auf und ab, wie es Mendel getan hatte. Ich gab meinen ausgehungerten postmodernen amerikanischen Sinnen Nahrung: Ich hörte den misstönenden Schlag der Glocken des Uhrturms auf dem Bibliotheksgebäude, sah, wie die Dämmerung alles mit einem oszillierenden Blau überzog, das meine Tochter als »Tiptonblau« bezeichnete, die Bezeichnung für die Bühnenbeleuchtung, welche diesen ungewöhnlichen Saphirschimmer erzeugt, roch den Geruch von Bier aus der Brauerei und beobachtete eine Amsel, die sich auf einem 100 Jahre alten Baum niederließ.

Nur wenige Tage bevor wir zu unserer Reise in die Tschechische Republik aufbrachen, waren in den Zeitungen Berichte erschienen, in denen ein neues Verfahren der Gentechnologie beschrieben wurde, das alles, wofür Mendel gearbeitet hatte, über den Haufen zu werfen schien. Im Gegensatz zu Mendel, der versucht hatte, anhand der Nachkommen seiner Pflanzen herauszufinden, wie vererbte Merkmale weitergegeben werden, entwickelten die modernen Pflanzengenetiker Methoden, um die Pflanzen daran zu hindern, irgendwelche Merkmale weiterzugeben. Sie versuchten, die Pflanzen unfruchtbar zu machen, und das nur, um Patente schützen zu können. Der erste Schritt bestand in der genetischen Veränderung des Saatguts, dem Gene eingesetzt wurden, um es resistent gegen Krankheiten zu machen oder die Ertragsfähigkeit zu steigern. Wenn diese neuen Arten von Mais und Soja Gewinn bringen sollten, mussten die Wissenschaftler allerdings eine Möglichkeit finden, die verhinderte, dass die Landwirte die Saaten aus dem vergange-

nen Jahr für die Aussaat im darauf folgenden Frühling auf-
bewahrten, wie sie es sonst taten. Das Problem ließ sich lösen, indem man in das gentechnisch veränderte Saatgut ein
weiteres Gen einpflanzte: ein Gen, das zur Selbstzerstörung
führte. Wenn das Saatgut erst einmal nicht mehr keimfähig
wäre, müssten die Bauern jedes Jahr vor der Aussaat erneut
von Biotechnik-Unternehmen Saaten zukaufen.

Die Diskussion über das Zerstörer-Gen in Pflanzen ist die
jüngste einer langen Reihe von Diskussionen über die Frage,
wohin uns die moderne Genetik führt. Seit Jahren muss sich
diese Disziplin mit gesellschaftspolitischen Fragen auseinander setzen, wobei jedes Mal wenn die Genetiker eine neue
Erkenntnis gewonnen haben, Unheilspropheten ihre Stimme erheben und Furcht erregende Szenarios entwerfen. Zurzeit sieht es so aus, als ob sich einige ihrer düstersten Prophe-
zeiungen erfüllen würden. Man muss nur die Zeitung
aufschlagen. Männer werden nach ihrem Tod mithilfe ihres
eingefrorenen Spermas Väter. Tiere werden genmanipuliert,
um als Fabriken für Medikamente zu dienen, dann werden
sie geklont, damit mehr Tiere den gleichen Nutzen erbringen. Kleine Mädchen werden mit modifizierten Viren
geimpft, deren krankheitserregende Eigenschaften durch ge-
sunde Gene ersetzt wurden, die den Mädchen bei der Geburt fehlten. Die gesamte Enzyklopädie des menschlichen
Genoms ist DNS-Stückchen für DNS-Stückchen in der
richtigen Reihenfolge entschlüsselt und sagt uns mit erschre-
ckender Präzision, was es heißt, normal zu sein.

So weit sind wir also seit den Anfängen der Genetik, seit
Mendel und Nägeli, Correns und de Vries, Bateson und Weldon schließlich gekommen. So weit jedenfalls, dass wir uns
fragen sollten, was wohl als Nächstes kommen mag.

Zu Beginn des 21. Jahrhunderts wissen wir vielleicht mehr,

als wir über unsere Gene und die aller anderen Lebewesen, mit denen wir uns diesen Planeten teilen, wissen müssten – oder jemals erfahren wollten. Was wollen wir wirklich wissen? Mir zumindest ist klar geworden, dass ich weniger über mein genetisches Erbe wissen möchte, als ich gedacht hatte. Meine Tochter und ich, die wir gemeinsam zurück in eine Zeit gereist sind, in der man gerade erst begann, die Faktoren, die bei der Vererbung eine Rolle spielen, zu enthüllen, wissen aus eigener Erfahrung, welchen Schaden ein einziges defektes Gen anrichten kann. Jede von uns trägt vielleicht ein dominantes Gen in sich, das die fortschreitende Krankheit verursacht, an der mein Vater gestorben ist.

Es gibt einen Test, der uns sagen könnte, ob wir dieses Gen in uns tragen. Ich habe mich gegen diesen Test entschieden. Aber meine Tochter möchte ihn machen lassen. Wenn sie sich Klarheit über ihr genetisches Schicksal verschafft, was zweifellos ihr gutes Recht ist, werde ich ebenfalls etwas über mein Schicksal erfahren, auch wenn ich das gar nicht wollte. Da das Krankheitsgen dominant ist, kann sie es nur in sich tragen, wenn ich es an sie weitergegeben habe. Sollte ihr Testergebnis positiv sein, würde ihr Wissen zu meinem Wissen werden.

Wissen ist Macht, daran besteht kein Zweifel; das haben uns die letzten 100 Jahre der Genetikforschung gelehrt. Aber Wissen kann auch eine Katastrophe sein, wie die Geschichte der Menschheit auf schmerzhafte Weise deutlich macht. Es gibt keinen harmlosen Tüftler, der still in seinem Klostergarten vor sich hin arbeitet. Mendel stellte die, oberflächlich betrachtet, unschuldige Frage, auf welche Weise Merkmale von Eltern an Nachkommen weitergegeben werden, aber sein besonderes Genie brachte ihn dazu, die Geheimnisse der Vererbung zu enträtseln, den Mechanismus des Lebens selbst.

Je mehr Entdeckungen wir machen – wie die Zelle arbeitet, wie Informationen von einer Generation an die nächste weitergegeben werden und wie man diesen Vorgang unterbrechen, manipulieren und in eine andere, unnatürliche Richtung umlenken kann –, umso mehr Fragen müssen wir uns stellen, eine nach der anderen, in endloser, sich wiederholender Vielfalt. Und nachdem alle Fragen beantwortet sind und neue Fragen gestellt und ebenfalls beantwortet sind, werden wir uns vielleicht immer noch fragen, was es eigentlich genau war, das wir wissen wollten.

Anhang

DANKSAGUNG

Die Gartenarbeit, die ich am ernsthaftesten betreibe,
würde auf einen Betrachter sehr merkwürdig wirken,
da ich dabei manchmal stundenlang im Kreis herumgehe
und anscheinend nichts tue.
GARDEN ARTISTRY, Helen Dillon

Es hat mir großes Vergnügen gemacht, für diese Geschichte
zu recherchieren und sie zu erzählen. Ich verdanke es in erster Linie der Alfred P. Sloan Foundation, insbesondere Do-
ron Weber, der das Programm leitet, mit dem der Öffentlichkeit Wissenschaft und Technik nahe gebracht werden soll.
Ein Stipendium der Sloan Foundation ermöglichte es mir,
im eigenen Land und in Europa Reisen zu unternehmen, um
Interviews mit Fachleuten zu führen und den Fußspuren
Gregor Mendels und seiner geistigen Erben zu folgen.

Ich habe unterwegs einige bemerkenswerte und aufge-
schlossene Menschen getroffen: Will Provine von der Cornell University, der mich allein durch seine Begeisterung
dazu gebracht hat, meine Vorstellungen über den Mythos,
der sich um Mendel rankt, neu zu überdenken; Onno Meijer
von der Freien Universität Amsterdam, bei dem ich einen
aufregenden, mit Gesprächen angefüllten Tag lang zu Gast
war und der mich zu zwei wunderbaren chinesischen Essen
ausführte; Lindley Darden von der University of Maryland,
die mich im Frühjahr 1999 an ihrem Seminar über die Ge-

schichte der modernen Biologie teilnehmen ließ; und Bob Olby von der University of Pittsburgh, mit dem ich einen interessanten, wenn auch verregneten Nachmittag verbracht habe.

Die Archivarin Elizabeth Stratton vom John Innes Centre in Norwich, England, in dessen John Innes Foundation Trustees Historical Collections sich eine umfangreiche Sammlung der Briefe Batesons befindet, war ausgesprochen hilfsbereit, ebenso ihre Assistentinnen Ingrid Walton und Rachel Lewis und ihre Vorgängerin Rosemary Harvey. An der Universität von Cambridge genoss ich ein herrliches Mittagessen mit dem Wissenschaftshistoriker Jim Secord und eine schöne Kaffeestunde mit Patrick Bateson, dem Vorsteher des King's College und, wenn ich den Familienstammbaum richtig gelesen habe, William Batesons Urgroßneffe. David Roe und Judy Goodman, Hobbyhistoriker bei der John Innes Society in der Abteilung in Merton Park im Südwesten Londons, gaben mir eine Führung durch Batesons früheres Wohnhaus (jetzt die Rutlish School für Jungen) und erzählten mir viele Geschichten über die interessantesten Bewohner des Viertels vergangener Tage und heute. Ich verbrachte fast eine Woche in Brno in der Tschechischen Republik und brütete über alten Dokumenten, streifte durch das Kloster St. Thomas und lief mit Anna Matalová, der Leiterin des Mendelianums, durch die Straßen, außerdem verbrachte ich einen Nachmittag mit Vitezslav Orel, dem pensionierten ehemaligen Museumsleiter und weltweit führenden Experten für Mendel.

Ihnen allen gilt mein Dank, außerdem Dennis Stevenson von den New York Botanical Gardens; Rob Cox von der Bibliothek der American Philosophical Society; Mike Ambrose vom John Innes Centre; Simon Mawer, Autor von

Mendel's Dwarf; Naomi Davies und Godfrey Waller von den Bibliotheken in Cambridge; den Bibliothekaren des Smith College; Paul Bottino von der University of Maryland; Norm Weeden von der Cornell University; Roger Blumberg, Schöpfer des wunderbaren Mendel Web; Marek Havrda von der Karlsuniversität in Prag; Jiri Sekerak, Marcela Sohajkova, Zdenek Polcak und Helena Kostkova vom Mendelianum; Chandak Sangoopta vom Wellcome Institute for the History of Medicine in London; und Jane Garmey, in deren schöner Anthologie *The Writer in the Garden* ich viele Motti für die Kapitel gefunden habe. Ich danke der Familie Hamnett für ihre Gastfreundschaft während meines Aufenthalts in London und meinen alten Freunden Anne Derbes und Bob Schwab für die großzügige Überlassung ihres Strandhauses, das mein Lieblingsort zum Schreiben ist.

Die Schriftsteller, die das ganze Manuskript oder Teile davon gelesen haben – Pat McNees, Erik Larson, Rob Kanigel und andere – erwiesen sich wieder einmal, als ob es eines Beweises bedurft hätte, als gute Freunde, und ich bin glücklich, sie zu kennen. Zusammen mit anderen Mitgliedern unseres kleinen Kreises von Schriftstellern – insbesondere Lynne Lamber, Ed Regis, Aaron Levin, Jim Dilts und Linda Lear – gaben sie genau die richtige Dosis von Rat und Ansporn. Zu meinen anderen geschätzten Lesern gehören Onno Meijer, der mir in der ihm eigenen Mischung aus Offenheit, Scharfsinnigkeit und Zuneigung kluge – und gelegentlich schmerzhafte – Kommentare per E-Mail zukommen ließ; Bob Donaldson, der Lieblingslehrer meiner Tochter und ein wahres Universalgenie; und Clare Marantz, meine Mutter, die mir mehr geholfen hat, als sie ahnte. Meine Agentin, Jean V. Naggar, bot mir hilfreiche Unterstützung, ebenso Peg Anderson, meine Redakteurin, die immer das richtige Gespür hatte.

Und einige freundliche sprachkundige Menschen – Jason Owens und Laura Passin für Deutsch, Sharon Wolchik und Marketa Chromkova für Tschechisch, Carolyn Rogers für Latein – versorgten mich mit Übersetzungen, wann immer ich sie darum bat.

Anton Mueller, mein Lektor bei Houghton Mifflin, war einfach erstaunlich. Er betreute und gestaltete das Buch in jeder Phase seiner Entstehung mit einer Klugheit, die oftmals, im wahrsten Sinne des Wortes, umwerfend war. Ihm gilt mein uneingeschränkter Dank.

Wie auch meiner kleinen Familie. Meine ältere Tochter Jess, die am Smith College ihren Abschluss in Wissenschaftsgeschichte macht, war mir eine echte Partnerin beim Schreiben dieses Buchs. Neben all ihren anderen erstaunlichen Eigenschaften ist sie eine kluge Forschungsassistentin, Redakteurin, Illustratorin und Fotografin, darüber hinaus eine liebenswerte Reisebegleiterin. Meine jüngere Tochter Samantha half mir über viele Stunden der Verzweiflung hinweg, indem sie mich auf den Boden der Tatsachen zurückbrachte, auf dem sie mit beiden Beinen steht. Und mein Ehemann Jeff war wieder einmal mein Resonanzboden. Was er immer schon gewesen ist, bleibt er auch weiterhin, in guten und in schweren Zeiten, bei meiner Schreibarbeit und in allen anderen Bereichen meines Lebens: eine ständige Quelle des Trostes und mein aufrichtiger, geliebter Freund.

ANMERKUNGEN

Unkraut jäten ist wie Hausarbeit [...]
Es ist eine penible Arbeit.
Man kann Kleinigkeiten gar nicht genug Bedeutung
beimessen und muss alles ganz genau ansehen.
MY WEEDS: A GARDENER'S BOTANY, Sara Stein

Meine Bücherregale biegen sich unter der Last von Büchern über Mendel und den Mendelismus, über Genetik und Evolution, über wissenschaftliche Entdeckungen und das Wesen des Genies. Meine Aktenordner platzen aus allen Nähten von den vielen fotokopierten Artikeln, die sich auf Mendels Aufsatz beziehen, auf seine Wiederentdeckung und auf Darstellungen von de Vries, Correns und Bateson und Weldon bis hin zu dem, was einmal »die Reifikation Mendels« genannt wurde. Würde ich, wie das in Lehrbüchern gemacht wird, einfach sämtliche Bücher und Artikel auflisten, wäre das nicht besonders hilfreich; schließlich habe ich nur ein paar wenige davon immer wieder zu Rate gezogen. Diese Quellen habe ich in meine Auswahlbibliographie aufgenommen.

Wenn Sie eine ausführlichere Bibliographie wünschen, sehen Sie auf meiner Website nach (*www. monkinthegarden.com*). Dort findet sich eine Liste all der Bücher, die sich in meinen Regalen stapeln und aus meinen Aktenordnern hervorquellen. Dort werden Sie auch einige der wichtigsten

Artikel finden; diese sind in der Bibliographie mit Asteris-
ken gekennzeichnet.

Bevor ich Ihnen nun aber meine Auswahlbibliographie
vorstelle, möchte ich die Quellen, auf die ich mich in den jeweiligen Kapiteln gestützt habe, im Einzelnen aufführen und
einige der Gedanken vertiefen, die ich dort nur am Rande
behandeln konnte.

Prolog: Frühjahr 1900

Der Bericht über Batesons Eisenbahnfahrt am 8. Mai 1900 beruht auf den Erinnerungen seiner Witwe Beatrice Bateson, die sich in ihrer Einleitung zu seinen gesammelten Schriften (*William Bateson, FRS, Naturalist*, S. 73) findet. Dieser Darstellung wurde von dem Historiker Robert Olby in seinem Aufsatz »William Bateson's Introduction of Mendelism to England: A Reassessment« widersprochen.

Ich traue Olbys Darstellung mehr als der Beatrice Batesons, aber mich fasziniert die Legende, die um das vermeintliche Erlebnis im Zug entstanden ist und die einen ganz eigenen Reiz hat. Ich gebe sie daher so wieder, wie sie von den Batesons verbreitet wurde, und werde sie an anderer Stelle in diesem Buch aus einem anderen Blickwinkel darstellen.

Im Gewächshaus

Die biographischen Daten und die Darstellung Brünns und des Thomasklosters beziehungsweise Altbrünner Stifts stammen aus den zwei gültigen Biographien Mendels. Die ältere der beiden, *Gregor Johann Mendel. Leben, Werk und Wirkung*, wurde 1924 veröffentlicht und stammt von Hugo Iltis. Diese war das Standardwerk über Mendels Leben, bis 1996 eine modernere Mendel-Biographie, *Gregor Mendel: The First Geneticist*, von Vítězslav Orel erschien. Ich habe mich in meinen Ausführungen auf beide Autoren gestützt und benutze in den Anmerkungen die Verweise Iltis und Orel.

Anna Matalová, Leiterin des Mendelianums (das Mendel-Museum in Brünn), hat mir während meines Besuchs im

Mai 1999 vom klösterlichen Leben zu Zeiten Mendels berichtet.

2. Südlage

In den meisten Darstellungen dieses Kapitels stütze ich mich auf Orel; die Erinnerungen der Schüler stammen von Iltis. Mendels witziger Kommentar über den Bischof wird in der Mitschrift einer Aufführung von Richard M. Eakin von der University of California in Berkeley erwähnt, der wie Gregor Mendel in ein Mönchsgewand aus den 1880ern gekleidet war. Diese Aufführung fand im Rahmen eines Symposiums zu dem Thema »Science as a Way of Knowing – Genetics« anlässlich der Jahreskonferenz der American Society of Zoologists vom 27. bis 30. Dezember 1985 in Baltimore statt. Die Mitschrift findet sich in Eakins Sammlung »Great Scientists Speak Again« von der University of California Press im Jahre 1985; ein Nachdruck wurde in *American Zoologist* 26 (1986, S. 749 ff.) veröffentlicht.

3. Zwischen Gott und den Wissenschaften

Nietzsche erklärte in *Also sprach Zarathustra*, veröffentlicht 1883, dass Gott tot sei. Allerdings scheint Gott drei Mal in der Geschichte des Christentums gestorben zu sein, nämlich immer dann, wenn sich das von der Religion angeregte Interesse an der Natur unversehens gegen diese selbst wendete. Das erste Mal, als Aquinas das Studium der Natur empfahl, da er überzeugt war, es würde den Glauben stärken; der Fall Galileo zeigt, dass das nicht unbedingt zutraf. Das nächste

Mal, als die Naturwissenschaften während der Französischen Revolution zum Kernstück der Religion erklärt wurden – allerdings machte die Aufklärung Gott überflüssig, da die Naturwissenschaften als ein von der religiösen Glaubenslehre völlig unabhängiger Ausgangspunkt betrachtet wurden. Und schließlich kollidierte die Theorie, die Darwin Ende des 19. Jahrhunderts vorbrachte, mit der Kirchendoktrin, wie ich in Kapitel 9 zeigen werde.

4. Zusammenbruch in Wien

Zu Mendels Prüfungen siehe das Kapitel »Die verunglückte Lehramtsprüfung« in Iltis' Biographie. Mendels Aufsatz zur Zoologie kann auf der genannten Website eingesehen werden.

Mein Dank geht an Onno Meijer, der mich auf die »Flut von Zahlen« aufmerksam gemacht hat, die man zu Lebzeiten Mendels einsetzte und Berechnungen von Comte (Morde durch Erstechen), Galton (Größe der Soldaten) und Florence Nightingale (Todesursachen) nach sich zog; der Ausdruck selbst stammt von Ian Hacking: *The Emergence of Probability: A Philosophical Study of Early Ideas about Probability, Induction and Statistical Inference* (London, New York 1975).

5. Wieder im Garten

Viele der Einzelheiten in diesem Kapitel stammen von Orel, von anderen habe ich durch Onno Meijer über E-Mail oder aus persönlichen Gesprächen Kenntnis erhalten (über die fortschrittlichen Tendenzen unter den mährischen Katholiken im späten 19. Jahrhundert) und durch Anna Matalová (über Mendels Vorliebe für Gurken und die Art und Weise, wie er die Messungen der Wetterdaten vornahm). Einzelheiten über das Treibhaus und die Umwandlung des alten Gewächshauses in eine Orangerie stammen aus einem Artikel Orles, »The Building of Greenhouses in the Monastery Garden of Old Brno at the Time of Mendel's Experiments«.

6. KREUZUNGEN

Dieses Kapitel stützt sich in weiten Teilen auf die Biographie von Iltis und zwei weitere Bücher: Alain F. Corcos und Floyd V. Monaghan: *Gregor Mendel's Experiments on Plant hybrids: A Guided Study,* und Robert Olby: *Origins of Mendelism.* Die Briefe Mendels an Nägeli sind in Correns: *Gesammelte Abhandlungen zur Vererbungswissenschaft aus periodischen Schriften 1899–1924* (S. 1233–1290) abgedruckt.

Onno Meijer machte sich viel Mühe, mir im September 1999 die lange Tradition von Kreuzungen per E-Mail aus Amsterdam zu erklären: »Es besteht kein Zweifel«, schrieb er, »dass die Bauern seit unvordenklicher Zeit ihre Erträge durch künstliche Befruchtungen und Kreuzungen zu verbessern versucht haben. Man war beispielsweise überzeugt, dass eine Verwandlung möglich sei – und zwar nicht nur in Märchen, in denen man in einen Frosch verwandelt werden konnte, sondern auch in der Wissenschaft. Man denke nur daran, dass Newton sich die meiste Zeit mit Alchemie beschäftigte. [...] Kein vernünftiger Mensch, angefangen bei, sagen wir mal, den ersten Siedlern von Jericho bis hin zu

Mendel konnte bezweifeln, dass sich die Arten über die Generationen auf irgendeine Weise veränderten.«

Es herrscht Unklarheit darüber, wie Mendel seinen Begriff der Entwicklung verstanden wissen wollte – ob er sie im Sinne von Evolution gebraucht hatte, also die Entwicklung einer Population von einer Art zu einer neuen, nah verwandten Art, oder die Entwicklung eines einzelnen Organismus von der Zeugung bis zur Reife.

7. Die erste Ernte

Die Zahl der Pflanzen, Erbsen und Blüten (und daher auch Hülsen), die Mendel zählte, errechnet sich aus seiner eigenen Schätzung, »mehr als 10000 Pflanzen« untersucht zu haben, und aus den Schätzungen anderer, denen zufolge Mendel durchschnittlich vier Blüten pro Pflanze bestäubt hatte und von jeder Pflanze durchschnittlich 32,5 Erbsen stammten (siehe hierzu Margaret Campbell: »Explanations of Mendel's Results«, *Centaurus* 20, 1976, S. 159–174).

In Zusammenhang mit Mendels Leidenschaft für Zahlen beschreibt Iltis seine seltsame Art, diejenigen Schüler, die er prüfen wollte, zu bestimmen: »Die Schüler wurden damals ihrem Fortgang nach mit Nummern bezeichnet. Mendel schlug nun in einem Buch eine beliebige Seitenzahl auf, vielleicht 12. Dann sagte er z. B.: ›2 × 12 ist 24 und 12 ist 36. Der 36. Schüler wird geprüft.‹« Iltis glaubte, dass Mendels Zahlenspielereien mit »den Zahlenverhältnissen bei der Vererbung« in Beziehung standen. Genauso gut kann aber auch das Umgekehrte der Fall sein, und seine Untersuchung der Zahlenverhältnisse war die Folge und nicht die Ursache einer Vorliebe fürs Zählen und für Berechnungen, die er schon lange, bevor er seine erste Erbse pflanzte, hatte und bis an sein Lebensende haben sollte.

Der mögliche zeitliche Ablauf von Mendels Erbsenversuchen stammt aus Corcos und Monaghan (S. 190 f.) und aus Gesprächen mit Robert Olby und Anna Matalová.

Mendel vermutete, dass das 3:1-Verhältnis, das er in seinen ersten Monohybridkreuzungen entdeckt hatte, auch in allen folgenden F2-Erbsen oder -Pflanzen auftreten würde. Da sich das Verhältnis eindeutig bestätigt hatte, hat er vielleicht nicht mehr weitergezählt und sogar bestimmte Erbsen oder Pflanzen seinen Erwartungen entsprechend kategorisiert. Zwischen einer Erbse, die von einem gelblichen Grün ist, und einer grünlich gelben Erbse besteht nur ein geringer Unterschied; auf welchen Haufen sollte Mendel solche Erbsen werfen – den mit den grünen oder den mit den gelben Erbsen? Da Mendel das 3:1-Verhältnis erwartete – eine Erwartung, die sich im Fortgang seiner Arbeit zu einer Hypothese verfestigen sollte –, hat er vielleicht einige Entscheidungen getroffen, ob bewusst oder unbewusst, die seine Daten überzeugender machten. Diese nahezu perfekten Zahlenverhältnisse führten in den 1930ern zu dem Verdacht, dass Mendels Zahlenmaterial zu schön wäre, um wahr zu sein, und dass der Priester – oder ein wohlmeinender Assistent – die Daten frisiert habe. Diese Kontroverse, die durch einen Aufsatz des Statistikers Ronald A. Fisher ausgelöst wurde, wird ausführlich bei V. Orel und Jan Sapp behandelt sowie bei Franz Weiling (»Johann Gregor Mendel. Forscher in der Kontroverse«, in: *Medizinische Genetik* 6 (1994), S. 35–50).

Wie auch in den anderen Kapiteln stammen die meisten biographischen Details aus Iltis und Orel; die Zitate aus Mendels Briefen an Nägeli aus Correns.

8. Der Homunkulus Evas

Maupertius' Theorie des flüssigen Samens wird in Bowler, S. 71, und bei Ernst Mayr beschrieben, *Die Entwicklung der biologischen Gedankenwelt. Vielfalt, Evolution und Vererbung.* Zu Buffons Idiosynkrasien und Überlegungen siehe Bowler, S. 73, und William P. D. Wightman: *The Growth of Scientific Ideas* (New Haven 1951), S. 361. Die Vermischung des Erbguts (*blending inheritance*) ist Thema des Kapitels »Blending and Non-Blending Heredity: Darwin, Naudin, and Galton« in Olby, *Origins*, S. 40–71.

Was die Vermischung im wirklichen Leben anbelangt, so erklärte der Physiklehrer Bob Donaldson, dass Schwarz dabei herauskommt, wenn man ein wirkliches Blau, etwa Ultramarinblau, und Gelb miteinander mischt.

9. Die Blütezeit des Darwinismus

Berichte über die Auseinandersetzung zwischen Huxley und Wilberforce finden sich in William Irvine, *Apes, Angels, and Victorians: The Story of Darwin, Huxley, and Evolution* (New York, 1995) und J. Vernon Jensen: *Thomas Henry Huxley: Communicating for Science* (Newark 1991). Die Einzelheiten über Captain Fitzroy und Darwins Erlebnisse auf der *H. M. S. Beagle* stammen von Stephen J. Gould: *Ever Since Darwin: Reflections in Natural History* (New York 1977), S. 28–33. Das Übrige stammt im Wesentlichen aus Bowler. Galtons Antigemmulae-Experimente mit Kaninchen werden in Olby, *Origins*, S, 54, beschrieben; Steve Jones und Borin Van Loon, *Genetics for Beginners*, S. 11, und L. C. Dunn: *A Short History of Genetics* (Ames 1965), S. 38.

10. GARTENREFLEXIONEN

Mendel betrieb die Bienenzucht unter anderem, weil er überprüfen wollte, ob sich seine an *Pisum* gewonnenen Erkenntnisse auch auf Tiere übertragen ließen. Die Bienen erwiesen sich allerdings als ein für ihn vollkommen unbrauchbarer Forschungsgegenstand. Mendel hatte zwar eigens komplizierte Befruchtungskäfige entworfen und gebaut, aber er vermochte niemals die Zahl der Drohnen zu beschränken, die die Königin begatten, und seine Ergebnisse waren daher zu ungenau, um irgendwelche aussagekräftigen Schlussfolgerungen über Bienenkreuzungen zu erlauben.

Zu den Einzelheiten über die Londoner Weltausstellung, unter anderem zur Größe des Gebäudes und zu den Ausstellungsvorschlägen der Amateure, siehe John Timbs: *The Industry, Science & Art of the Age: or, The International Exhibition of 1862* (London 1863).

Mendel beschreibt seine Ergebnisse auf S. 22 seines Aufsatzes. Die von mir genannten Zahlen stammen aus zwei kleineren doppelt rezessiven Rückkreuzungen, wobei die doppelt Rezessive einmal als männlicher Elter diente (und über den Pollen verfügte) und einmal als weiblicher Elter (und über die Eizelle verfügte). Mendel erkannte, dass diese so genannten reziproken Kreuzungen immer zu den gleichen Ergebnissen führten, egal welcher Typ der männliche und welcher der weibliche Teil war. Die Kreuzungen entsprachen dem Kommutativgesetz in der Arithmetik, wonach man zwei (oder mehr) Zahlen in beliebiger Reihenfolge miteinander multiplizieren kann und immer das gleiche Ergebnis erhält. Mendel beschreibt seine Hypothese folgendermaßen: »Es wurde ferner durch sämtliche Versuche erwiesen, dass es völlig gleichgültig ist, ob das dominierende Merkmal

der Samen- oder der Pollenpflanze angehört; die Hybridform bleibt in beiden Fällen genau dieselbe.«

11. VOLLMOND IM FEBRUAR

Zu den Vorträgen Mendels am 8. Februar und am 8. März
1865 siehe Iltis und Orel.

Zu den vielen Geschichten über Pythagoras (wie die mit
dem Hund) gehört auch die, dass seine hohe Wertschätzung
der Bohnen verantwortlich für seinen Tod war. Als Pythagoras ungefähr 60 Jahre alt war, so heißt es, wurde er in der
griechischen Stadt Metapontum von einigen seiner Feinde
verfolgt. Seine Verfolger jagten ihn bis an den Rand eines
Bohnenfeldes; dort blieb Pythagoras abrupt stehen. Er wollte nicht auf all die wieder geborenen Kinder treten, musste
sich seinen Widersachern stellen und wurde von diesen
schließlich ermordet.

Oskar Hertwig hat 1890 als Erster die Meiose umfassend
und korrekt beschrieben. Zu Hertwigs Forschungen und denen seiner Vorgänger Strasburger, Weismann und Boveri siehe Mayr: *Die Entwicklung der biologischen Gedankenwelt.*

Verschiedentlich wird erklärt, dass viele der Sonderdrucke
von Mendels Aufsatz, von deren Verbleib wir wissen, unaufgeschnitten vorgefunden wurden (siehe unter anderem A. H.
Sturtevant: *A History of Genetics*, New York 1965, S. 25),
was darauf hinweist, dass ihre Empfänger sie nicht für le-
senswert hielten. Anna Matalová dagegen ist davon überzeugt, dass die Sonderdrucke aufgeschnitten wurden, bevor
man sie gebunden und verschickt hat, was bedeutet, dass die
in verschiedenen Bibliotheken in ganz Europa aufgetauch-
ten Exemplare nicht unaufgeschnitten gewesen sein können.

Ich berufe mich auf die verbreitete Geschichte über die un-
aufgeschnittenen Sonderdrucke, da sie eine schöne Metapher
ist für das, was wir mit Sicherheit wissen: dass nämlich die
meisten Wissenschaftler, die Mendels Aufsatz erhielten, sich
nicht einmal die Mühe machten, einen Blick hineinzuwer-
fen.

Die Wege, die diese Sonderdrucke gingen, sind beschrieben in Theo J. Stomps: »On the Rediscovery of Mendel's
Work by Hugo de Vries«, in: *Journal of Heredity* 45 (1954),
S. 294; Orel, S. 276; und Franz Weiling: »Fünf weitere Sonderdrucke der ›Versuche über Pflanzenhybriden‹ J. G. Mendels aufgetaucht«, in: *Folia Mendeliana* (1984), S. 257–63.

12. Die Stille

Zu dem Briefwechsel zwischen Mendel und Nägeli siehe Iltis (S. 122 ff.). Die Zitate aus Mendels Briefen an Nägeli
stammen aus Carl Correns.

Wilhelm Fockes Beschreibung des Aufsatzes von Mendel
und den Weg, den Fockes Buch aus Darwins Bibliothek zu
George Romanes nahm, findet sich bei Augustine Brannigan: »The Reification of Mendel«.

13. »Meine Zeit wird kommen«

Der Brief Mendels an Nägeli, in dem er von der Augenerkran-
kung berichtet, die er seiner »eigenen Unvorsichtigkeit« zu-
schreibt, ist Carl Correns, *Gesammelte Abhandlungen zur
Vererbungswissenschaft*, S. 1266, entnommen. Die Beschreibung eines typischen sonntäglichen Kegelspiels findet sich bei

Iltis, S. 191. Die Informationen über die Symbole auf Mendels Amtswappen und ihre Bedeutung, den Grund für die Veränderung, die er vornahm, sowie die Beschreibung der Deckenmalereien in der Klosterbibliothek verdanke ich einem Gespräch, das ich mit Anna Matalová im Mai 1999 führte, als ich die Bibliothek besuchte und die Deckenmalereien mit eigenen Augen sah.

Wie Iltis berichtet (S. 164 f.), enthält Mendels sorgfältige Beschreibung des zweikegeligen Wirbelsturms sehr viele Einzelheiten. In dem Kapitel »Der ›Kampf ums Recht‹« berichtet Iltis ausführlich über den zehn Jahre dauernden Kampf Mendels gegen die Klostersteuer.

Die Bemerkung über den Verfolgungswahn Mendels, der sich sogar auf seine Mitbrüder erstreckte, findet sich in einem Brief von Anselm Rambousek – dem Mann, der innerhalb eines Jahres Mendels Nachfolger als Abt werden sollte – an den Mönch Paul Křížkovský vom 8. Mai 1883. Rambousek berichtete außerdem, der Abt sei »auffällig dick« geworden, und machte ein paar unfreundliche Bemerkungen über Mendels Schwester Theresia und ihre »beleibte« sechzehnjährige Tochter, die er als »wandelnde Tonne« bezeichnete. Ein Abdruck dieses Briefes findet sich bei Orel, »Unknown Letters Relating to Mendel's State of Health«, in: *Folia Mendeliana* 6 (1971), S. 268 f.

Beschreibungen zu Mendels Persönlichkeit finden sich bei Iltis, Orel und Matalová, *Gregor Mendel and the Foundation of Genetics*, in dem Kapitel »Mendel's Personality – Still an Enigma?«, und in einem Artikel von C. W. Eichling, »I Talked with Mendel«, in: *Journal of Heredity* 33 (1942), S. 243–246. Eine Analyse seiner Beschäftigung mit Nachnamen in einer Art mathematischer Linguistik, die zu dieser Zeit ein neu entstehendes Forschungsgebiet war, ist bei

Oldřich Ferdinand erschienen, »Mendel's Effort to Find Some Mathematical Laws in the Derivation of Names«, in: *Folia Mendeliana* 1 (1966), S. 31–34.

Die Beschreibung der Szene an Mendels Totenbett und der Nachruf sind Olby, S. 105 f. entnommen, Niessls Gedenkrede stammt aus Orel, S. 274. Die lateinische Inschrift des Denkmals auf dem Grabfeld der Augustinermönche stammt aus dem Römerbrief 14, 8.

14. Synchronismus

Die Zitate aus der Demeter-Sage sind Geraldine McCaughrean, *Greek Myths*, mit Illustrationen von Emma Chichester Clark (New York 1994, S. 15), entnommen. Meine Nachbarin Jill Feasley hatte dieses bezaubernde Buch, aus dem sie ihren Kindern vorlas, ausfindig gemacht, nachdem sie eines Abends Anfang Juni 1999 in ihrem Vorgarten eine wild wachsende Nachtkerze entdeckt hatte, die gerade ihre Blüten öffnete. Sie teilte der gesamten Nachbarschaft per E-Mail mit, dass ihre gelben Nachtkerzen allnächtlich dieses Schauspiel boten, und lud uns ein, an dem Zauber teilzuhaben. Einige wunderbare Wochen lang versammelten sich im Juni und im Juli jeden Abend ungefähr um Viertel vor neun Dutzende Leute aus der Nachbarschaft in Jills kleinem Garten, um zu beobachten, wie sich die Blüten auf wundersame Weise entfalteten.

15. Mendels Wiederkehr

Die Informationen über die Wiederentdeckung, einschließlich der Aufsätze und der Briefe der drei Wiederentdecker an den Botaniker H. F. Roberts sind größtenteils Roberts Klassiker *Plant Hybridization Before Mendel*, S. 324–326, entnommen.

Die Eindrücke von Correns' seelischer Verfassung am 21. April 1900 verdanke ich weitgehend einem Gespräch, das ich im Oktober 1998 mit Onno Meijer führte. Meijer hat die Ereignisse dieses Tages eingehend untersucht und Interviews mit Mitgliedern der Familie Correns geführt.

Eine Zusammenfassung der Vorstellungen, die de Vries hinsichtlich der Mutationstheorie und der intrazellularen Pangenesis vertrat, findet sich bei Olby, *Origins*, S. 11 und S. 112; Onno Meijer, »Hugo de Vries No Mendelian?«, und Corcos und Monaghan, »Was de Vries Really an Independent Discoverer of Mendel?«, in: *Journal of Heredity* 76 (1985), S. 187–190.

Batesons Brief an Beatrice über de Vries ist Olby, *Origins*, S. 115, entnommen; der Text der Rede, die er auf der Internationalen Konferenz über Hybridisierung hielt, stammt aus Beatrice Bateson, S. 166 ff. Die Bemerkung über Mendel, die Rolfe auf der gleichen Konferenz machte, ist nach Olby, *Origins*, S. 232, zitiert.

Den Grund dafür, dass nur ein so geringer Prozentsatz von Correns' Maishybriden dem mendelschen Zahlenverhältnis entsprach, fand Correns erst zwei Jahre später heraus, als er das Phänomen der selektiven Befruchtung entdeckte. Er stellte fest, dass eine Eizelle, die die rezessive Anlage für Zucker in sich trug, mit geringerer Wahrscheinlich von Pollen mit derselben Anlage befruchtet wurde als von Pollen mit

der dominanten Anlage für Stärke. Wie sich später heraus-
stellte, hing das mit dem Wachstum der Pollenschläuche zusammen, auf das die Gene, die der Pollen in sich trägt, ein-
wirken können. Eine ausführlichere Beschreibung hierzu
findet sich bei Dunn, *A Short History of Genetics*, S. 102;
Sturtevant, *A History of Genetics*, S. 29, beschreibt in ähnlicher Weise das Gen für Farblosigkeit.

Die Geschichte Mieschers wird von verschiedenen Autoren erzählt, am besten von Alfred E. Mirsky in »The Disco-
very of DNA«, in: *Scientific American* 218, Nr. 6 (1968),
S. 78–88. Laut Mirsky hielt es Miescher für wichtig, mit dem
Nuklein bei niedrigen Temperaturen zu arbeiten. Die langen
Arbeitsstunden von fünf Uhr morgens bis spät in die Nacht,
die er in ungeheizten Räumen während des Herbstes und des
Winters verbrachte, werden als Ursache für seinen frühzei-
tigen Tod betrachtet.

Stern und Sherwood, *Origin of Genetics*, S. xi, bestreiten,
dass Erich von Tschermak als Wiederentdecker gelten kann.
Tschermaks Ausführungen zu den Beweggründen von de
Vries, Mendel seine Anerkennung zu versagen, stammen aus
seinen persönlichen Erinnerungen, die unter dem Titel »The
Rediscovery of Gregor Mendel's Work«, in: *Journal of Heredity* 42 (1951), S. 163–171, veröffentlicht wurden. Die Bemerkung über Mendel, die de Vries in einem Brief vom 30. Oktober 1901 gegenüber Bateson machte, wird in William B.
Provine, *The Origins of Theoretical Population Genetics*,
S. 68, zitiert.

16. Der Gefolgsmann des Mönchs

Die Einzelheiten über das Leben William Batesons, einschließlich seiner Briefe und Vorträge, sind Beatrice Batesons Erinnerungen entnommen. Viele der Briefe Batesons befinden sich im Archiv des John Innes Centre in Norwich, England, und in der Bibliothek der American Philosophical Society in Philadelphia. Der Artikel von R. C. Punnett, »Early Days of Genetics«, in: *Heredity* 4 (1950), S. 7 f., enthält eine anschauliche Beschreibung des Schlagabtauschs auf der Konferenz der British Association im Jahr 1904 und der vorangegangenen Ereignisse. Provine, *Origins of Theoretical Population Genetics,* bietet ebenfalls eine ausführliche Beschreibung der Auseinandersetzungen zwischen den Anhängern der Biometrie und den Mendelianern.

Die Geschichte, die Caroline Beatrice Bateson verfasste, um Batesons Herz zu gewinnen, erschien unter dem Titel »At a Conversazione«, in: *English Illustrated Magazine*, September 1895, S. 551 ff.

17. Tod in Oxford

Die meisten der Einzelheiten über Leben und Tod von F. W. R. Weldon stammen aus dem Nachruf seines Freundes und Mitherausgebers Karl Pearson, veröffentlicht in *Biometrika* 5, Nr. 1 (1906), S. 1–52.

18. Die Erfindung des Mendelismus

Die Einzelheiten über Batesons Persönlichkeit, seine Forschungsarbeit und Aufzeichnungen sind ebenfalls dem Buch
von Beatrice Bateson entnommen sowie Nicholas Mosley,
Hopeful Monsters, London 1991, und David Lipset, *Gregory Bateson: Legacy of a Scientist*.

Die Informationen über die Terminologie finden sich bei
Elof Axel Carlson, *The Gene: A Critical History*, Philadelphia 1966. Die Geschichte der Entdeckung der Chromosomen und die Mutationstheorie von de Vries werden zusam-
menfassend von Mayr, *Die Entwicklung der biologischen
Gedankenwelt*, beschrieben.

Den Ausführungen zur Verwandlung Mendels in den
überlebensgroßen »Vater der Genetik« liegen verschiedene
Quellen zugrunde, am hilfreichsten erwiesen sich Jan Sapp,
The Nine Lives of Gregor Mendel, und Augustine Brannigan,
The Reification of Mendel. Viele Informationen verdanke ich
darüber hinaus persönlichen Gesprächen mit Will Provine
von der Cornell University (August 1998), Onno Meijer von
der Freien Universität Amsterdam (Oktober 1998) und Jim
Secord von der Cambridge University (Oktober 1998).

Die Geschichten über Thomas Morgan, einschließlich des
Diebstahls der Milchflaschen und des Besuchs im Krankenhaus, bei dem er vergaß, sich nach dem Befinden seiner Frau
und des neugeborenen Kindes zu erkundigen, und die Informationen über die merkwürdigen Namen für die Mutanten
von *Drosophila* stammen aus Jonathan Weiner, *Time, Love,
Memory: A Great Biologist and His Quest for the Origins of
Behavior*.

Eines der Labore, die an dem Wettlauf zur Erstellung der
Karte des menschlichen Genoms beteiligt sind, die Celera

Genomics Corporation in Rockville, teilte im September 1999 mit, dass es gelungen sei, den vollständigen genetischen Kode von *Drosophila melanogaster* zu entschlüsseln. *Drosophila* besitzt ungefähr 12 000 Gene. Justin Gillis beschrieb diese Leistung in dem Artikel *Mapping the Future: Maryland Firm Marks Genetic Code Milestone*, der am 10. September 1999, S. E1, in der Washington Post veröffentlicht wurde. Nur wenige Wochen später wurde die geschätzte Zahl der Genome von *Drosophila* um vierzig Prozent nach oben korrigiert, nach Angaben von Maxwell Cowan vom Howard Hughes Medical Institute in Chevy Chase, Maryland, auf nahezu 17 000 – das bedeutet, dass auch die Zahl der Genome des Menschen wesentlich größer sein könnte, als man bisher angenommen hat.

19. Eine Statue auf dem Mendelplatz

Batesons Verwirrung über die angemessene Kleidung anlässlich der Feierlichkeiten scheint auf ein Übersetzungsproblem zurückzuführen zu sein. In einem Brief an Beatrice, den er am 26. September 1910 auf dem Weg nach Brünn aus Berlin schrieb, berichtete er über die »ziemlich quälende« Kleiderfrage. Als man ihm sagte, er solle einen »Gehrock« tragen, nahm er offenbar an, das hieße »meinen grauen Anzug«. Als er sich in Berlin ein Theaterstück ansah, in dem eine der Personen in einem Gehrock auftrat, wurde ihm jedoch sein Irrtum klar. Da er einen falschen Anzug eingepackt hatte, schickte Bateson nach seinem Gehrock – er kam allerdings genau um zehn Uhr am Morgen der Denkmalsenthüllung an, als die Messe bereits begonnen hatte und er keine Zeit mehr hatte, sich umzuziehen. Dem Vorschlag seiner Gastgeber folgend, erschien Bateson daher in formeller Kleidung auf der Feier.

Viele der Aussagen Batesons über die Statue und den Festakt sind A. G. Cock, *Bateson's Impressions at the Unveiling of the Mendel Monument at Brno in 1910*, entnommen.

Die Anweisung, die Trofim Lysenko zur Vernichtung der Fruchtfliegen gab, findet sich bei Robert F. Weaver und Philip W. Hedrick, *Genetics*, herausgegeben von William C. Brown, Dubuque, Iowa 1997, S. 572. Und die Geschichte über die zweimalige Umsetzung des Mendel-Denkmals unter dem Schutz der Dunkelheit in den Jahren 1950 und 1964 erzählte mir Anna Matalová in einem Gespräch, das ich im Mai 1999 mit ihr führte.

BIBLIOGRAPHIE

Ein Asterisk weist darauf hin, dass der Text im Internet unter www.monkinthegarden.com eingesehen werden kann.

Bateson, Beatrice: *William Bateson, FRS, Naturalist*. Cambridge 1928.

Bowler, Peter J.: *Evolution: The History of an Idea*. Rev. ed. Berkeley 1989.

Brannigan, Augustine: »The Reification of Mendel«, in: *Social Studies of Science* 9 (1979), S. 423–454.

Cock, A. G.: »Bateson's Impressions at the Unveiling of the Mendel Monument at Brno in 1910«, in: *Folia Mendeliana* 17 (1982), S. 217–223.

Corcos, Alain F., und Floyd V. Monaghan: *Gregor Mendel's Experiments on Plant Hybrids: A Guided Study*. New Brunswick 1993.

Correns, Carl: *Gesammelte Abhandlungen zur Vererbungswissenschaft aus periodischen Schriften 1899–1924*

Czihak, Gerhard: *Johann Gregor Mendel. Dokumentierte Biographie und Katalog zur Gedächtnisausstellung anlässlich des hundertsten Todestages mit Facsimile seines Hauptwerkes »Versuche über Pflanzenhybriden«*. Salzburg 1984.

Darden, Lindley: *Theory and Changes in Science: Strategies from Mendelian Genetics*. New York 1991.

Darwin, Charles: *Die Entstehung der Arten durch natürliche Zuchtwahl*. Leipzig 1990.

Ders.: *Autobiographie*, Leipzig und Jena, 1959.

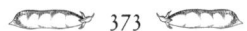

*DiTrocchio, F.: »Mendel's Experiments: A Reinterpretation«, in: *Journal of the History of Biology* 24 (1991), S. 485–519.

*Fisher, Ronald A.: »Has Mendel's Work Been Rediscovered?«, in: *Annals of Science* 1 (1936), S. 115–137.

Iltis, Hugo: *Gregor Johann Mendel. Leben, Werk und Wirkung.* Berlin 1924.

Isely, Duane: *One Hundred and One Botanist.* Ames 1994.

Jacob, Francois: *Die Logik des Lebenden. Von der Urzeugung bis zum genetischen Code.* Frankfurt a. M. 1972.

Jahn, Ilse (Hg.): *Geschichte der Biologie. Theorien, Methoden, Institutionen, Kurzbiographien.* Jena 1998.

Jones, Steve, und Borin Van Loon: *Genetics for Beginners.* Cambridge 1993.

Koestler, Arthur: *Der göttliche Funke. Der schöpferische Akt in Kunst und Wissenschaft.* Bern, München 1968.

Linné, Carl von: *Lappländische Reise und andere Schriften.* Leipzig 1991.

Lipset, David: *Gregory Bateson: The Legacy of a Scientist.* Englewood Cliffs 1980.

Löther, Rolf: *Wegbereiter der Genetik. Gregor Johann Mendel und August Weismann.* Frankfurt a. M. 1990.

Mawer, Simon: *Mendels Zwerg.* München 1999.

Mayr Ernst: Die Entwicklung der biologischen Gedankenwelt. Vielfalt, Evolution und Vererbung. Berlin u. a. 1984.

*Meijer, Onno G.: »Hugo De Vries No Mendelian?«, in: *Annals of Science* 42 (1985), S. 189–232.

Mendel, Gregor: *Versuch über Pflanzenhybriden.* (Hg. Franz Weiling). Braunschweig 1970.

*Olby, Robert C.: »Mendel No Mendelian?«, in: *History of Science* 17 (1979), S. 53–72.

Ders.: *Origins of Mendelism*, Chicago 1985.

*Ders.: »William Bateson's Introduction of Mendelism to England:

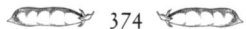

A Reassessment«, in: *British Journal of History of Science* 20 (1987), S. 399–420.

Orel, Vítězslav: »The Building of Greenhouses in the Monastery Garden of Old Brno at the Time of Mendel's Experiments«, in: *Folia Mendeliana* 10 (1975), S. 201–211.

Ders.: *Gregor Mendel: The First Geneticist*. Oxford 1996.

*Ders.: »Will the Story of ›Too Good‹ Results of Mendels's Data Continue?«, in: *BioScience* 18 (1968), S. 776–778.

Orel, Vítězslav, und Anna Matalová (Hg.): *Gregor Mendel and the Foundation of Genetics*. Brno 1983.

Provine, William: *The Origins of Theoretical Population Genetics*. Chicago 1971.

Roberts, H. F.: *Plant Hybridization Before Mendel*. Princeton 1929.

*Sapp, Jan: »The Nine Lives of Gregor Mendel«, in: H. E. Le Grand (Hg.): *Experimental Inquires*. Niederlande 1990, S. 137–166.

Sitte, P., H. Ziegler, F. Ehrendorfer und A. Bresinsky: *Lehrbuch der Botanik für Hochschulen*, Stuttgart u. a. 1998

Stern, Curt, und Eva R. Sherwood: *The Origin of Genetics: A Mendel Source Book*. San Francisco 1966.

Taylor, Norman (Hg.): *Taylor's Encyclopedia of Gardening*. Boston 1961.

Wallace, Alfred Russel: *Beiträge zur Theorie der natürlichen Zuchtwahl. Eine Reihe von Essais*. Erlangen 1870.

Weiner, Jonathan: *Time, Love, Memory: A Great Biologist and His Quest for the Origin of Behavior*. New York 1999.